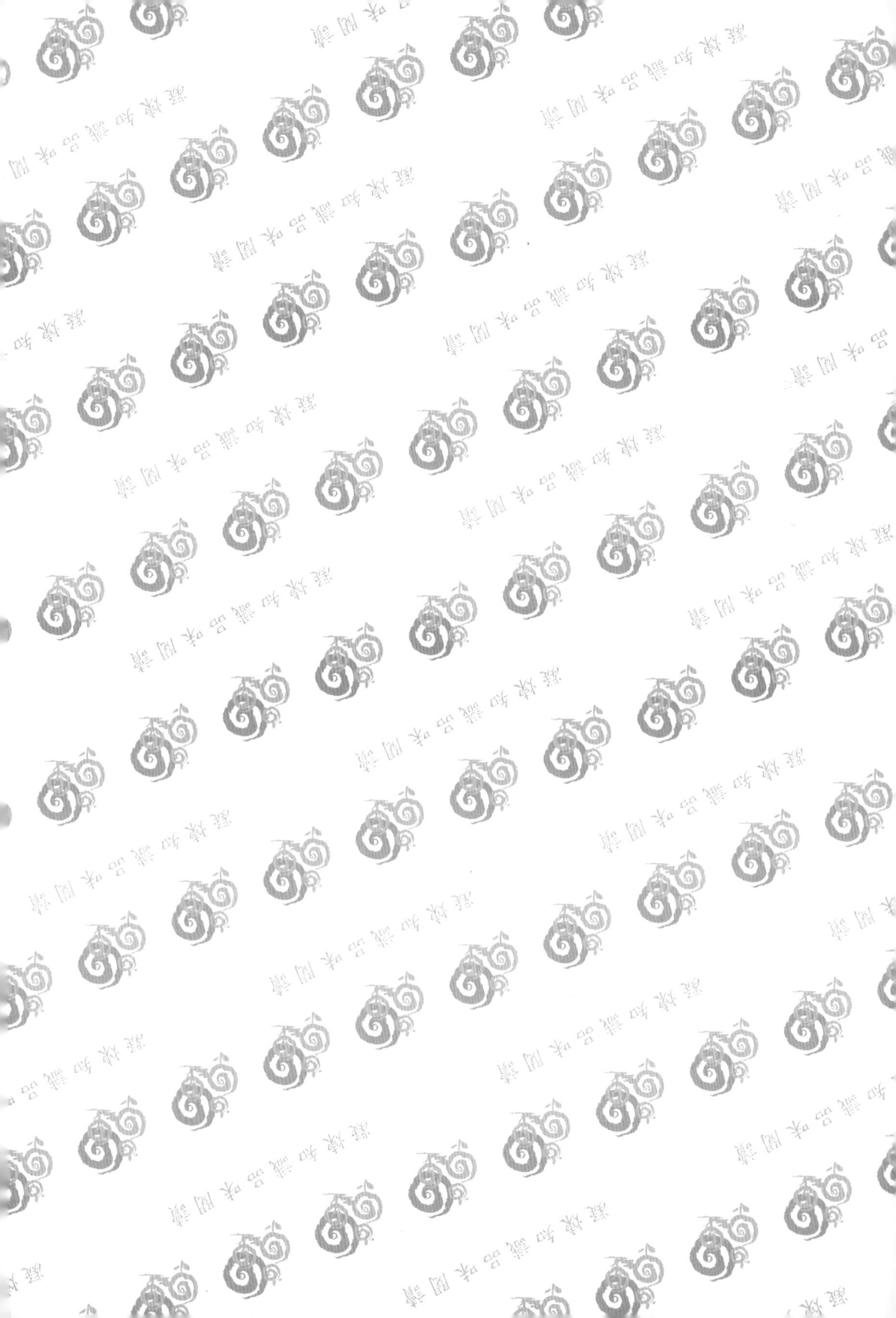

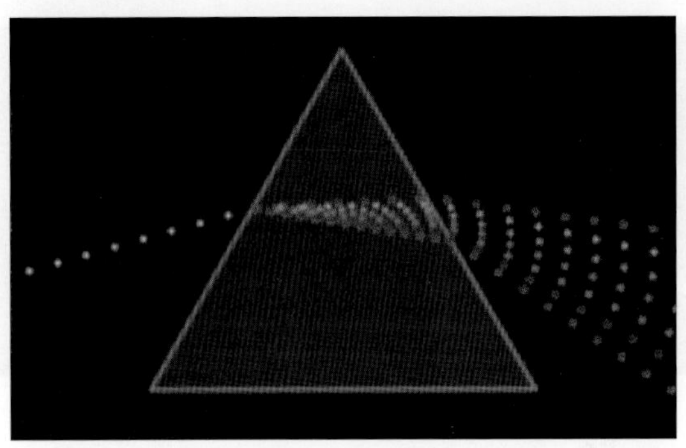

圖 1-5　牛頓用光粒子觀點解釋彩虹的顏色（示意圖）。
（http://en.wikipedia.org）

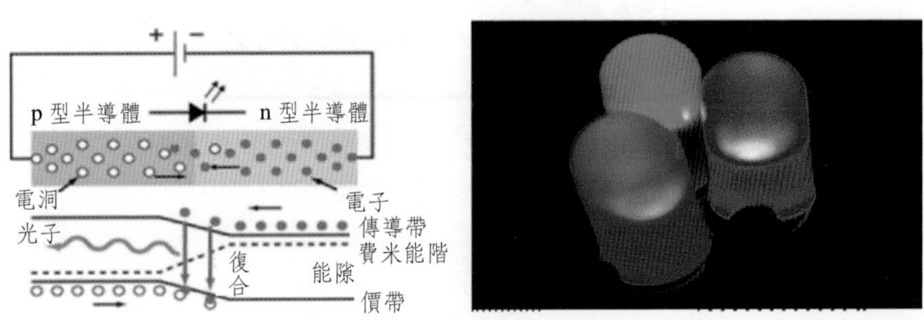

圖 1-14　發光二極體示意圖（左）和實體相片（右）
（http://en.wikipedia.org）

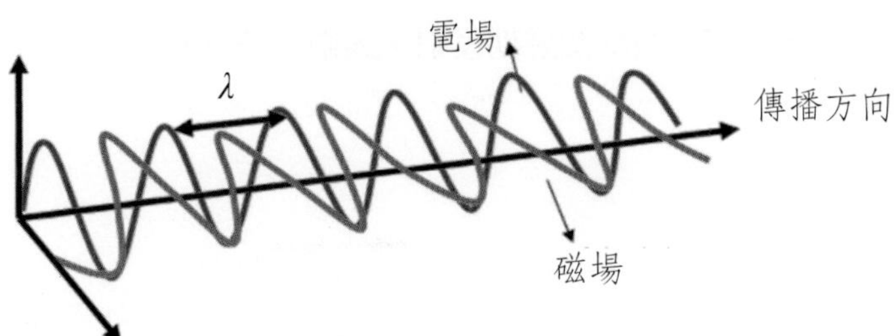

圖 3-1　某瞬間的電場和磁場隨空間位置的變化圖。

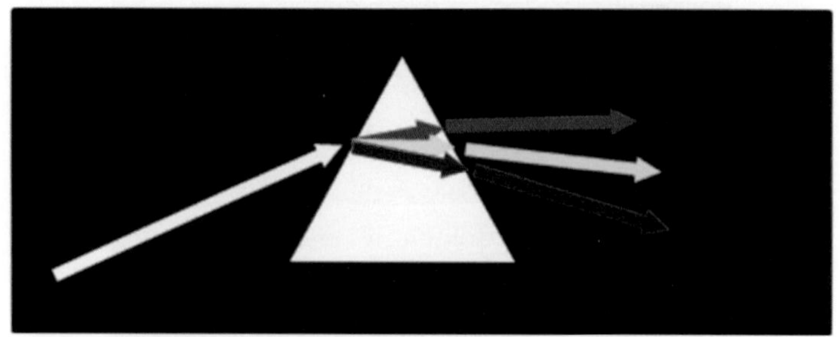

圖 4-10　光經過三角稜鏡的情形。

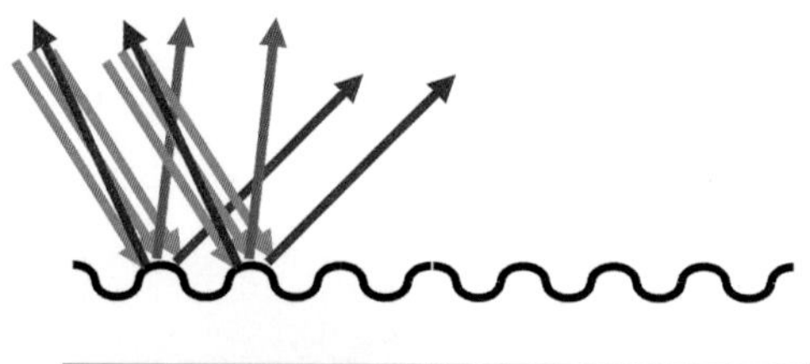

圖 4-17　光柵表面高低變化的示意圖，以及當光照到光柵表面時，將被反射到很多方向。

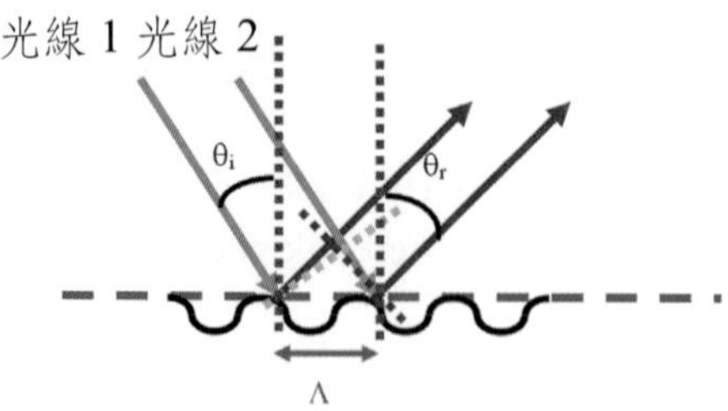

圖 4-18　入射光被光柵的兩個週期反射，入射光路徑和反射光路徑之關係。

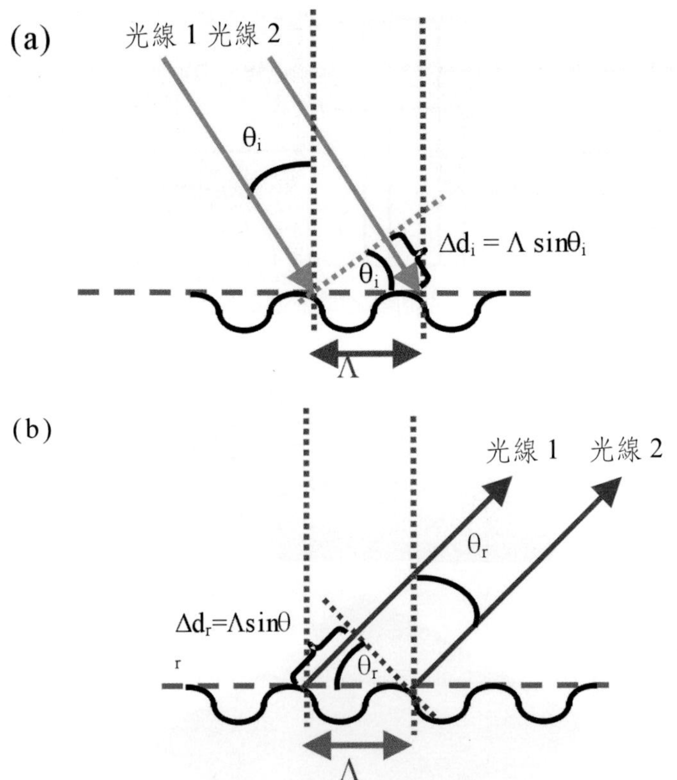

圖 4-19 路徑差之示意圖：(a)入射光；(b)反射光。

圖 4-21 光柵對由紅、綠、藍三顏色組成白光的繞射效果：第 0 次的繞射方向沒有分光效果，所以顯現的還是白色；第 1 次和第 −1 次都有分光效果，所以將紅、綠、藍三顏色分離出來。

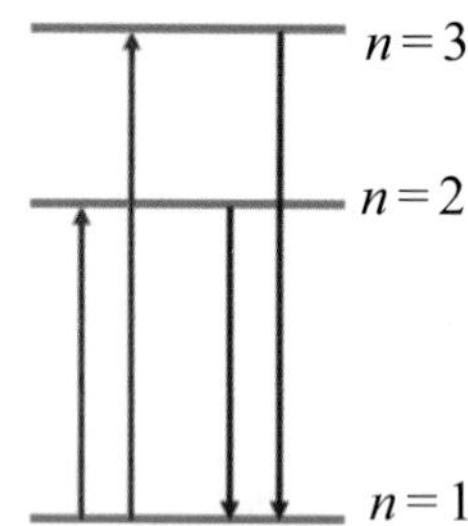

圖 5-2　電子在不同能階之間躍遷的情形之示意圖。

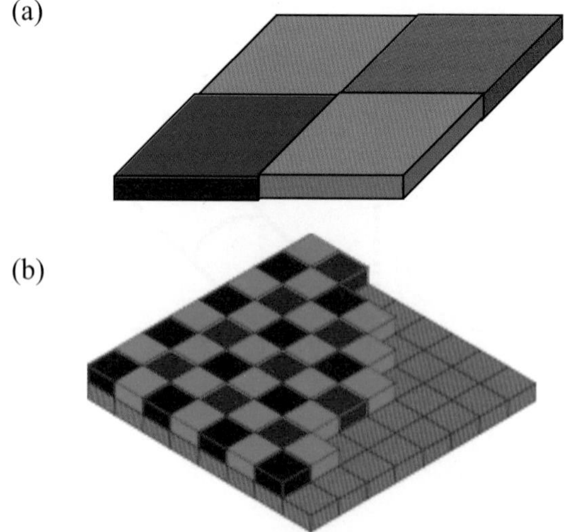

圖 9-14　(a)由四個像素組成一彩色像素，(b)整體彩色像素構成的二維陣列。

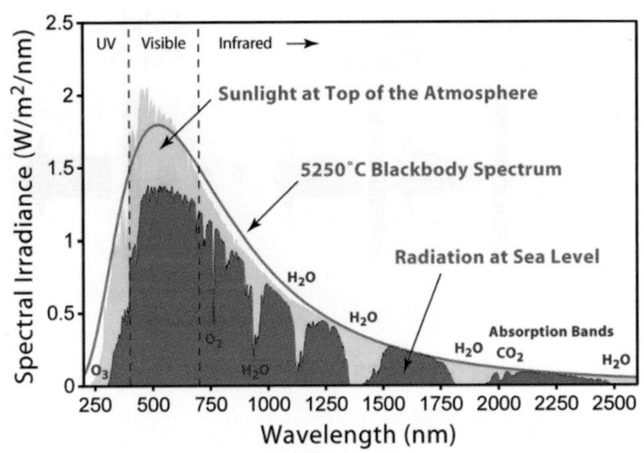

圖 10-1　太陽光與黑體幅射光譜之比較

表 10-1　太陽光強度隨著緯度變化之情形

入射光與垂直線的夾角	r	因為污染引起的強度變化範圍（W/m²）	公式（10-2）之結果（W/m²）
-	0	1367	---
0°	1	840～1130=990±15%	1131
23°	1.09	800～1110=960±16%	1114
30°	1.15	780～1100=940±17%	1103
45°	1.41	710～1060=880±20%	1060
48.2°	1.5	680～1050=870±21%	1046
60°	2	560～970=770±27%	977
70°	2.9	430～880=650±34%	876
75°	3.8	330～800=560±41%	796
80°	5.6	200～660=430±53%	672
85°	10	85～480=280±70%	477

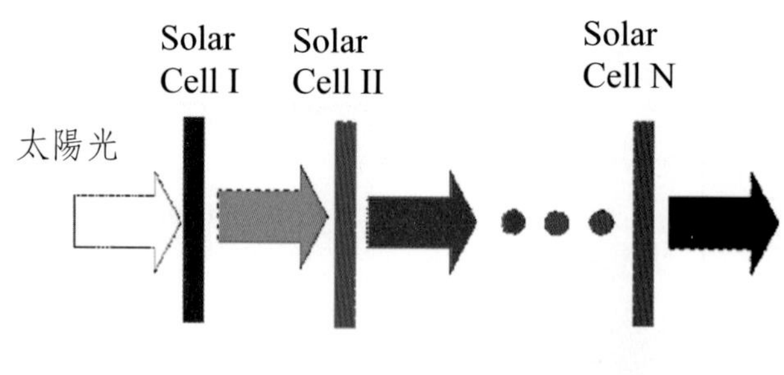

圖 10-9　多接面太陽能電池之光路示意圖，能隙較大的先照射太陽光，能隙較小的後照射太陽光。

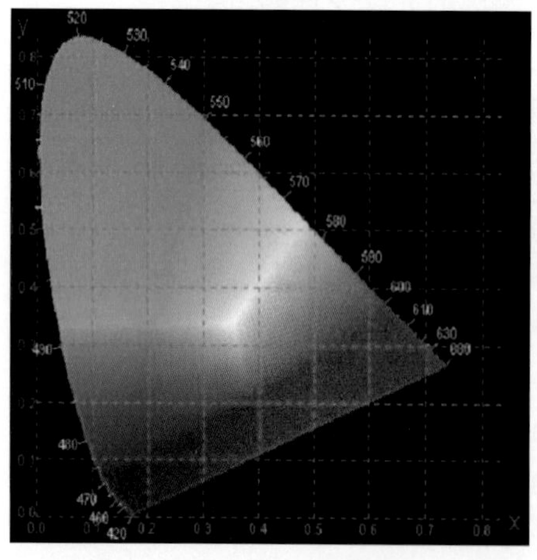

圖 11-5　CIE 色座標圖。

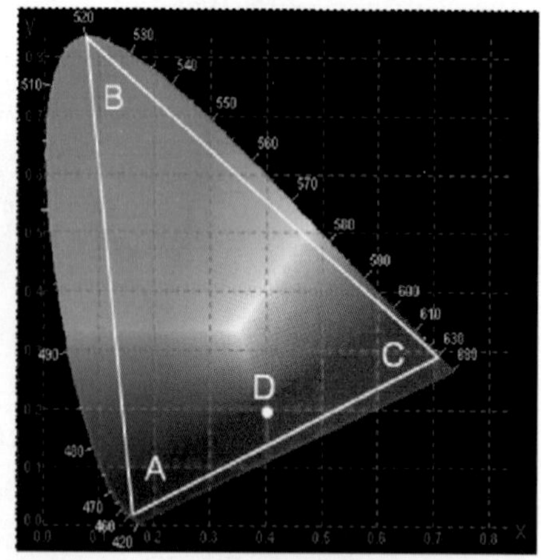

圖 11-6　*ABC* 三角形內之顏色可以由配色達到。

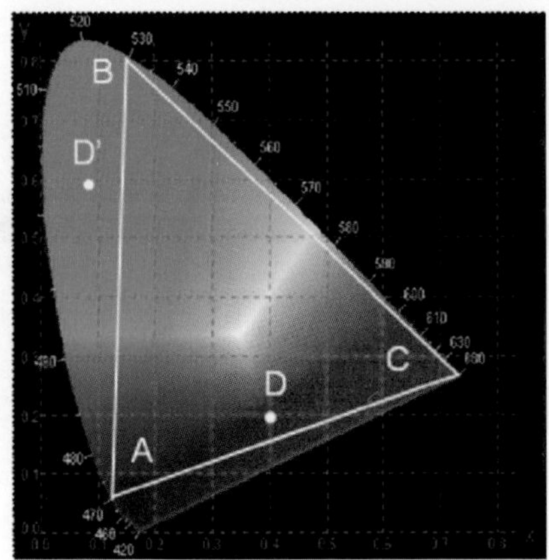

圖 11-7　另一個*ABC*三角形，其內之顏色可以由配色達到。

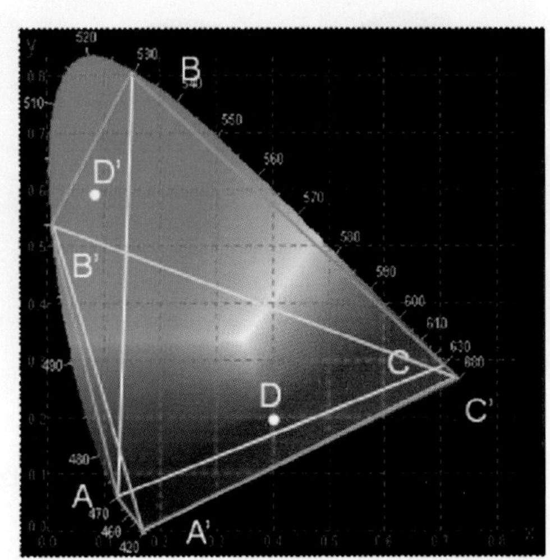

圖 11-8　*A*，*A'*，*B*，*B'*，*C*和*C'*等六個波長之光合起來的六邊形（淺藍色區域，比*ABC*和*A'B'C'*各別三角形能組成的顏色要多。

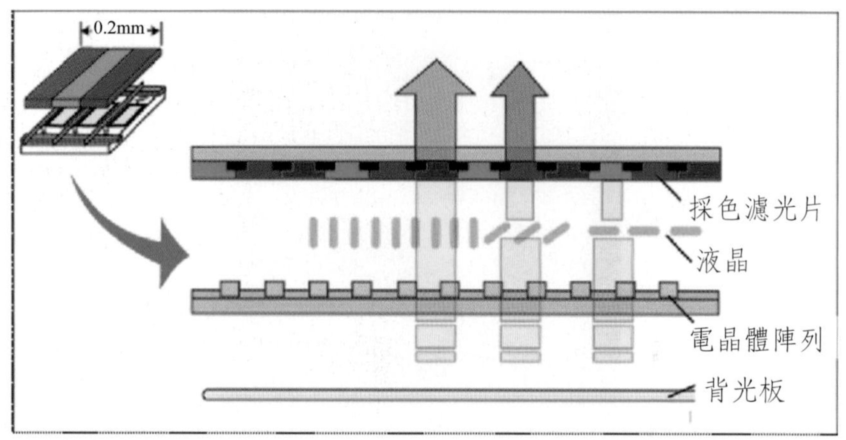

圖 11-16　彩色液晶顯示的結構。

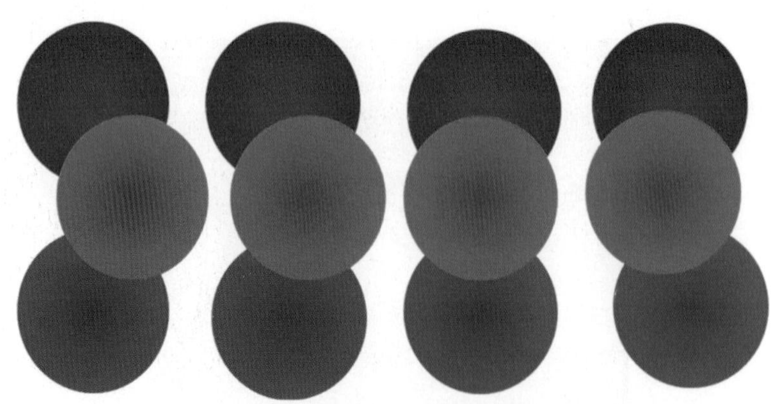

圖 11-19　可以產生立體影像幻覺的另一個圖案。

光學與光電導論

Optics and Photonics: Fundamentals and Applications

林清富 著

印行

序

全球的光電市場於 2000 年時為 1500 億美元，比全球晶圓代工市場小，到了 2008 年，全球的光電市場成長到 3500 億美元，已超過全球晶圓代工市場的 3080 億美元。而台灣的光電產業也蓬勃發展，從 2009 年以後，台灣的光電產值就超過 2 兆新台幣(約六百多億美元)，佔全世界光電產值的 16-18%，與台灣人口只佔全世界的 0.35%相比，台灣在全球光電界的成就，可說是令人刮目相看。

然而，不可諱言的，台灣的光電產業還有相當的危機，2012 年，被媒體點名的四大慘業中有三個是光電業。媒體的報導或許有些失真，但長期以來，台灣的高科技業，包括光電業常是以量產為主要考量，生產所需的設備依賴進口，而原創技術也多由國外引進，較少自己研發的光電科技，這樣的營運模式導致產品的附加價值不高，而且一旦其他國家或地區引進新一代設備，我們的產業界就得面臨更新設備，或是被淘汰的命運。因為獲利不多，若要更新到新一代設備，更是面臨資金不足的困境。

為什麼台灣產業不能有自己的原創技術? 為什麼總是依賴進口設備和自國外移轉技術? 究其原因，或許我們的高科技知識所紮的根不深所致，基礎不夠穩固，所以在使用資料時，無法判斷其正確性；因為不能從基礎做起，也就無法從源頭開創新做法，只能跟進；例如某位知名人士，現在國家重要單位擔任要職，其文章談到「也有文獻指出，如果經歷數億年演化的植物，其光合作用的能源轉換效率最多都只有百分之卅出頭，那麼人類的產品效率，可能也很難突破這個演化上限。」其對光合作用的能源轉換效率之認知和事實差異極大，也不知道太陽能電池的轉換效率早就超過植物光合作用的能源轉換效率，且超過許多。如此身負重任的知名人士，其對高科技知識都有這麼嚴重的認知落差，遑論一般人士。

因此，我們覺得有必要將科技知識從基礎談起，讓我們的下一代可以有紮實的知識基礎，未來在開創新技術時，不會淪為人云亦云，而是能夠自己判斷那些資料具有嚴格的科學根據，甚至於自己也能依據嚴謹的科學學理去研發嶄新的技術，就如諺語所談:「將房子蓋在磐石上，而不是建基在沙土上。」盼望這本光電基礎的書能扮演此一角色，為光電科技業，甚至於一般人士或投資者提供深入淺出的光電基礎知識。但百密一疏，書上內容難免有疏漏之處，還望專家們不吝惠予指正，將不勝感激!

林清富　謹上

目　錄

第 1 章

光的歷史和特性

1 光是什麼
2 光線
3 讓科學家們爭論不休的焦點：光粒子或光波
4 波動說的勝利：光是電磁波和此觀點的巨大影響
5 光的粒子說又起死回生-波動和粒子雙重性的新觀點
6 光電效應的影響無遠弗屆
7 從「光速是多少」到相對論

1.1 光是什麼

從 2009 年以後，台灣的光電產值就超過 2 兆新台幣，佔全世界光電產值的 16-18%，與台灣人口只佔全世界的 0.35%相比，台灣的光電界在全球可說是令人刮目相看，但是處在台灣的我們，對光的認識有多少呢？

我們知道生命的三大基本要素是陽光、空氣、和水。但是人類對陽光、空氣、和水的認識卻花了相當長的時間，特別是這個問題「光是什麼？」讓科學家一直在爭辯。陽光從太陽而來，是不說自明的道理，但太陽是什麼？這個問題一直到哥白尼之後才瞭解到，地球繞著太陽運行，而太陽是宇宙眾多星球中的一個。太陽對我們而言，最重要的意義是它會發光，一來它讓我們在白天可以看見各種事物，二來它供應地球上各種生命所需。光，如此重要，卻是一個叫科學家探索很久都還摸不清底細的「東西」。這裡我們用引號的「東西」來稱呼光，是有特別用意的，因為光是不是一個「東西」，很難說，即使是科學家也是說不準。在很早以前，就有人探討光的本質，那時對光的探索還在「哲學」的層次，一直到了十七世紀以後，對光的探討才開始有較「科學性」的研究。

光是什麼？較為「科學性」的觀點有三種，分別是光線、光粒子和光波，以下我們就先來看看這些觀點所衍生出來的探討。

1.2 光線

光線的觀點可以從陽光經由樹林中的縫隙穿透下來理解，在還不知道光的本質之前，光線的觀點可以幫助我們瞭解和預測光的行進方向。光線的觀點讓科學家們發現了折射定律，我們把折射定律也稱為司乃耳定律（Snell's Law），不過據說發現此定律的並不是威理博・司乃耳（Willebrord Snellius, 1580-1626），而是另有其人。

圖 1-1　陽光經由樹林中的縫隙穿透下來——形成光線。

圖 1-2　司乃耳定律（Snell's Law）：鉛筆在水中變成彎折。

單單光線的觀點就可以讓我們設計一些光學儀器，如顯微鏡、照相機、攝影鏡頭等。甚至於最近開始流行的立體影像，如阿凡達電影，也需要使用光線的觀點來設計，因為光進入左眼和右眼的路線不同，藉由光線的線條可以推估從左眼和右眼分別看到之物體的視角差異，以及不同視角下物體的幾何圖案，於是在螢幕上呈現出左眼和右眼所看到的不同景物，並且讓左眼看到左眼視角的景象，右眼看到右眼視角的景象，然後大腦與生俱來的影像處理能力，自動地將兩眼看到的景象結合並轉化為視覺上的認知，而以為好像是看到了原來之立體實景。

圖 1-3　照相機的實體相片和光路示意圖。
（http://www.sony.com.tw）

光線說比馬克士威的電磁方程式還早被提出。科學家根據他們對光線所觀察到的現象，認為光的行進軌跡應該要滿足以下方程式

$$\frac{d}{ds}\left(n\frac{d\vec{r}}{ds}\right)=\nabla n \qquad (1\text{-}1)$$

此方程式（1-1）稱為光線傳播方程式（Ray propagation equation）。其中 $\vec{r}$ 為光線到達某位置的座標，n 為傳播介質的折射率，s 為弧長，也就是光線傳播累積的路徑長度。

從方程式（1-1）出發，在兩個不同介質之間時，透過微積分的邊界積分條件，可以推導出（參考圖 1-4）

$$\hat{n}\times(n_2\hat{S}_2-n_1\hat{S}_1)=0 \qquad (1\text{-}2)$$

其中　$\hat{S}_1$ 代表入射光線的單位向量

$\hat{S}_2$ 代表穿透光線的單位向量

$\hat{n}$ 代表介面法線的單位向量

由方程式（1-2）可以進一步推導出

$$n_2 \sin\theta_2 = n_1 \sin\theta_1 \qquad (1\text{-}3)$$

方程式（1-3）就是折射定律。若針對反射光，也可以得到

$$\hat{n} \times (n_1 \hat{S}_2 - n_1 \hat{S}_1) = 0 \qquad (1\text{-}4)$$

$\hat{S}_2$ 代表反射光線的單位向量。

由方程式（1-4）可以進一步推導出

$$n_1 \sin\theta_1' = n_1 \sin\theta_1 \qquad (1\text{-}3)$$

因此得到 $\theta_1' = \theta_1$，也就是反射定律。

光線說（ray optics）構成幾何光學的基礎，對光學系統的正面影響極大，也造成光學儀器的蓬勃發展，如放大鏡、顯微鏡、望遠鏡等的發明。放大鏡和顯微鏡的發明促進了生物學的進步，因為可以看到微小生物以及細胞的構造。另一方面，光線說也使得人們對觀察到的太陽上升時間和真正上升時間有更清楚的認識，還有對星座位置有更精確的計算，加上望遠鏡的發明，也對天文學具有相當貢獻。

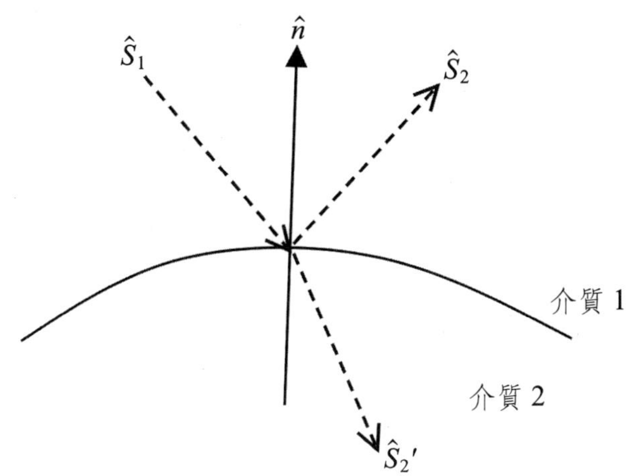

圖 1-4 光線從介質 1 傳播到介質 2，在介面處路徑會偏折。

1.3 讓科學家們爭論不休的焦點：光粒子或光波

在光線的觀點之外，最讓科學家們爭論不休的焦點為，光到底是光粒子或光波？早期的著名人物大多認為光是粒子，這些人物包括有笛卡兒（René Descartes, 1596-1650）和牛頓（Sir Isaac Newton, 1643-1727）。光粒子的觀點可以用來解釋折射、反射和影子等現象，牛頓還用光粒子說來解釋彩虹的顏色，他認為白色光是分屬各種色彩的不同微粒之混合體，而這些不同色彩之光微粒在經過不同介質的界面時，受到不同的作用力，因此折射後的路徑不同，舉例來說，三角稜鏡對不同色彩之光微粒的作用力不同，對紫色光微粒的作用力最大，對紅色光微粒的作用力最小，因此紫色光微粒的折射角最大，對紅色光微粒的折射角最小，於是白色光經過三角稜鏡後，就被分為紅橙黃綠藍紫等不同顏色的光。因為有笛卡兒和牛頓這些偉大人物認定光是粒子，因此當時的主流意見就採用了光是粒子的觀點，在其後的100 多年裡一直佔著主導地位。從光粒子的觀點可以推論出，光在水中的速度比在空氣或真空中快，現在我們知道這是錯的，但在牛頓的年代，還沒有技術可以測量光速，因此當時無法判斷光粒子觀點的謬誤。另一方面，光速是多少？以及如何測量光速？這些自然而然也是科學家們極感興趣的問題。

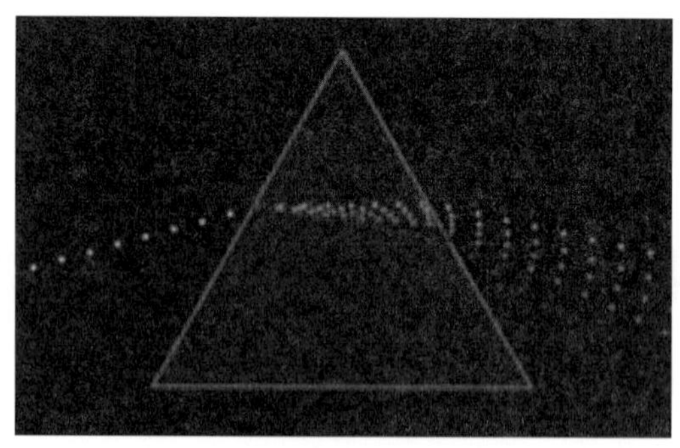

圖 1-5　牛頓用光粒子觀點解釋彩虹的顏色（示意圖）。
（http://en.wikipedia.org）

相對於粒子觀點，光波的觀點可說是發展得很慢。發現彈簧遵守著某個定律的虎克（Robert Hooke, 1635-1703）在 1685 年發表《顯微術》一書，他認為光是一種振動，並初步建立了波面和波線的概念。惠更斯（Christian Huygens, 1629-1695）在他的著作《論光》當中，更進一步提出光是一種波動的主張，他解釋光是一種介質的運動，該運動從介質的一部分以某種速度依次地向其他部分傳播，然而沒有實驗證據證實這些觀點。

要確認光是波動，必須要有類似水波或聲波的波動現象，最明顯的是干涉現象和繞射現象。但是這類波動現象的發生，還要有一個非常重要的特性，即波必須有同調性或相干性（Coherence）。特別是干涉現象，必須要來自不同位置的波源具有相干性，也就是說，得要有兩列相干光才可能看到光的干涉，這在當時是很困難的技術，因為自然界的光源幾乎都不具有相干性。直到1801年，英國科學家托馬斯・楊（Thomas Young, 1773-1829）才用雙狹縫進行實驗，確實看到了干涉條紋，而證明了光的波動性。

為了解決相干性的問題，托馬斯・楊在雙狹縫之前還擺了一個單狹縫，以確保進入雙狹縫的兩道光具有好的相干性。

另一方面，透過單狹縫的篩選，光變得非常弱，因此要紀錄干涉條紋，底片就得長時間曝光。在長時間裡，若是稍有振動，明暗相間的干涉條紋就會互相重疊而變得模糊，因此必須在長時間曝光當中，整個實驗架構都要維持在振動小於100nm以內，即使是現在的技術都還很難辦到，何況是在托馬斯・楊的年代，就更不容易了！也可想見他當年進行雙狹縫干涉的實驗有多麼困難，以及需要多大的耐心和毅力。但是托馬斯・楊的實驗可說是驚天動地，因為光波的觀點從此橫掃物理界和科學界，把光的粒子說掃進了垃圾堆。

(1)

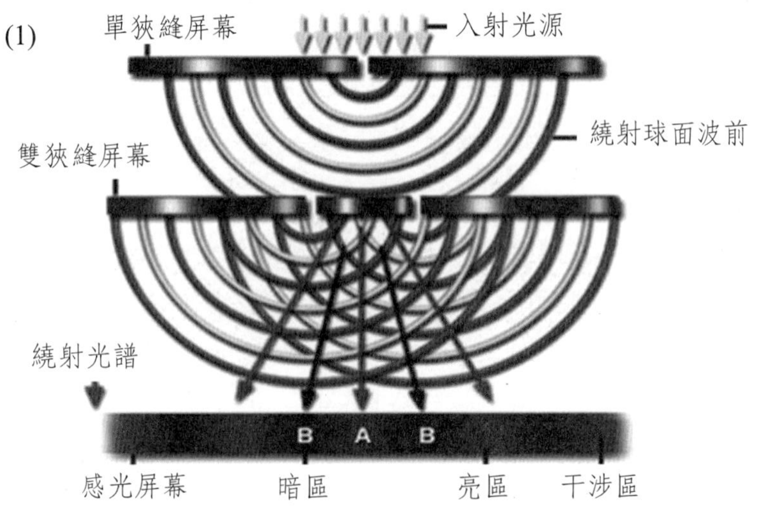

(2)

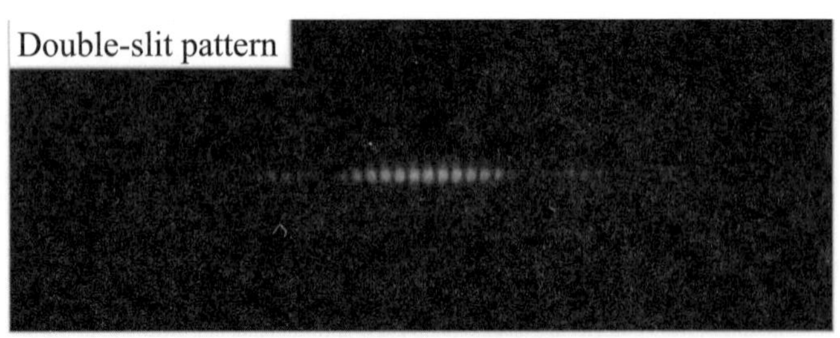

圖1-6 (1)托馬斯·楊的雙狹縫干涉實驗架構圖；(2)光的雙狹縫干涉條紋。（http://en.wikipedia.org）

接著，傅科（Jean Bernard Léon Foucault, 1819-1868）和斐索（Armand Hippolyte Louis Fizeau, 1819-1896）在 1850 年發明了斐索-傅科儀測量光速，發現光在水中的速度比在空氣或真空中慢，所以確定了光粒子的觀點是錯的，也因而被稱為是對牛頓的光粒子說釘入了棺材的最後一根釘子，從此光粒子說似乎就壽終正寢了。

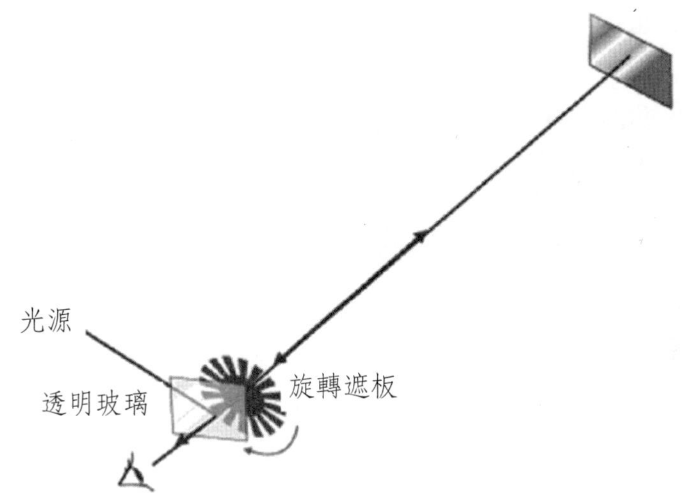

圖 1-7 傅科和斐索在 1850 年發明了斐索-傅科儀測量光速。（http://en.wikipedia.org）

1.4 波動說的勝利：光是電磁波和此觀點的巨大影響

之後，馬克士威（James Clerk Maxwell, 1831-1879）由電磁學的四個定律，即馬克士威方程式（Maxwell's equations），推導出電磁波的波動方程式，進一步推論電磁波的速度就是光速，而赫茲（Heinrich Rudolf Hertz, 1857-1894）根據馬克士威的推論，藉由實驗產生了電磁波。因此在十九世紀末，確定了光就是電磁波，其特性可由電磁波的波動方程式預測，而其傳播速度就是光速，現在我們確定光和電磁波其實就是同樣的「東西」。對光的波動說有貢獻的科學家有傅科、斐索、庫侖、法拉第、安培、高斯、馬克士威、和赫茲等人，他們到現在都還是電磁領域極負盛名的偉大人物。

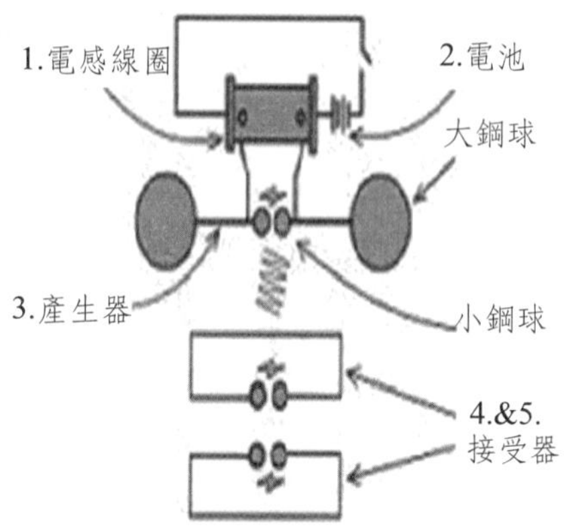

圖 1-8　赫茲發明來產生電磁波的裝置
（http://www1.cpshs.hcc.edu.tw/leson/%E9%9B%BB%E5%AD%B8%E5%90%8D%E4%BA%BA/new_page_20.htm）

1.5　光的粒子說又起死回生-波動和粒子雙重性的新觀點

光的粒子說和波動說之間的角力，好像武林高手在過招一樣，高潮迭起。就在光的波動說獲得壓倒性的勝利之後，二十世紀初，卻又被一位二十幾歲的年輕人給推翻了。

推翻光波觀點的實驗是所謂的光電效應，其現象是赫茲於 1887 年所發現，但赫茲無法解釋這個現象。此現象的情形如下，當金屬表面被光照射時，金屬會吸收光而發射出電子。光的波長必須小於某一臨界值時，才有電子釋出，臨界值取決於金屬材料，而釋出電子的能量取決於光的波長而非光的強度，這一點無法用光的波動性解釋；此實驗的現象還有一點與光的波動性相矛盾，按照光是電磁波的理論，如果入射光較弱，那麼照射的時間要長一些，金屬中的電子才能積累足夠的能量而脫離金屬表面。然而事實是，只要光的波長小於某一臨界值時，無論光是強是弱，電子的產生幾乎都是瞬時的，不超過十的負九次方秒，比用電磁波理論所預測的時間快了好幾個數量級。

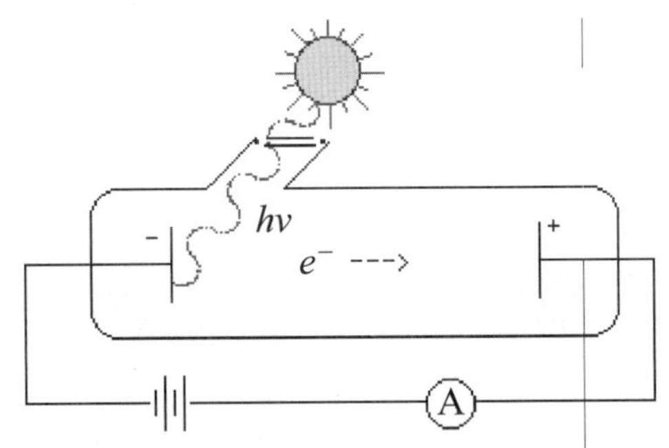

圖 1-9　光電效應的實驗架構圖

（http://www.fordham.edu/academics/programs_at_fordham_/chemistry/courses/fall_2010/physical_chemistry_i/lectures/photoelectric_6309.asp）

這些奇怪的現象困擾了十九世紀末的物理學家們，但是卻被當年一位二十幾歲的年輕人解開了這個謎團。這個年輕人就是愛因斯坦（Albert Einstein, 1879-1955），他解釋光是由小的能量粒子組成的，稱為光子，並且光子可以像單個粒子那樣運動。「光子」理論開啟了新的觀點來看待微觀世界的基本特徵，亦即波動和粒子的雙重性。之後的二十世紀，陸續出現了好幾位知名的人物，如波耳、海森堡和薛丁格等人，有些和當年的愛因斯坦一樣年輕，他們把波動和粒子的雙重性應用到物質，認為所有的粒子都具有波動和粒子的雙重性，後來在電子、中子、質子等粒子也都看到了波動的特性，確認了物質也有波動和粒子的雙重性。可以說，「光是什麼？」這樣的問題帶動著整個科學界去產生新觀念，並孕育了近代物理的另一支---量子力學。波動和粒子的雙重性帶動了量子理論的發展，然後促成了半導體工程的進步，讓IC晶片取代了真空管電路，使得電子電路和電腦的體積大幅縮小，於是功能強大的筆記型電腦、手機等可以隨身攜帶，因此極為普及和方便，甚至於變成年輕人日常生活的必需品，也讓Google，Youtube，i-phone，i-pad，臉書，推特等網路科技、產品及網路社群不斷推陳出新，日新月異。

(1)（http://www.milbert.com/tstxt.html）

（http://en.wikipedia.org）

(2)（http://www.acer.com.tw）

(3)（http://www.apple.com）

圖 1-10　(1)真空管和 IC 對照圖；(2)筆記型電腦相片；(3)手機相片。

圖 1-11　(1)Google 網頁；(2)Youtube 網頁；(3)臉書網頁；(4)推特網頁

1.6　光電效應的影響無遠弗屆

前面的這個現象，稱為光電效應，解釋這個現象讓愛因斯坦獲得了諾貝爾獎。而它的影響更是無遠弗屆，因為光粒子說解釋了黑體幅射，也促成了光電工程和量子理論的發展。黑體幅射的認識讓電燈泡發光獲得長足的進步，叫人類從二十世紀初至今約一百年間擁有安全可靠的照明，不用擔心煤油燈或蠟燭造成火災。

圖 1-12　蠟燭、煤油燈、電燈泡對照圖（左到右）。

而光電工程的進步，讓雷射和光纖被發明出來，產生了光纖通訊網路，並進一步演變出網際網路；而且光電工程還在繼續開發省電的發光二極體，讓照明不僅安全可靠，更是節省能源；還有太陽能光電所使用的伏打電池，也是運用光電效應，簡單地講，就是照射光子以產生電子，因而產生電流和電力，許多人預期這是解決能源危機和氣候變遷的最好方式；此外，光電科技的進步導致了電影、電視成為日常生活的一部份，這使得許多人在漫漫長夜當中，不僅不會無聊，更有音樂和影片等精彩內容陪伴，叫人們的生活變得豐富精彩，也造成媒體事業的風行，以及聞名全球之歌星、影星、模特兒、球星的出現，讓某些人在一夕之間爆紅，家喻戶曉。如果沒有電影、電視，小胖林育群、周杰倫、張惠妹、林志玲、江蕙、劉德華、張學友、李小龍、王建民、郭弘志、麥可・傑克森、湯姆・克魯斯、妮可・基嫚、惠尼・休斯頓、布萊德・彼特、珍妮佛・安妮斯頓、貝克漢、馬拉度那、章魚哥保羅、林書豪等等就不可能成為家喻戶曉的「人」、「物」。

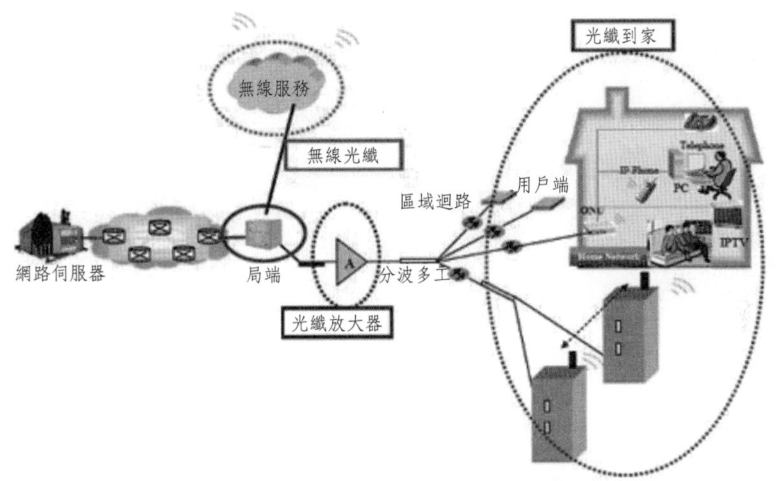

圖 1-13　光纖通訊網路示意圖
（http://web2.yzu.edu.tw/top_unv/epapers/No004/04.html）

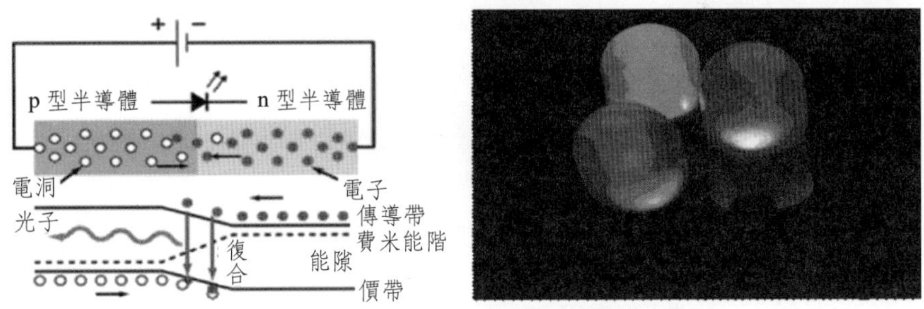

圖 1-14　發光二極體示意圖（左）和實體相片（右）
（http://en.wikipedia.org）

(1)

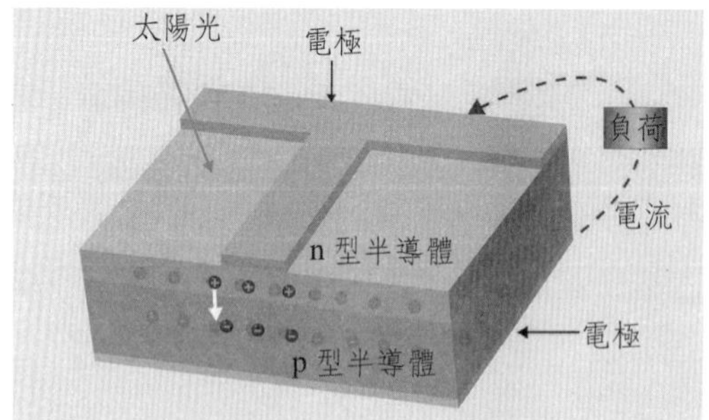

(http://encyclobeamia.solarbotics.net/articles/solar_cell.html)

(2)

(http://en.wikipedia.org/wiki/File:SolarPowerPlantSerpa.jpg)

圖 1-15 (1)太陽能光電所使用的伏打電池示意圖；(2)太陽能發電廠相片。

圖 1-16 章魚哥保羅的相片

(http://share.youthwant.com.tw/sh.php? id=65007796&do=D)

1.7 從「光速是多少」到相對論

另一方面，為了解答「光速是多少？」這個問題，邁克森（Albert Abraham Michelson, 1852-1931）設計了一個極精確的實驗方法，以測量光速，然後進一步發現光速不隨座標系統的相對運動而改變，這也

(1)

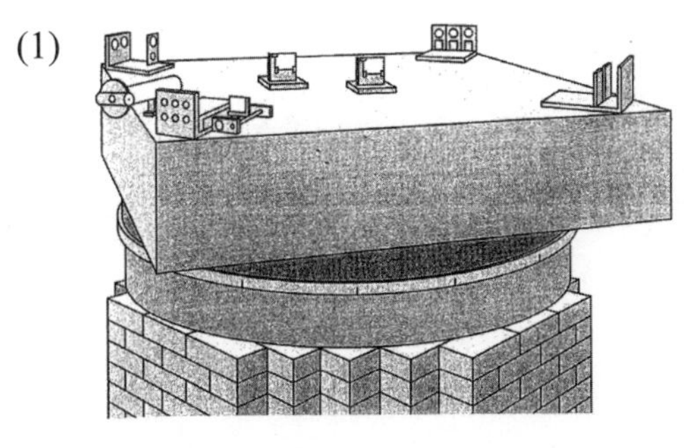

(2)

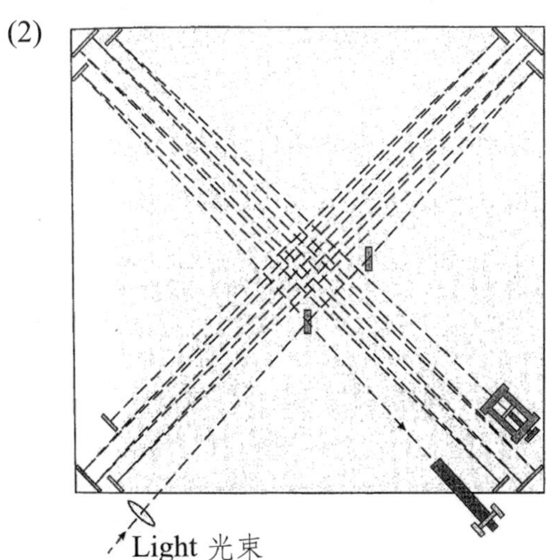

圖 1-17　邁克森測量光速的實驗裝置：(1)實際的實驗架構；(2)光路圖。（Modern Physics: from α to Z°, by James W. Rohlf, John Wiley * Sons, Inc.）

促成了愛因斯坦假設光速是定值，進而推導出相對論以及質能互換公式。而由質能互換公式，粒子可以消失，化成光的能量型式；光也可以消失，變成電子等類的粒子。於是光可以從不是東西，變成是物質的東西，再由物質的東西變成不是東西的能量。

因此，對「光是什麼？」的探討，可說是近代物理的起源；認識大自然，從「光」開始是很好的途徑。是什麼照亮了我們的生命？就是光。光不僅照亮了人類的生命，也照亮了所有的生命，甚至於照亮了整個宇宙，沒有光，可能就沒有宇宙以及存在宇宙內的各種「東西」。

從人類文明的發展歷史來看，兩千多年以前，還沒有明確的科學，許多探索停留在哲學的層次，一直到十四、十五世紀文藝復興以後，才逐漸發展出科學性的學問，之後自然科學的領域逐漸分殊為生物、化學、物理、…等等。而物理又繼續發展，之後演變出清楚的力學觀點，代表人物是伽利略（Galileo Galilei, 1564-1642）和牛頓。為了解釋物體下墜的運動，牛頓提出超距力的概念。後來庫侖（Charles Augustine Coulomb, 1736-1806）也引用此概念，提出了庫侖定律，即帶電體的受力（引力和斥力）和萬有引力類似，與距離平方成反比。但是厄司特（Hans Christian Oersted, 1777-1851）、羅嵐（Henry Augustus Rowland, 1848-1901）和法拉第（Michael Faraday, 1791-1867）等人的實驗卻發現，力量不必然和距離平方成反比。這造成了十九世紀後半的物理學加入了新觀念，就是場的觀念，是由法拉第、馬克士威以及赫茲等人的研究成果所建構起來的。

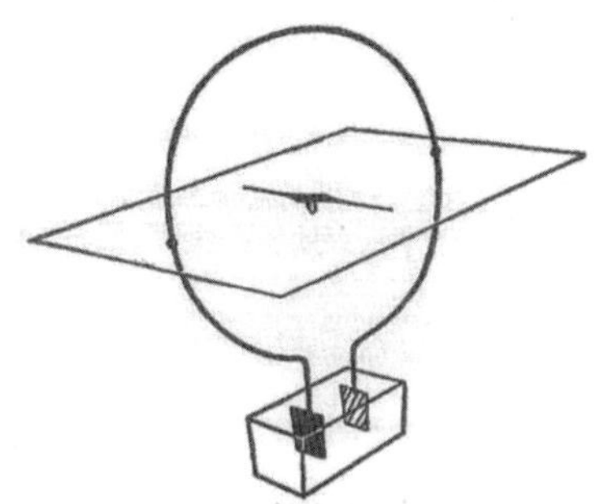

圖 1-18　厄司特（Hans Christian Oersted, 1777-1851）的實驗裝置。（摘自「物理的演化」，愛因斯坦著）

之後，物理就分為兩派，力學觀點和場的觀點。力學派的代表性觀點就是牛頓三大運動定律和伽利略轉換式；場的觀點則建立在兩大支柱：(1)由電荷運動而產生的電場變化必然會伴隨著另一個磁場；(2)一個磁場的變化會伴隨著另一個電場；於是電生磁，磁生電，形成了電磁波。比較力學觀點和場的觀點，可以看出兩者之間有本質上的差異，力學觀點之力是由物質而來，而力也是作用在物質上面；在場的觀點裡，物質不是主要的角色，特別是在電生磁、磁生電的兩個定律中，沒有物質的角色。到底誰的觀點較好或較正確？我們之後會接著討論。

力學觀衍生出工業革命，造成了土木、建築、造船、火車、汽車等方面的成就，如著名的鐵達尼號，巴黎的艾菲爾鐵塔（法語：La Tour Eiffel；英語：Eiffel Tower）等等。而電生磁、磁生電的場觀則讓人類文明跨入了電的時代。在目前的時代中，日常生活和電磁息息相關，因為電磁的作用衍生了現在普及的相關科技，如發電機、發電廠、馬達、電車、收音機、電視機、IC、電腦、手機、衛星通訊、光纖通訊等等，這些訊號或動力全都是藉由電磁場，不需要發射帶電粒子，因此，場是真實的存在。愛因斯坦稱之為革命性的新觀念，這使得物理逐漸遠離力學觀，進入了電磁的世界，也就是光電領域目前在探索以及研發新應用的領域。到目前為止，已經很少日常生活和光電無關。

(1)

(2)

圖 1-19　(1)鐵達尼號相片；(2)巴黎的艾菲爾鐵塔相片。

圖 1-20　液晶電視機相片：左圖為液晶電視機之正面，右圖為液晶電視機之側面。

現在我們確定了光就是電磁波，都是電生磁、磁生電的現象，全都遵守同一個波動方程式，且傳播速度都是光速。但科學家們仍然繼續探究，這代表了什麼意義？

愛因斯坦發現了電磁場或光波的觀點和過去的力學觀點有了本質上的矛盾，因為對光波或電磁場而言，以下的兩個論述無法同時成立：

(1)位置與速度會依照古典的轉換律（伽利略轉換式），從一個慣性系統轉換到另一個慣性系統。

(2)在兩個做等速相對運動的座標系裡，大自然的所有定律是相同的，亦即數學型式是一樣的，因此我們無法分辨出誰在運動，誰不在運動，也就是說，只有相對運動，沒有一個絕對靜止的系統。

這個本質上的矛盾是，把伽利略轉換式套用在光波和電磁波的波動方程式上，發現其數學型式不再相同。後來，愛因斯坦捨棄了古典物理之轉換律，採用第二個論述，並加上這個假設；「光在真空中的速度是固定的，與光源及接收者的運動無關。」然後導出了相對論，被稱為是科學上的大革命。至此，我們看到了古典物理的力學觀被電生磁、磁生電的場觀所取代了，因為電磁場的觀點更真實地反映了宇宙和大自然的特性。而人類的新科技從此以後更是緊密地貼近「光電」領域。另一方面，如前面所說，愛因斯坦還提出了「光子」理論。使用波動和粒子的雙重性來解釋光的行為，大自然的更多秘密也因此被揭露了。即使到現在，「光」、「光子」和「電磁波」仍然具有許多尚待科學家探索的問題，依然是基礎科學的重要根源，它們不僅在日常生活中有廣泛的運用，而且還隱藏著宇宙本質的秘密，從亙古到現在，叫人們（包括科學家）無法完全摸清它的底細。「光」和「電磁波」，無論如何，都叫人著迷！

習題

1.科學家較常用那三種觀點處理光？

2.光粒子說可以解釋那些現象？

3.什麼實驗確認了光的波動特性？

4.什麼實驗否定了光的波動特性？

5.請簡述光電效應？

6.伽利略轉換式和電磁波的公式有沒有矛盾？為什麼？

第 2 章

光的傳播——幾何光學

1 幾何光學之緣起
2 光線傳播方程式
3 透鏡的幾何光學
4 *ABCD* 矩陣表示法
5 光學成像系統
6 像差

2.1 幾何光學之緣起

光學是物理學中相當重要的一支，對於光的研究，中西方都起源的相當早。在中國方面，戰國時代的墨子是出名的工匠家，他為了提倡並具體力行兼愛非攻的觀點，研究了不少防禦敵人進攻的工程技藝，而他在光學方面也有所著墨，其著作《墨子》一書當中，在《經下》和《經說下》兩篇中有記載投影、小孔成像、平面鏡、凸面鏡和凹面鏡等成像和幾何光學之特性。可惜秦朝焚書坑儒以及漢武帝罷黜百家，獨尊儒術之後，墨子的學說不受重視，於是光學的研究在中國逐漸式微。

西方在光學方面的研究，最早的記載是約西元前 300 年歐幾里德的《反射光學》（Catoptrica），其時間比墨子晚了一百多年。之後於西元一百多年，克勞狄烏斯・托勒密繼續對光學有所研究，在其著作《光學》中記載了折射定律，他認為折射角和入射角成正比；西元 1000 年左右，阿拉伯學者海什木發現托勒密的折射定律不完全正確，海什木也研究了許多光學實驗，記載在其著作《光學全書》中。

比較有系統的研究是在西方的文藝復興和啟蒙運動之後，這段期間，由於西方在理性主義和經驗主義的思潮有豐富的發展，於是造就了在科學方面的嚴謹性研究。理性主義認為觀察到的現象只是表象，其背後的原理或定律才是真正的真理；而經驗主義則認為，任何原理或定律方面的學說，必須能預測出人的感官可以感受到的現象；兩者交互激盪下，西方開始出現大量的理論學說，以及許多的實驗驗證方法，所謂實驗驗證就是在經驗主義範疇內，要讓人的感官可以感覺到，就光學而言，讓眼睛的視覺可以看到算是重要的一個證據。西元1611年，克卜勒在他的光學著作《折光學》中記載了他所進行的折射實驗，以及他在實驗中曾觀察到的全反射現象。西元1621年，荷蘭物理學家司乃耳透過實驗，首次得到正確的折射定律，因此後來折射定律也常被稱作司乃耳定律，不過，這似乎有爭議，有人認為折射定律並非是司乃耳首次驗證。西元1661年，法國數學家皮埃爾・德・費馬將費馬原理應用於幾何光學，以數學推導的方式，得到了折射定律的正確數學形式。

2.2 光線傳播方程式

幾何光學的基礎是光線光學，把光當做是光線，也就是說，把光的行進軌跡連起來而形成光線。在一般的均勻介質中，光線以直線的方向前進，到了邊界時，光可能反射，或是依據折射定律進行穿透；於是光的行進方向只有在兩個介質的邊界才會改變，因此光的行進方向可以由邊界的幾何形狀決定。然而嚴格說來，幾何光學和光線光學並不完全一樣，最大的差異在於當光在非均勻介質中傳播時，光的行進方向就不完全由邊界的幾何形狀來決定。根據過去的觀察，科學家綜合光線前進的各種情況，歸納出以下的光線傳播方程式（ray propagation equation）：

$$\frac{d}{ds}\left(n\frac{d\vec{r}}{ds}\right)=\nabla n \qquad (2\text{-}1)$$

其中 $\vec{r}$ 為光線到達某位置的座標，n 為傳播介質的折射率，s 為弧長，也就是光線傳播累積的路徑長度。

由方程式（2-1）可以推導出以下的現象，例如在均勻介質中傳播時，光會以直線前進，以及在邊界時，其入射線和穿透光線會遵守折射定律等等。

範例一：請藉由光線傳播方程式，推導在均勻介質中傳播時，光會以直線前進。

光線傳播方程式：$\frac{d}{ds}\left(n\frac{d\vec{r}}{ds}\right)=\nabla n$

因為是均勻介質，所以介質的折射率 n 是常數，於是其微分為零，$\nabla n=0$。我們因此可以得到

$$\frac{d}{ds}\left(n\frac{d\vec{r}}{ds}\right)=0$$

因為折射率 n 是常數可以提到微分之外，所以進一步簡化為

$$\frac{d^2\vec{r}}{ds^2}=0 \qquad (2\text{-}2)$$

方程式（2-2）是簡單的二次微分方程式，其解為

$$\vec{r}=s\vec{a}+\vec{b} \qquad (2\text{-}3)$$

其中$\vec{a}$代表光線傳播方向，$\vec{b}$代表光線會經過的位置。

在光學系統中，在大多情形下，採用前面的向量描述方式會使數學處理過程較複雜，有一種常用的方式是近軸表示方式（paraxial expression）。在近軸表示方式中，先找出與光學系統之各光線的平均路徑最接近的方向，將其定義為z軸，各光線與z軸的夾角不大，所以在不少運算下將較簡略。

在近軸表示方式之下，前面的直線前進光線可以重新描述如下：

$$r_2 = r_1 + L\frac{dr_1}{dz} \tag{2-4}$$

$$\frac{dr_2}{dz} = \frac{dr_1}{dz} \tag{2-5}$$

其中r_1，r_2，L之定義如圖 2-1 所示。

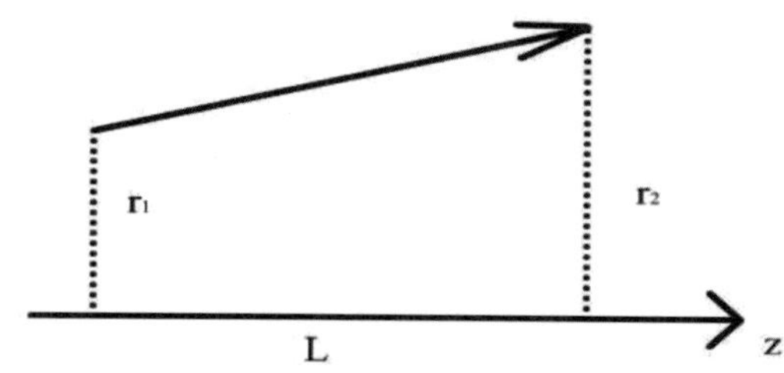

圖 2-1　直線前進的光線之相對座標變化。

在開始時，光線離z軸之距離為r_1，在z軸方向行進L的距離後，光線離z軸之距離變為r_2。此光線的傳播方向可以由其斜率$\frac{dr_1}{dz}$表示，因為其行進路徑為一直線，傳播方向不變，所以代表傳播方向的斜率相等，$\frac{dr_2}{dz}=\frac{dr_1}{dz}$。由於其行進路徑和$z$軸並非平行，因此其與$z$軸的距離會改變，兩者的差距可以簡單地計算出來，$r_2 - r_1 = L\frac{dr_1}{dz}$，也就是說，垂直方向的距離等於水平方向的距離乘以斜率。

方程式（2-4）和（2-5）的近軸表示方式，在之後討論到透鏡時，將可以更清楚地看出其方便之處。

由方程式（2-1）的光線傳播方程式也可以推導出折射定律和反射定律，如第一章所談過的。

如之前提過的，幾何光學和光線光學並不完全一樣。在均勻介質中，光線以直線前進，只有碰到邊界時才會依據折射定律或反射定律偏折，而偏折的角度可以根據邊界的幾何形狀，運用三角幾何的數學來計算，在這種情況下，並不需從方程式（2-1）的光線傳播方程式出發，這可以稱為是幾何光學的範疇。

另一方面，若是介質的折射率不是常數，或是光線經過的路徑很長，使得折射率的微小變化所累積的效果不能忽略，那麼幾何形狀和三角幾何的數學就不足以正確評估光線的行經路線，這時就得從光線傳播方程式出發，把折射率隨位置變化的情形考慮進去，這種情況下，幾何光學並不適用，必須用線光學（ray optics）處理。一個明顯的例子就是光從外太空射入大氣層，到達地面的情形，雖然空氣的折射率和真空很接近，但從外太空的真空到地面的一大氣壓，折射率從 1 逐漸增加到 1.000293，變化雖小，但因為整個大氣層的厚度變化範圍達 100 公里，使得累積的效果頗為明顯，這使得晚上的星星會閃爍，因為大氣層一直在流動，所以光線經過的路徑會看到變化的折射率，使得星星在眼睛的成像位置也隨之變動；還有，早上看到的日出時間比太陽真正升上海平線的時間早了幾分鐘，原因也是太陽光從外太空的真空傳到地面時，經過了大氣層，折射率從 1 逐漸增加到 1.000293，使得光線逐漸偏折，所以即使太陽尚未升上海平線，其光線已經可以到達我們往東看的視線上。海市蜃樓也類似，在沙漠地帶，地表受熱而造成空氣膨脹，這使得接近地面的空氣比較稀薄，所以折射率比上方空氣小，其變化也是逐漸的，這會使光線以曲線行進，使得遠方的景物，其射往地面的光線逐漸彎曲向上，所以視覺上看來像是由水面上反射上來。這些逐漸變化的折射率，都需以方程式（2-1）的光線傳播方程式處理，才能得到較準確的結果。

但是一般的光學系統很少會讓光線經過公里以上的路徑，所以這種隨位置改變的空氣折射率，並不需要考慮在內，因此大多以幾何光學處理即可。

2.3 透鏡的幾何光學

一般而言，透鏡的表面是一球面，主要原因是傳統的玻璃研磨技術中，除了平面鏡之外，以球面最容易研磨，此外，其數學分析也是比較簡單。現在的精密加工技術可以製造非球面透鏡，但其數學分析將複雜許多，所以此導論的內容將不包括這些複雜的非球面透鏡分析，而是以球面為主的透鏡來進行探討。

2-3-1 光線在球面介質間的行進方向分析

光線從某一介質進入到另一介質，兩介質間的界面是球面時，其行進方向還是遵循折射定律，但因為其界面的幾何形狀不再是平面，所以相關的數學分析較為複雜一些。圖 2-2 是光線進入球面介質後之方向變化的示意圖，在界面左邊，其折射率為 n，在界面右邊，其折射率為 n'。經過 QP 的直線代表入射光線的行進方向，若沒有折射，此直線會經過B點。因為折射，所以在球面的右邊，光線的行進方向偏折而沿著直線 PB'。此球面的球心在 C 點，由此球心和球面上的中心點O所連成的直線，我們將之定義為光軸，也是前面近軸表示方式的 z 軸。B 點和 O 點的距離是 L，B'點和 O 點的距離是 L'，球心 C 和 O 點的距離是 r，也就是球的半徑。

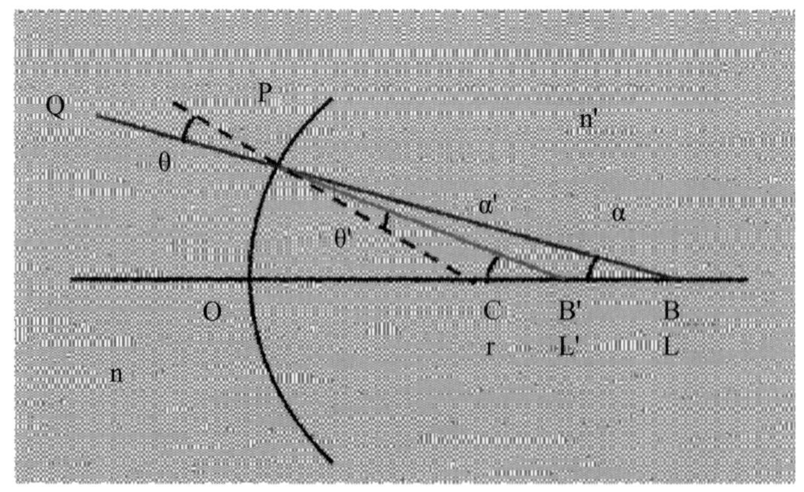

圖 2-2　光線進入球面介質後之方向變化。

從圖 2-2 的幾何關係中可以看出，光線與球面交會在 P 點，也就是說，光線在 P 點進入右邊的介質，而法線與球面垂直，所以法線經過 PC 兩點。入射角θ是法線（PC）和入射線（QP）的夾角，折射角θ'是法線（PC）和折射線（PB'）的夾角。入射線的延長線PB與光軸（OB）之夾角為α，折射線 PB'與光軸（OB）之夾角為α'。

$$\text{根據折射定律，} n'\sin\theta' = n\sin\theta \tag{2-6}$$

此外，根據三角幾何，我們還有以下的數學關係式，從三角形ΔPBC之正弦定律，我們有以下的方程式

$$\frac{\sin\alpha}{r}=\frac{\sin\theta}{L-r} \tag{2-7}$$

從三角形ΔPB'C之正弦定律，我們也可以得到以下的方程式

$$\frac{\sin\alpha'}{r}=\frac{\sin\theta'}{L'-r} \tag{2-8}$$

而由ΔPBB'的外角等於不相鄰的兩個內角和，我們得到以下的方程式

$$\alpha'=\alpha+(\theta-\theta') \tag{2-9}$$

在近軸近似（paraxial approximation）之下，$\sin\theta\sim\theta$，因此前面的數學式簡化為以下的方程式：

$$n'\theta'=n\theta \tag{2-10a}$$

$$\frac{\alpha}{r}=\frac{\theta}{L-r} \tag{2-10b}$$

$$\frac{\alpha'}{r}=\frac{\theta'}{L'-r} \tag{2-10c}$$

$$\alpha'=\alpha+\theta-\theta' \tag{2-10d}$$

從上面的四個方程式（2-10a），（2-10b），（2-10c）和

（2-10d），經過一些數學處理，我們可以得到以下的球面成像方程式：

$$\frac{n'}{L'}-\frac{n}{L}=\frac{n'-n}{r} \tag{2-11}$$

由此球面成像方程式可以看出，在近軸近似之下，若不同光線在沒有折射之下會匯聚於一點 B，在折射之下仍將匯聚於一點 B'，也就是新的成像點，此新的成像點可以透過方程式（2-11）預測出來。各光線均會匯聚於一點B'，與入射角無關，不過，這是在近軸近似之下才會如此，若用原來的方程式（2-6），（2-7）和（2-8），結果將會有一些差異。

範例二：在空氣中之球面介質對光線之影響

從前面的分析，我們可以評估置放在水晶球外的物體，其是否可能成像在水晶球內。空氣的折射率可以當做是 1，$n=1$，水晶球的折射率 $n'=1.5$，其半徑為 5 公分。若物體放在球面左邊 15 公分，$L=-15$cm，根據方程式（2-11），可得

$$\frac{1.5}{L'}-\frac{1}{-15}=\frac{1.5-1}{5}$$

計算得 $L'=45$cm。因為水晶球直徑只有 10 公分，所以無法成像在水晶球內。

若再考慮水晶球的右邊球面，現在我們可以進行第二次的計算。在新的情況下現在是光由水晶球射到空氣，所以 n 是水晶球介質的折射率，$n=1.5$，n' 是空氣的折射率 $n'=1$。新的 O 點變成是水晶球的右

邊球面，所以L是前面計算之L'減去水晶球直徑，$L=35$cm；而此右邊球面的曲率是向左凹，因此$r=-5$cm。根據方程式（2-11），可得

$$\frac{1}{L'}-\frac{1.5}{35}=\frac{1-1.5}{-5}$$

計算得$L'=7$cm，所以成像在水晶球右邊 7 公分之處。

事實上，不管放在左邊何處，皆無法成像在水晶球內，只能成像在水晶球外面。當光線從左邊無窮遠處射來時，到水晶球左邊時，可看成是平行光線，$L=\infty$，由方程式（2-11），可得$L'=15$cm，此距離還是比水晶球直徑 10 公分大，所以光線無法匯聚在水晶球內。

2-3-2　透鏡成像公式

一般的透鏡簡單分成兩類：凸透鏡和凹透鏡。凸透鏡又分成三種，雙凸透鏡、平凸透鏡、和凹凸透鏡。雙凸透鏡的兩個球面都向外突出；平凸透鏡是一邊為向外突出的球面，另一邊為平面，沒有曲率；凹凸透鏡是一邊為向外突出的球面，另一邊為向內凹陷的球面，但突出的部份超過凹陷的部份，所以透鏡中心的厚度大於透鏡邊緣的厚度。凹透鏡也分成三種，雙凹透鏡、平凹透鏡、和凸凹透鏡。雙凹透鏡的兩個球面都向內凹陷；平凹透鏡是一邊為向內凹陷的球面，另一邊為平面，沒有曲率；凸凹透鏡是一邊為向外突出的球面，另一邊為向內凹陷的球面，但突出的部份小於凹陷的部份，所以透鏡中心的厚度小於透鏡邊緣的厚度。這些透鏡的側面如圖 2-3 所示。

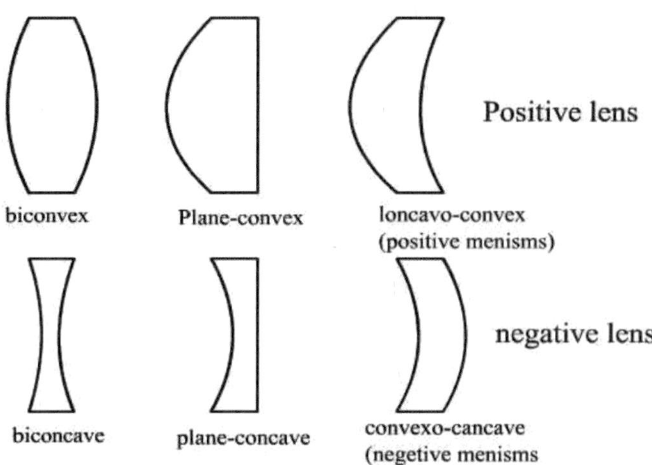

圖 2-3　各種透鏡的側面圖。

在分析方面，我們以雙凸透鏡為例子，其具有兩個向外突出的球面。而分析的數學和前面的完整水晶球類似，只是左右兩邊球面的距離不是球的直徑，而是透鏡中心的厚度。和前面的分析類似，我們設透鏡外面的介質具有折射率 n，而透鏡的介質具有折射率 n'。如圖 2-4 所示，假設光線從左邊射入，那麼透鏡左邊球面的成像公式和方程式（2-11）類似，我們重寫如下：

$$\frac{n'}{L_1'} - \frac{n}{L_1} = \frac{n' - n}{r_1} \qquad (2\text{-}12)$$

其中 L_1 是入射光線之延長線與光軸的交會點與透鏡左邊球面的中心點之距離，L_1' 是折射光線與光軸的交會點與透鏡左邊球面的中心點之距離，r_1 是透鏡左邊球面的曲率半徑。

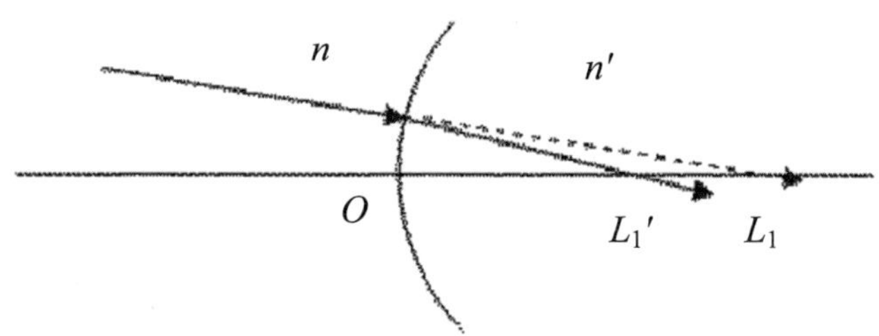

圖 2-4 光線進入透鏡左邊球面後之方向變化，尚未考慮透鏡右邊球面的影響。

接著考慮透鏡右邊球面的成像公式，此時光線由透鏡射向透鏡外面，如圖 2-5 所示，入射光線是在透鏡之中。設 L_2' 是入射光線之延長線與光軸的交會點與透鏡右邊球面的中心點之距離，L_2 是折射光線與光軸的交會點與透鏡右邊球面的中心點之距離，r_2 是透鏡右邊球面的曲率半徑。於是透鏡右邊球面的成像公式如下：

$$\frac{n}{L_2} - \frac{n'}{L_2'} = \frac{n - n'}{r_2} \tag{2-13}$$

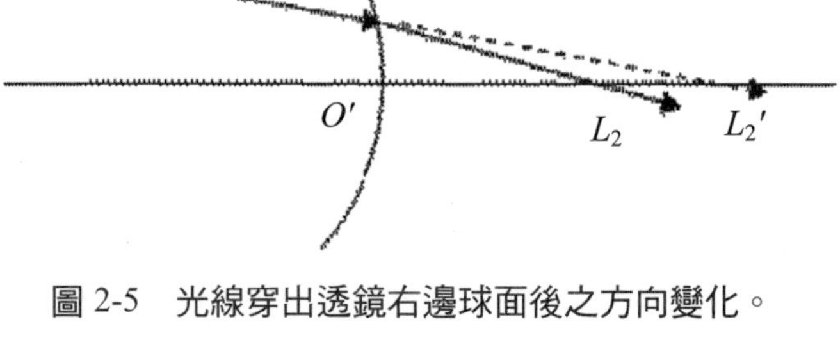

圖 2-5 光線穿出透鏡右邊球面後之方向變化。

光線從透鏡左邊球面折射後的光線與光軸的交會點，應該和從透鏡中入射到右邊之光線延長線（尚未被透鏡右邊球面折射）與光軸的交會點是同一點。假如透鏡厚度是 d，那麼透鏡左邊球面折射後光線與光軸的交會點與透鏡左邊球面的中心點之距離L_1'，和在透鏡中射向右邊球面之光線延長線與光軸的交會點與透鏡右邊球面的中心點之距離L_2'會有以下關係式

$$L_1' = L_2' + d \tag{2-14}$$

和成像位置與透鏡中心的距離相比，透鏡的厚度通常小很多，也就是所謂薄透鏡的情形，因此經常將透鏡的厚度忽略，於是$L_1' \sim L_2'$。再將方程式（2-12）與方程式（2-13）合併處理，我們可以得到以下的薄透鏡成像方程式

$$\frac{1}{L_2} - \frac{1}{L_1} = \frac{n' - n}{n}\left(\frac{1}{r_1} - \frac{1}{r_2}\right) \tag{2-15}$$

方程式的右邊和透鏡的焦距f有直接的關係

$$\frac{n' - n}{n}\left(\frac{1}{r_1} - \frac{1}{r_2}\right) \equiv \frac{1}{f} \tag{2-16}$$

為何方程式的右邊可以定義為透鏡焦距f之倒數，在後面的例子中就會清楚。

假設入射光線是平行光，則$L_1 = \infty$。由方程式（2-15），我們得到$\frac{1}{L_2} = \frac{n' - n}{n}\left(\frac{1}{r_1} - \frac{1}{r_2}\right)$，代表這些入射光線將匯聚在透鏡右邊的一點，此點離透鏡的距離為L_2，也就是我們一般對透鏡焦點的定義，亦即$L_2 = f = \left[\frac{n' - n}{n}\left(\frac{1}{r_1} - \frac{1}{r_2}\right)\right]^{-1}$。

2.4 *ABCD* 矩陣表示法

類似前面在近軸表示方式之下，直線前進光線可以用方程式（2-4）和（2-5）來表示，光線經過薄透鏡也可以用以下的方程式來表示

$$r_2 = r_1 \tag{2-17}$$

$$\frac{dr_2}{dz} = -\frac{1}{f}r_1 + \frac{dr_1}{dz} \tag{2-18}$$

其中 z 軸就是光軸，光線在透鏡左邊將進入透鏡前，離 z 軸之距離為 r_1，光線剛離開透鏡時，離 z 軸之距離變為 r_2。此光線的傳播方向可由其斜率 $\frac{dr_1}{dz}$ 和 $\frac{dr_2}{dz}$ 表示，因為是薄透鏡，所以離開透鏡之位置和進入透鏡前之位置與 z 軸距離相等，就是方程式（2-17）所表示的情形。而透鏡會改變光線的前進方向，所以離開透鏡之斜率與進入透鏡前之斜率由方程式（2-18）所決定。此方向之改變如圖 2-6 所示。

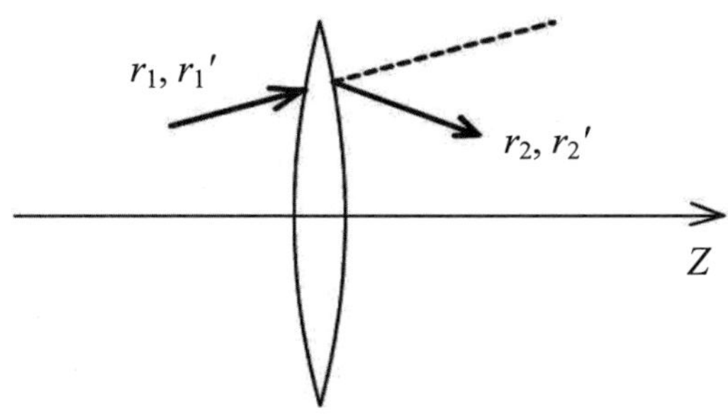

圖 2-6　光線經過透鏡前後之相對座標和方向變化圖。

方程式（2-18）所決定之光線的方向和方程式（2-15）和（2-16）所決定的方向完全一致，例如，若入射光線是平行光，則$\frac{dr_1}{dz}=0$，根據方程式（2-18），$\frac{dr_2}{dz}=-\frac{1}{f}r_1$，此結果表示，透鏡右邊的光線與光軸交會於與透鏡距離等於f的位置。因為不管這些平行光線離光軸多遠，都會與光軸交會於距離透鏡f的位置，因此這些光線匯聚在同一點，就是焦點位置。

方程式（2-4）和（2-5），以及方程式（2-17）和（2-18）都是用來表示$\left(r_2,\frac{dr_2}{dz}\right)$與$\left(r_1,\frac{dr_1}{dz}\right)$之間的關係。此關係可以進一步以（$ABCD$）矩陣來描述，通常使用以下的符號來表示斜率

$$r'(z)=\frac{dr(z)}{dz} \tag{2-19}$$

然後把(r_2, r_2')表示成(r_1, r_1')的線性組合，如以下的方程式所示

$$r_2 = Ar_1 + Br_1' \tag{2-20a}$$

$$r_2' = Cr_1 + Dr_1' \tag{2-20b}$$

方程式（2-20a）和（2-20b）可以進一步表示成以下的矩陣方程式

$$\bar{\bar{r}}_2 \equiv \begin{pmatrix} r_2 \\ r_2' \end{pmatrix} = \begin{pmatrix} A & B \\ C & D \end{pmatrix}\begin{pmatrix} r_1 \\ r_2' \end{pmatrix} \equiv M\bar{\bar{r}}_1 \tag{2-21}$$

其中的矩陣元素$ABCD$代表著某種光學元件的特性。此矩陣通常由符號 M 表示，$M \equiv \begin{pmatrix} A & B \\ C & D \end{pmatrix}$。

所以矩陣方程式（2-21）代表該光學元件對光線的影響。光線在進入此光學元件前，其特性是(r_1, r_1')，表示其與z軸距離為r_1，方向斜率為r_1'，離開此光學元件後，其特性變成(r_2, r_2')，表示其與z軸距離為r_2，方向斜率為r_2'。

從方程式（2-4）和（2-5），我們知道均勻介質可以算是一個光學元件，若此均勻介質的厚度為L，則代表此均勻介質的$ABCD$矩陣是$\begin{pmatrix} A & B \\ C & D \end{pmatrix} = \begin{pmatrix} 1 & L \\ 0 & 1 \end{pmatrix}$，也就是說，方程式（2-4）和（2-5）可以化為以下的矩陣方程式。

$$\begin{pmatrix} r_2 \\ r_2' \end{pmatrix} = \begin{pmatrix} 1 & L \\ 0 & 1 \end{pmatrix} \begin{pmatrix} r_1 \\ r_1' \end{pmatrix} \tag{2-22}$$

同樣地，從方程式（2-17）和（2-18）可以知道透鏡是一光學元件，其對應的$ABCD$矩陣是$\begin{pmatrix} A & B \\ C & D \end{pmatrix} = \begin{pmatrix} 1 & 0 \\ -\frac{1}{f} & 1 \end{pmatrix}$，其中$f$為此透鏡的焦距。方程式（2-17）和（2-18）也是可以改寫為以下的矩陣方程式

$$\begin{pmatrix} r_2 \\ r_2' \end{pmatrix} = \begin{pmatrix} 1 & 0 \\ -\frac{1}{f} & 1 \end{pmatrix} \begin{pmatrix} r_1 \\ r_1' \end{pmatrix} \tag{2-23}$$

將矩陣方程式（2-23）展開，可以得到方程式（2-17）和（2-18）。

除了以上的例子外，還有幾個常碰到的情形，也可以用$ABCD$矩陣表示，分別敘述如下：

(1)分隔兩個介質的平面界面

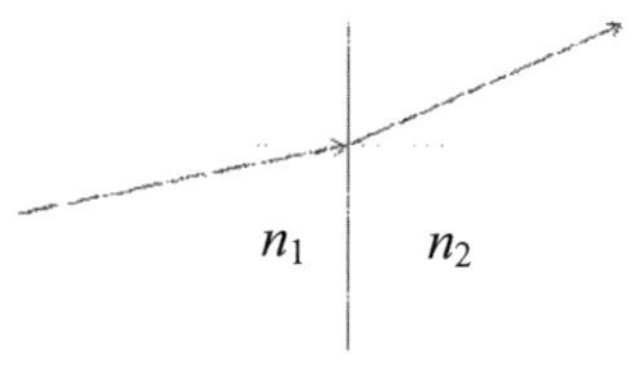

$$M=\begin{pmatrix}1 & 0\\ 0 & \dfrac{n_1}{n_2}\end{pmatrix}$$

(2)分隔兩個介質的球面界面

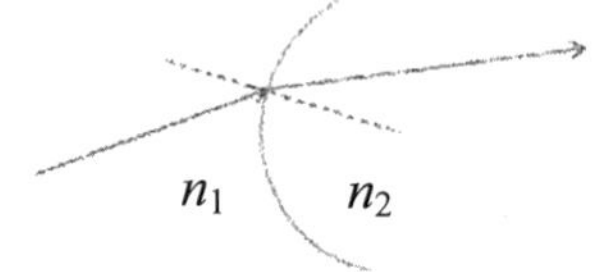

$$M=\begin{pmatrix}1 & 0\\ -\dfrac{n_2-n_1}{n_2 R} & \dfrac{n_1}{n_2}\end{pmatrix}$$

(3)平面反射鏡

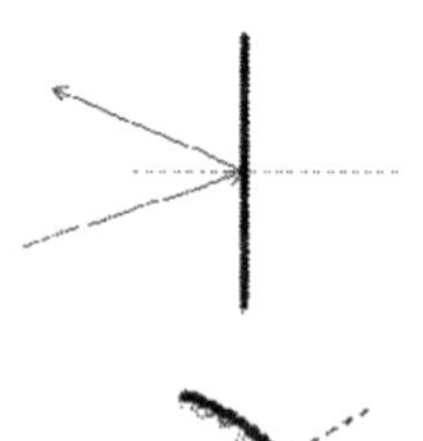

$$M=\begin{pmatrix}1 & 0\\ 0 & 1\end{pmatrix}$$

(4)球面鏡

$$M=\begin{pmatrix}1 & 0\\ 2/R & 1\end{pmatrix}$$ 凹面鏡 $R<0$，凸面鏡 $R>0$

以矩陣方程式的型式來表示光線經過某光學元件的變化，除了數學上較為簡潔以外，最方便的是，當有數個光學元件串接起來時，其整體的光學效果可以用很簡單的數學方式來處理。以下我們就以簡單的例子來看兩個透鏡構成的透鏡組，其整體的效果，在使用 $ABCD$ 矩陣處理之下，變得相當容易。假設這兩個透鏡有共同的光軸，但焦距不同，分別為 f_1 和 f_2，兩者相距 L，如圖 2-7 所示。

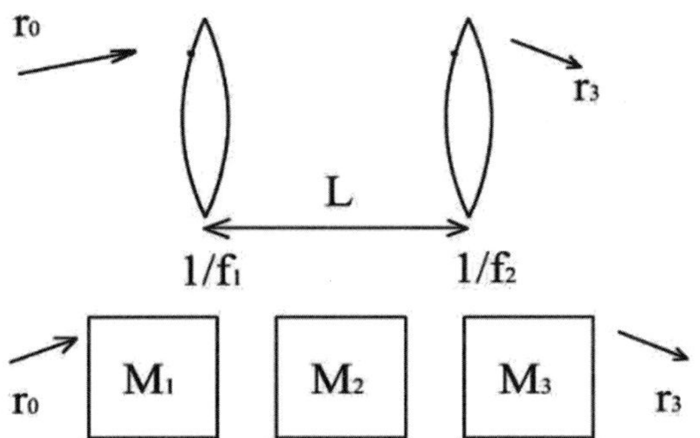

圖 2-7　光線經過兩個透鏡之透鏡組前後之示意圖。

左邊的透鏡可以用矩陣 M_1 表示，右邊的透鏡用矩陣 M_3 表示，兩個透鏡間的空間則以另一個矩陣 M_2 表示，$M_1=\begin{pmatrix}1 & 0\\ -1/f_1 & 1\end{pmatrix}$，$M_2=\begin{pmatrix}1 & L\\ 0 & 1\end{pmatrix}$，$M_3=\begin{pmatrix}1 & 0\\ -1/f_2 & 1\end{pmatrix}$。

最左邊的光線參數以(r_0, r_0')表示，經過左邊的透鏡後，光線參數變成(r_1, r_1')

$$\begin{pmatrix}r_1\\ r_1'\end{pmatrix}=\begin{pmatrix}1 & 0\\ -\dfrac{1}{f_1} & 1\end{pmatrix}\begin{pmatrix}r_0\\ r_0'\end{pmatrix}=M_1\begin{pmatrix}r_0\\ r_0'\end{pmatrix} \tag{2-24}$$

此光線在空間中行進了 L 距離後，到達右邊的透鏡，在進入此透鏡之前，其光線參數變成(r_2, r_2')

$$\begin{pmatrix}r_2\\ r_2'\end{pmatrix}=M_2\begin{pmatrix}r_1\\ r_1'\end{pmatrix} \tag{2-25}$$

再來，此光線穿過右邊的透鏡，離開透鏡後，光線參數最後變成(r_3, r_3')

$$\begin{pmatrix} r_3 \\ r_3' \end{pmatrix} = M_2 \begin{pmatrix} r_2 \\ r_2' \end{pmatrix} \tag{2-26}$$

將方程式（2-24）和（2-25）代入方程式（2-26），可以得到

$$\begin{pmatrix} r_3 \\ r_3' \end{pmatrix} = M_3\ M_2\ M_1 \begin{pmatrix} r_0 \\ r_0' \end{pmatrix} = M_T \begin{pmatrix} r_0 \\ r_0' \end{pmatrix} \tag{2-27}$$

$$M_T = M_3\ M_2\ M_1 \tag{2-28}$$

方程式（2-27）和（2-28）所代表的意義是，數個光學元件的組合可以看成是另一個單一的光學元件，而其 *ABCD* 矩陣可以由組合中的各別元件之 *ABCD* 矩陣依序相乘而得。

前例是兩個透鏡的組合，若是更多的光學元件，可以依此類推，而看成是一個整合的光學元件，其對應的 *ABCD* 矩陣同樣是由所有組成的各別元件之 *ABCD* 矩陣依序相乘而得。需要特別注意的是，實際光學元件和光學元件之間的空間也必須視為一個光學元件，其 *ABCD* 矩陣是 $\begin{pmatrix} 1 & L \\ 0 & 1 \end{pmatrix}$。把光學元件和光學元件之間的空間也算在內，當全部有 n 個光學元件組合而成的光學系統，其 *ABCD* 矩陣如下

$$M_{tot} = M_n\ M_{n-1} \cdots\cdots M_2\ M_1 \tag{2-29}$$

其中 $M_n, M_{n-1}, \cdots, M_2, M_1$ 中為各別光學元件的 *ABCD* 矩陣，M_1 最接近入射光線，M_n 為光線離開此光學系統的最後一個光學元件。

範例三：一個簡單的例子是兩個薄透鏡緊貼在一起的透鏡組，其整體效果如何？

我們可以運用前面的結果 $M_T = M_3\ M_2\ M_1$，其中 $M_2 = \begin{pmatrix} 1 & L \\ 0 & 1 \end{pmatrix}$，因為兩個薄透鏡緊貼在一起，所以 $L = 0$，因此 $M_2 = \begin{pmatrix} 1 & 0 \\ 0 & 1 \end{pmatrix}$，使得 $M_T = M_3\ M_2\ M_1 = \begin{pmatrix} 1 & 0 \\ -1/f_2 & 1 \end{pmatrix}\begin{pmatrix} 1 & 0 \\ 0 & 1 \end{pmatrix}\begin{pmatrix} 1 & 0 \\ -1/f_1 & 1 \end{pmatrix} = \begin{pmatrix} 1 & 0 \\ -1/f_1 - 1/f_2 & 1 \end{pmatrix}$。

我們可以將此整體的 *ABCD* 矩陣寫成

$$M_T = \begin{pmatrix} 1 & 0 \\ -1/f_1 - 1/f_2 & 1 \end{pmatrix} = \begin{pmatrix} 1 & 0 \\ -1/f & 1 \end{pmatrix}$$

所以此透鏡組相當於一個單一透鏡，其等效焦距為 f，此焦距是兩個薄透鏡焦距的組合

$$\frac{1}{f} = \frac{1}{f_1} + \frac{1}{f_2} \qquad (2\text{-}30)$$

也就是 $f = \dfrac{f_1\ f_2}{f_1 + f_2}$，此焦距小於各別的焦距，如果兩個薄透鏡的焦距相等，則透鏡組的等效焦距是各別透鏡的一半，$f = \dfrac{f_1}{2} = \dfrac{f_2}{2}$。

2.5 光學成像系統

光學成像系統的簡要特徵是，從物體某一點發出的所有光線，經過此光學成像系統後，將匯聚於另一點。以前述的 *ABCD* 矩陣來看，可以圖示如下

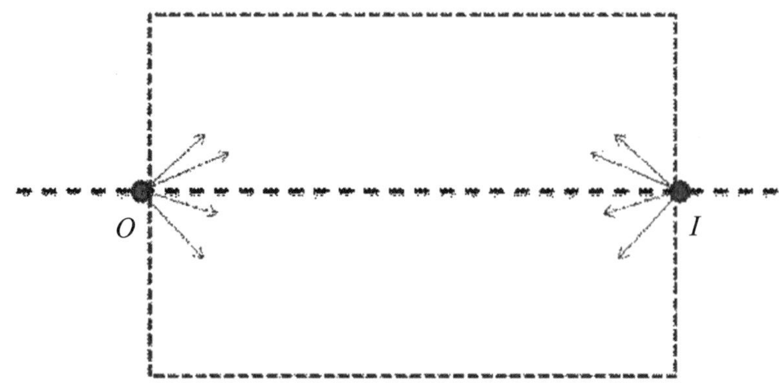

圖 2-8　光學成像系統對光線影響之示意圖。

上圖的矩形虛線框框內就是光學成像系統，左邊 O 點發出的光線，行經光學成像系統內的元件後，匯聚在右邊的成像點 I。我們用一個較簡單的情形來看，左邊 O 點落在光軸上，所以光線參數(r_1, r_1')之 $r_1=0$；右邊的成像點 I 也落在光軸上，所以光線參數(r_2, r_2')之 $r_2=0$。根據 $ABCD$ 矩陣表示法，此光學成像系統可以用一矩陣表示，$\mathrm{M}=\begin{pmatrix} A & B \\ C & D \end{pmatrix}$，$(r_2, r_2')$和$(r_1, r_1')$可以用以下的矩陣方程式表示

$$\begin{pmatrix} r_2 \\ r_2' \end{pmatrix} = M\begin{pmatrix} r_1 \\ r_1' \end{pmatrix} = \begin{pmatrix} A & B \\ C & D \end{pmatrix}\begin{pmatrix} r_1 \\ r_1' \end{pmatrix}$$

將矩陣方程式展開，得到以下的關係式

$$r_2 = Ar_1 + Br_1' \tag{2-31a}$$

$$r_2' = Cr_1 + Dr_1' \tag{2-31b}$$

如前面所說，$r_1=0$ 和 $r_2=0$，所以我們可以得到此成像條件 $B=0$。

假如左邊 O 點和右邊的成像點都不是落在光軸上，類似的情形也可以推導得到。數學上，我們可以強迫 r_2 不隨光線的方向而改變，也就是說，r_2 不隨光線的斜率而改變，要達到此情形，則從方程式（2-31a）可以知道，我們還是需要 $B=0$ 這樣的條件。

範例四：請驗證一薄透鏡（焦距為 f）可以做為成像系統。

假設物體擺放在薄透鏡左邊 $d1$ 處，我們觀察在薄透鏡右邊 $d2$ 處是否可能成像。此光學架構如圖 2-9 所示

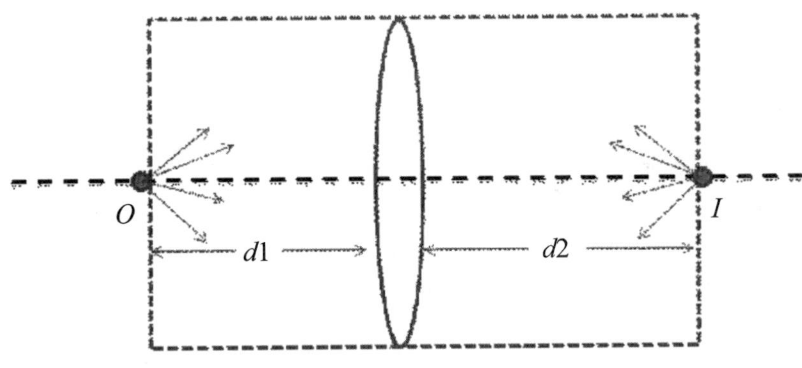

圖 2-9 薄透鏡之成像系統示意圖。

$$M_T = M_3\,M_2\,M_1 = \begin{pmatrix} 1 & d2 \\ 0 & 1 \end{pmatrix}\begin{pmatrix} 1 & 0 \\ -1/f & 1 \end{pmatrix}\begin{pmatrix} 1 & d1 \\ 0 & 1 \end{pmatrix}$$

將矩陣乘開，可得 $M_T = \begin{pmatrix} 1-d2/f & d1+d2-d1\,d2/f \\ -1/f & 1-d1/f \end{pmatrix}$，所以矩陣元素 $\mathrm{B} = d1 + d2 - \dfrac{d1d2}{f}$。要在薄透鏡右邊 $d2$ 處成像，則條件為 $B=0$。因此我們得到此方程序

$$d1 + d2 - \frac{d1d2}{f} = 0$$

將此方程式再稍微整理，可得到過去大家熟悉的透鏡成像公式，如下所示

$$\frac{1}{d1}+\frac{1}{d2}=\frac{1}{f} \tag{2-32}$$

若是 $d1$ 大於 f，則 $d2>0$，表示物體若擺放在薄透鏡左邊焦距外，則成像在薄透鏡右邊。我們可以進一步透過方程式（2-31a）得到 $r_2=Ar_1$，在此例子中，$A=1-\frac{d2}{f}$。再由方程式（2-32），可進一步簡化 $A=-\frac{d2}{d1}$，所以得到

$$r_2=-\frac{d2}{d1}r_1 \tag{2-33}$$

若物體置放在透鏡左邊和光軸上方，其成像在透鏡右邊，但是在光軸下方，所以會是倒立實像。而此成像系統之像的大小與物體大小之比例為放大率，$m=\frac{\Delta r_2}{\Delta r_1}$，從方程式（2-33）可得到放大率為 $m=-\frac{d2}{d1}$，負號代表倒立的像；此比值 $d2/d1$ 可能比 1 大或比 1 小。

若 $d1$ 小於 f，則 $d2<0$，表示物體若擺放在薄透鏡左邊焦距內，則成像在薄透鏡左邊。透過同樣的程序，可以得到放大率為 $m=-\frac{d2}{d1}$，因為 $d2<0$，所以此放大率為正，代表是正立的像。而且，因為 $d1<f$，由方程式（2-32），可推導出 $-d2=\frac{fd1}{f-d1}$，此數值大於 $\frac{fd1}{f}=d1$，所以 $m>1$。這就是一般的放大鏡，一般而言，放大鏡的虛像離眼睛約 25 公分，所以 $d2=-25\text{cm}$，由方程式（2-32），$d1=\frac{25f}{f+25}$，所以放大

率 $m=1+\dfrac{25}{f}$。

範例五：兩個薄透鏡（焦距為 f_1 和 f_2），相距為 L，這樣的透鏡組是否可以做為成像系統？

同樣地，假設物體擺放在薄透鏡左邊 $d1$ 處，我們觀察在薄透鏡右邊 $d2$ 處是否可能成像。此光學架構如圖 2-10 所示

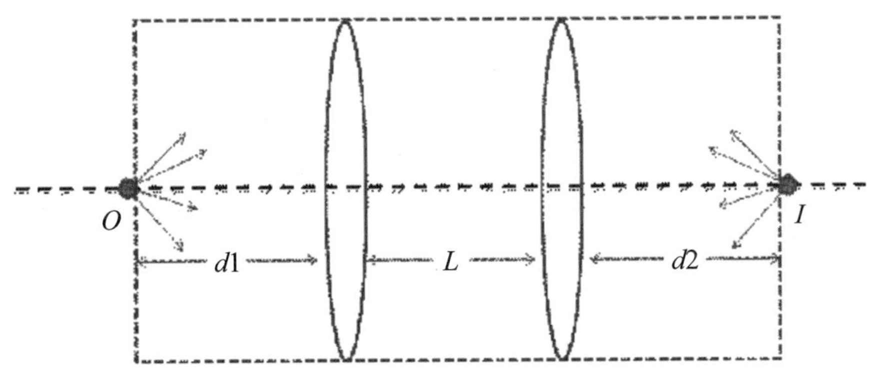

圖 2-10 兩個薄透鏡（焦距為 f_1 和 f_2）之成像系統示意圖。

此系統比之前複雜一些，總共有五個 $ABCD$ 矩陣相乘

$$
\begin{aligned}
M_T &= M_5\, M_4\, M_3\, M_2\, M_1 \\
&= \begin{pmatrix} 1 & d2 \\ 0 & 1 \end{pmatrix}\begin{pmatrix} 1 & 0 \\ -1/f_2 & 1 \end{pmatrix}\begin{pmatrix} 1 & L \\ 0 & 1 \end{pmatrix}\begin{pmatrix} 1 & 0 \\ -1/f_1 & 1 \end{pmatrix}\begin{pmatrix} 1 & d1 \\ 0 & 1 \end{pmatrix}
\end{aligned}
$$

將矩陣乘開，可得

$$
M_T = \begin{pmatrix} 1 + d2L/f_1 f_2 - L/f_1 - d2/f_1 - d2/f_2 & d1 + d2 + L + d1d2/f_1 f_2 - d1d2/f_1 - d1d2/f_2 - d1L/f_1 - d2L/f_2 \\ L/f_1 f_2 - 1/f_1 - 1/f_2 & 1 + d1L/f_1 f_2 - L/f_2 - d1/f_1 - d1/f_2 \end{pmatrix}
$$

所以矩陣元素

$B = d1 + d2 + L + d1d2L/f_1 f_2 - d1d2/f_1 - d1d2/f_2 - d1L/f_1 - d2L/f_2$。要在薄透鏡右邊 $d2$ 處成像，則條件為 $B = 0$。因此我們得到此方程序

$$d1 + d2 + L + d1d2L/f_1 f_2 - d1d2/f_1 - d1d2/f_2 - d1L/f_1 - d2L/f_2 = 0 \quad (2\text{-}34)$$

此方程式可以進一步整理為

$$L(1 - d1/f_1)(1 - d2/f_2) + d1(1 - d2/f_2) + d2(1 - d1/f_1) = 0 \quad (2\text{-}35)$$

當 $d1 = f_1$ 和 $d2 = f_2$ 時，可以滿足上述的方程式。此時之矩陣元素 $A = -\frac{f_2}{f_1}$，所以得到

$$r_2 = -\frac{f_2}{f_1} r_1$$

物體置放在透鏡左邊和光軸上方，其成像在透鏡右邊和光軸下方，是倒立實像，放大率為 $m = -\frac{f_2}{f_1}$，負號代表倒立的像；此比值可能比 1 大或比 1 小。

除此之外，還有另外的條件可以滿足方程式（2-34），我們重新整理（2-34），得到以下的式子

$$d1 + d2 + L(1 - d1/f_1 - d2/f_2) + d1d2\,(L/f_1 f_2 - 1/f_1 - 1/f_2) = 0 \quad (2\text{-}36)$$

若是選擇 $(1 - d1/f_1 - d2/f_2) = 0$，以及令 $(1/f_1 + 1/f_2 - L/f_1 f_2) \equiv 1/f_{eff}$，則此系統和單一透鏡類似，其等效焦距為 f_{eff}，而矩陣元素 $B = d1$

$+d2-\frac{d1d2}{f_{eff}}=0$。所以透過聯立方程組

$$1-\frac{d1}{f_1}-\frac{d2}{f_2}=0$$

$$\frac{1}{d1}+\frac{1}{d2}=\frac{1}{f_1}+\frac{1}{f_2}-\frac{L}{f_1 f_2}=\frac{1}{f_{eff}}$$

可以得到成像的條件。

一般的顯微鏡就是採用此條件，此雙透鏡之組合相當於一單透鏡，具有等效焦距f_{eff}，若目鏡和物鏡焦距分別為f_e和f_o，等效焦距f_{eff}和f_e、f_o的關係式如下

$$\frac{1}{f_{eff}}=\frac{1}{f_e}+\frac{1}{f_o}-\frac{L}{f_e f_o} \tag{2-37}$$

顯微鏡的像對眼睛而言是虛像，位置離眼睛約在25公分處，所以其放大率和放大鏡類似，$m=1+\frac{25}{f_{eff}}$，因為放大率通常很大，所以可寫成$m\approx\frac{25}{f_{eff}}$，將方程式（2-37）代入，可得

$$m\approx\frac{25(f_e+f_o-L)}{f_e f_o} \tag{2-38}$$

上式的L是物鏡和目鏡間的距離。

方程式（2-34）之更一般的成像條件可以寫成以下的關係式

$$L+\frac{d1}{(1-d1/f_1)}+\frac{d2}{(1-d2/f_2)}=0 \tag{2-39}$$

因此，能夠成像的條件很多，例如，若$d1=2f_1$，$d2=2f_2$，則選

擇$L=2(f_1+f_2)$也可以成像；或是$d1=2f_1$，$d2=3f_2$，則選擇$L=2f_1+1.5f_2$，也是可以成像。

2.6 像差

在前面的討論中，光學成像系統可以將光線匯聚於一點，其原因是我們在使用$ABCD$矩陣時，光線在介質界面的折射採用近軸近似，也就是說，折射定律的 $\sin\theta$被近似為θ，而其實 $\sin\theta$的泰勒展開式中，θ只是第一項，其完整的展開如下所示

$$\sin\theta=\theta-\frac{\theta^3}{3!}+\frac{\theta^5}{5!}-\frac{\theta^7}{7!}+\frac{\theta^9}{9!}-\cdots$$

近軸近似相當於只取泰勒展開式中的第一項，當其他項也包含進來時，經過光學成像系統的光線將不會匯聚於一點，這種和近軸近似的影像之差異，在概念上稱為像差（aberration），像差會使得影像品質較為模糊。

傳統上，完美的光學成像系統是指影像的成像點完全依照近軸近似所預測的結果，但因為實際的光線路徑不是完全遵循近軸近似的預測方向，所以真實的成像特性必定和完美的光學成像不同，這種差異定義為像差。理論上，只有透過精確的光線追蹤法，在邊界時使用$\sin\theta$和$\cos\theta$做精準的計算，才能完全地將像差算準。但是Philipp Ludwig von Seidel（1857 的paper）提出，考慮$\sin\theta$的泰勒展開式中之第二項可以將像差估算得不錯，也就是$\theta^3/3!$，此項稱為三階像差，也稱為賽

得（Seidel）像差。賽得（Seidel）的數學很好，他將單色光之三階像差分解為五項，分別是

(1)球面像差（spherical aberration）

(2)像散（astigmatism）

(3)慧形像差（coma）

(4)場曲（field curvature）

(5)扭曲（distortion）

若考慮多波長的顏色光，則還有另兩項像差

(6)色散像差（chromatic aberrations）

(7)側向顏色差（lateral color）

球面像差的特性如圖 2-11 所示，圖 2-11 之上圖所示是在近軸近似下，光線匯聚於一點，沒有像差；圖 2-11 之下圖所示是在真實的情況下，光線沒有匯聚於一點，具有像差。圖中所示之 TSA 是橫向像差，LSA 是縱向像差。

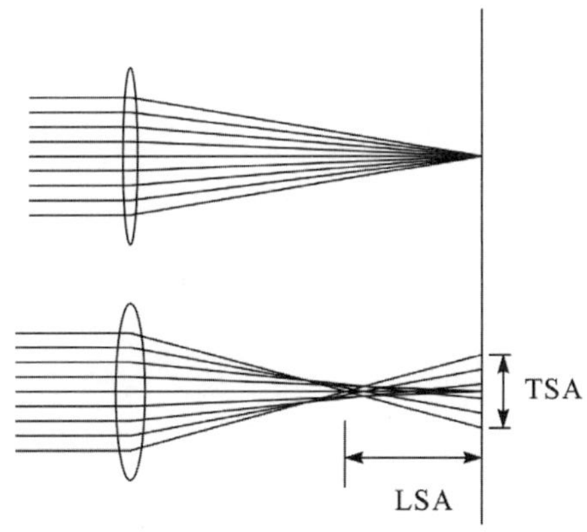

圖 2-11 球面像差的特性：（上圖）在近軸近似下，光線匯聚於一點，沒有像差；（下圖）在真實的情況下，光線沒有匯聚於一點，具有像差。

要讓光學成像和依照近軸近似所預測的完美成像結果接近，通常需要進行像差補償，過去常用透鏡組，使前後透鏡造成的像差可以互相抵消。現在則因為電腦計算的能力大為增強，可以透過電腦計算，設計非球面透鏡，使透鏡邊緣的光線和透鏡中心的光線能匯聚到很接近的一點。

如圖 2-11 之下圖所示，一般的凸透鏡，透鏡邊緣的光線將會被偏折得較嚴重，所以會匯聚在較靠近透鏡方向，而透鏡中心的光線之匯聚點離透鏡較遠；因此，若把靠凸透鏡邊緣的曲率調整的較小（曲率半徑較大），則可以讓透鏡邊緣的光線將不會被偏折得較嚴重，而能匯聚在和透鏡中心光線一樣之匯聚點上。

習題

1.請藉由光線傳播方程式，推導在均勻介質中傳播時，光會以直線前進。

2.請推導薄透鏡的透鏡成像公式。

3.請說明近軸近似以及其數學特性。

4.請推導分隔兩個介質的球面界面之 ABCD 矩陣。

5.有一個玻璃球，其直徑為 5 公分，有一隻蚊子停在玻璃球上，請問在玻璃球的另一端能否看到此蚊子？為什麼？

6.有三個一樣的透鏡，彼此間的間隔是兩個焦距長，請問這三個透鏡組成的系統能否用來成像？

7.某光學成像系統可由一 ABCD 矩陣表示，請證明其矩陣元素 B=0。

8.請設計一顯微鏡，其放大倍率為 50 倍。（給予物鏡、目鏡之焦距以及兩者間的距離）。

9.請列出像差的種類。

10.一種變焦鏡頭的設計是使用兩個透鏡，成像位置與透鏡的距離固定在 $d2=2f_2$，若是兩個透鏡的焦距是 $f_2=4f_1$，請推算此變焦鏡頭的放大倍數可調範圍。（提示：使用方程式（2-39）和此光學成像系統的 ABCD 矩陣）

第 3 章

光的傳播——波動光學

1 光是波動
2 諧振平面波
3 光波的反射和折射
4 光波的干涉現象
5 光波的繞射現象

第二章以光線的角度來探討光，光線相當於是光行進的軌跡，這種觀點較接近古典觀點，把光視為粒子。在光學系統中，當光學元件的尺寸遠大於波長時，把光當成光線的幾何光學之觀點，可以對光的特性預測的相當好，特別是在一般的光學成像系統中，幾何光學還是很好用的一套工具。但是光的本質並非是光線，而是波動或光子。在這一章當中，我們將詳細分析光的波動特性。

3.1 光是波動

我們現在知道光就是電磁波，是電場和磁場隨時間和空間進行有規律的運動，圖 3-1 所示是某瞬間的電場和磁場隨空間位置的變化，兩者都是弦波的規律性變化，電場和磁場的方向互相垂直，而且也和傳播方向垂直。

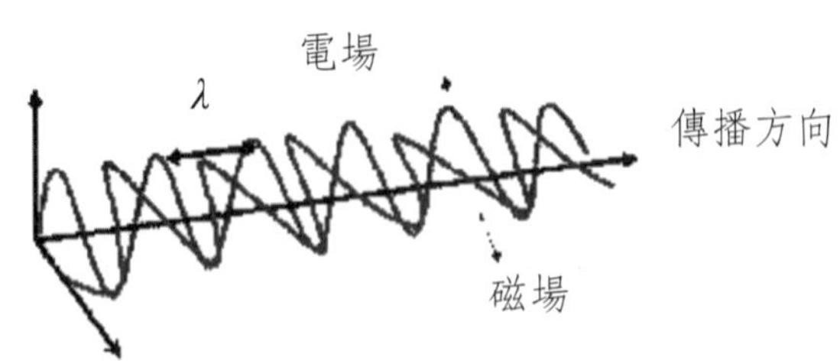

圖 3-1　某瞬間的電場和磁場隨空間位置的變化圖。

因為電場和磁場都是向量，在三度空間中，各別會有三個分量，每個分量都隨時間和空間變化，因此總共有六個數值純量函數隨時間和空間變化，表面上看來應該會很複雜，但這六個數值純量的函數彼此間互相關聯，因此並不需分別解這六個數值函數。甚至於在真空中，若是把傳播方向定為z軸，把電場的方向定為x軸，則磁場方向就會在y軸，而且電場和磁場還有某種比例關係，所以真正要解的只有一個數值函數，就是電場或是磁場的量。

光波的電場和磁場其實遵守著馬克士威方程式，嚴格地說，應該是馬克士威方程組，包括了四個方程式

$$\text{高斯電場定律：} \nabla \cdot \vec{D} = \rho \tag{3-1a}$$

$$\text{高斯磁場定律：} \nabla \cdot \vec{B} = 0 \tag{3-1b}$$

$$\text{法拉第定律：} \nabla \times \vec{E} = \frac{\partial \vec{B}}{\partial t} = 0 \tag{3-1c}$$

$$\text{安培定律：} \nabla \times \vec{H} - \frac{\partial \vec{D}}{\partial t} = \vec{J} \tag{3-1d}$$

這些方程式中的第一個是高斯電場定律，表示有電荷（ρ）的存在時，會產生電場（$\vec{D}$）；第二個是高斯磁場定律，基本上是對應於高斯電場定律，但事實上尚未發現有磁荷，所以方程式右邊為零；再來的法拉第定律描述的是，磁場（$\vec{B}$）的變化會產生電場（$\vec{E}$）；最後的安培定律則是說明，除了電流（$\vec{J}$）會產生磁場以外，電場（$\vec{D}$）的變化也會產生磁場（$\vec{H}$）。

這些方程式中有四個量，描述電場的有兩個量，$\vec{D}$場和$\vec{E}$場，他們彼此間有以下的關聯

$$\vec{D} = \varepsilon \vec{E} \tag{3-2}$$

上式的比例常數ε稱為介電常數（dielectric constant）或電容率（permittivity）。

描述磁場的也有兩個量，$\vec{B}$場和$\vec{H}$場，他們彼此間也有以下的關聯

$$\vec{B} = \mu\vec{H} \tag{3-3}$$

上式的比例常數μ稱為透磁率（magnetic permeability）。

在一般的情況下，方程式（3-2）表示$\vec{D}$場和$\vec{E}$場成正比，同樣地，方程式（3-3）表示$\vec{B}$場和$\vec{H}$場成正比，但在某些特殊情況下，ε和μ不是簡單的比例常數，而是較複雜的張量，甚至於ε是電場的函數；在這一章當中，我們暫時不處理這些複雜的情況，只是把ε和μ當做是簡單的比例常數，而在真空中，ε和μ更是簡單，通常寫成ε_0和μ_0，而且有固定的大小

$$\varepsilon_0 = \frac{1}{36\pi} \times 10^{-9} \frac{A \cdot s}{V \cdot m} \tag{3-4}$$

$$\mu_0 = 4\pi \times 10^{-7} \frac{V \cdot s}{A \cdot m} \tag{3-5}$$

其實高斯定律、法拉第定律、安培定律等四個定律都不是馬克士威發現的，但他是第一位把這四個方程式擺在一起的科學家，而且在經過一些數學處理後，由這四個方程式可以推導出很重要的波動方程式，如下所示

$$\nabla^2\vec{E} - \mu\varepsilon\frac{\partial^2\vec{E}}{\partial t^2} + (\nabla \log\mu) \times (\nabla \times \vec{E}) + \nabla\,(\vec{E} \cdot \nabla \log\varepsilon) = 0 \tag{3-6}$$

上式是針對電場的方程式，對於磁場也可以得到類似的方程式，但其實不需額外去解磁場。透過方程式（3-6）解得電場後，磁場可由方程式（3-1c）或（3-1d）解得。

在一均勻介質中，介電常數ε和透磁率μ都不隨位置而改變其大小，所以方程式（3-6）中的（$\nabla\log\mu$）和（$\nabla\log\varepsilon$）為零，因此可以進一步簡化成以下的波動方程式

$$\nabla^2\vec{E}-\mu\varepsilon\frac{\partial^2\vec{E}}{\partial t^2}=0 \tag{3-7}$$

磁場也可以透過類似的步驟得到相同的波動方程式。

此波動方程式有很大的意義，因為它代表著，即使在真空中，電場和磁場也可以傳播，不需要任何介質，這對十九世紀末一直在尋找光波傳播媒介的科學家而言，是很大的觀念突破，因為如果光波也和電磁波一樣，其波的傳播就不需要任何媒介。更有趣的是，此波動方程式也隱含了波速等於$1/\sqrt{\mu\varepsilon}$，在真空中時，其大小等於$1/\sqrt{\mu_0\varepsilon_0}$，將方程式（3-4）和（3-5）的常數值帶入，剛好是3×10^8 m/s，和邁克森量到的大小一致，於是光波就是電磁波逐漸被接受，後來再更多的實驗驗證，確認了光波就是電磁波。

因為電場$\vec{E}$是向量，在正常情況下有三個分量，所以方程式（3-7）其實代表著三個分量函數的方程式。然而每一個分量函數的方程式完全相同，所以它們的解也會有相同的數學型式。每個分量函數的方程式都和以下的型式一樣

$$\nabla^2\varphi-\mu\varepsilon\frac{\partial^2\varphi}{\partial t^2}=0 \tag{3-8}$$

此方程式的一般解如下

$$\begin{aligned}\varphi &= \varphi_1(\vec{r}\cdot\hat{s}-vt)+\varphi_2(\vec{r}\cdot\hat{s}+vt)\\ &= \varphi_1'(\vec{r}\cdot\vec{k}-\omega t)+\varphi_2'(\vec{r}\cdot\vec{k}+\omega t)\end{aligned} \tag{3-9}$$

其中φ_1，φ_2，φ_1'和φ_2'是任意的函數，$\hat{s}$代表波前進方向的單位向量，v是波的速度，也就是光速；$\vec{k}$和ω是另外的常數，$\vec{k}$稱為波向量（wave vector），其大小k是傳播常數，ω和k的比值大小剛好是光速，$\omega/k=v=1/\sqrt{\mu\varepsilon}$。

光速大小$v=1/\sqrt{\mu\varepsilon}$，因為在不同介質中，其介電常數$\varepsilon$和透磁率$\mu$不同，所以光速也跟著改變。在真空中，$\varepsilon$和$\mu$最小，分別等於$\varepsilon_0$和$\mu_0$，所以光速在真空中最大，等於$1/\sqrt{\mu_0\varepsilon_0}$，一般以符號$c$代表真空中的光速。在其他介質中，因為$\varepsilon$和$\mu$變大，所以光速變小，其速度$1/\sqrt{\mu\varepsilon}$與真空中之速度$1/\sqrt{\mu_0\varepsilon_0}$的比值稱為折射率$n$

$$n=\frac{c}{v}=\frac{\sqrt{\mu}\sqrt{\varepsilon}}{\sqrt{\mu_o\varepsilon_o}} \tag{3-10}$$

下表所列是幾種常見物質的折射率。

空氣（Air）	$n=1.000278$
水（water）	$n=1.33$
矽土（fused silica）	$n=1.46$
石英（crystal quartz）	$n=1.55$
玻璃（optical glass）	$n=1.51$-1.81
藍寶石（sapphire）	$n=1.77$
鑽石（diamond）	$n=2.43$

其實大部份的材料只有ε不同於ε_0，而μ和μ_0相等，只有磁性材料，其μ和μ_0才會不同。最近也有不少科學家進一步研究新的人造材料，稱為超穎物質（metamaterial），此特殊的材料具有負的μ值和負的ε值，$\mu=-\mu_r\mu_0$，$\varepsilon=-\varepsilon_r\varepsilon_0$，其中$\mu_r$和$\varepsilon_r$都是正的比例常數，因此折射率$n$變為負值，可以由$n=\frac{\sqrt{\mu}\sqrt{\varepsilon}}{\sqrt{\mu_o\varepsilon_o}}=\frac{\sqrt{-\mu_r\mu_o}\sqrt{-\varepsilon_r\varepsilon_o}}{\sqrt{\mu_o\varepsilon_o}}=\frac{-\sqrt{\mu_r\varepsilon_o}\sqrt{\mu_r\varepsilon_o}}{\sqrt{\mu_o\varepsilon_o}}=-\sqrt{\mu_r\varepsilon_r}$。光由正的折射率介質進入負的折射率介質，其折射方向也由折射定律決定，但方向不同。此類超穎物質是新近的熱門研究題材，但超過此導論的內容，所以不再深入討論。

3.2 諧振平面波

雖然波動方程式的解（3-9）中，φ_1，φ_2，φ_1'和φ_2'可以是任意的函數，但最常運用的是諧振平面波的函數解。主要的原因是其數學型式較簡單，而且諧振平面波可以形成數學上的完整基底，任何其他形式的函數都可以寫成多種諧振平面波的線性組合，所以透過對諧振平面波特性的瞭解，也可以大約估量其它波形的特性。

在諧振平面波的情形下，其波的振幅在某平面上不隨位置而改變，此平面與傳播方向垂直，如果把傳播方向定為座標軸上的某一軸，例如x軸，則波動方程式在空間的微分將簡化，於是變成以下的式子

$$\frac{d^2\vec{E}}{dx^2}-\mu\varepsilon\frac{\partial^2\vec{E}}{\partial t^2}=0 \qquad (3\text{-}11)$$

為了簡化分析，我們處理在真空的情況，所以 ε 和 μ 分別等於 ε_0 和 μ_0，在真空中，電場的方向必定和傳播方向垂直。方程式（3-11）隱含著波是沿著 x 軸傳播，所以電場的方向必定在 y-z 平面上，我們再進一步地將電場方向設為 y 軸，因此我們可以將電場寫成 $\vec{E}=\hat{y}\varphi$，其中 $\hat{y}$ 是 y 軸上的單位向量，於是 φ 滿足以下的波動方程式

$$\frac{d^2\varphi}{dx^2}-\mu\varepsilon\frac{\partial^2\varphi}{\partial t^2}=0 \qquad (3\text{-}12)$$

諧振平面波的解是弦波的函數，所以 $\varphi=\mathrm{A}\cos(kx-\omega t)$ 或 $\mathrm{A}\sin(kx-\omega t)$，更常寫成

$$\varphi=\mathrm{A}e^{j(kx-\omega t)} \qquad (3\text{-}13)$$

而 $e^{j(kx-\omega t)}=\cos(kx-\omega t)+\mathrm{j}\sin(kx-\omega t)$。就數學而言，$e^{j(kx-\omega t)}$ 比 $\cos(kx-\omega t)$ 和 $\sin(kx-\omega t)$ 更方便，而且 $\cos(kx-\omega t)$ 和 $\sin(kx-\omega t)$ 分別是 $e^{j(kx-\omega t)}$ 的實部和虛部

$$\cos(kx-\omega t)=\mathrm{Re}\,[e^{j(kx-\omega t)}] \qquad (3\text{-}14a)$$

$$\sin(kx-\omega t)=\mathrm{Im}\,[e^{j(kx-\omega t)}] \qquad (3\text{-}14b)$$

可以先將 $e^{j(kx-\omega t)}$ 的相關項進行數學處理，之後再取實部或虛部，以獲得諧振平面波的弦波函數。

假如傳播方向不是座標軸上的某一軸，則需要直接解方程式（3-7），而且電場方向也不再落於座標軸上，所以其解的型式如下

$$\vec{E} = \vec{E}_0 \, e^{j(\vec{r} \cdot \vec{k} - \omega t)} \quad (3\text{-}15)$$

$\vec{E}_0$ 是一個常數向量，其方向代表電場的振動方向，也代表此電磁波或光波的極化方向，而其大小代表電場的振幅。

將方程式（3-15）代入方程式（3-1c），可以得到磁場 $\vec{B}$ 之解

$$\vec{B} = \frac{1}{\omega}\vec{k} \times \vec{E} = \frac{1}{\omega}\vec{k} \times \vec{E}_0 \, e^{j(\vec{r} \cdot \vec{k} - \omega t)} = \vec{B}_0 \, e^{j(\vec{r} \cdot \vec{k} - \omega t)} \quad (3\text{-}16)$$

所以 $\vec{B}_0 = \frac{1}{\omega}\vec{k} \times \vec{E}_0$，$\vec{B}_0$ 也是一個常數向量，其方向代表磁場的振動方向，而其大小代表磁場的振幅。由此向量關係，我們知道 $\vec{E}$、$\vec{B}$、$\vec{k}$ 三個向量都互相垂直，其方向如圖 3-2 所示。

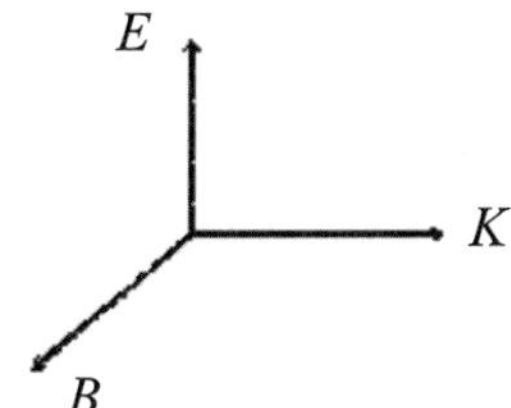

圖 3-2　$\vec{E}$、$\vec{B}$、$\vec{k}$ 三個向量的方向關係。

由方程式（3-16）也可以得到電場 $\vec{E}$ 和磁場 $\vec{B}$ 的大小比值，因為 $\omega/k = v$，所以 $B/E = v$。在真空中，此數值為 c。

光波和電磁波既然是電場和磁場，就含有能量，因為電場和磁場都和能量有關。在真空中，電場的能量密度如下所示

$$u_E = \frac{1}{2}\varepsilon_0 E^2 \quad (3\text{-}17)$$

磁場的能量密度也類似，如下所示

$$u_B = \frac{1}{2}\frac{1}{\mu_0}B^2 \tag{3-18}$$

總能量密度 $u = u_E + u_B$。如前面提過的，$E = cB$，而 $c = 1/\sqrt{\mu_0 \varepsilon_0}$，將此條件帶入（3-17），可以得到

$$u_E = \frac{1}{2}\varepsilon_0 E^2 = \frac{1}{2}\frac{1}{\mu_0}B^2 = u_B$$

因此，在電磁波或光波中，電場所帶的能量和磁場完全相等，總能量密度 u

$$u = u_E + u_B = \varepsilon_0 E^2 = \frac{1}{\mu_0}B^2$$

電磁波的傳播就是將此能量從一處傳遞到另一處，因此我們可以考慮其能量傳遞速率，也就是功率。我們將功率正式定義為單位時間內穿過某一截面的電磁波能量，以符號 P 代表功率，截面的面積設為 A，在時間 Δt 內，穿過此截面的電磁波能量等於其體積乘上總能量密度，所以是$(\Delta tcAu)$，因此功率 P

$$P = \frac{\Delta tcAu}{\Delta t} = cuA$$

若考慮單位面積所穿過的功率，以另一符號 S 表示，則

$$S = cu$$

我們可以改寫$u=\sqrt{u}\sqrt{u}=\sqrt{\varepsilon_0}E=\frac{1}{\sqrt{\mu_0}}B=\varepsilon_0 cEB$，所以$S=\varepsilon_0 c^2 EB$，通常此量還付予一方向，和$\vec{k}$同向，所以得到$\vec{S}=\varepsilon_0 c^2\vec{E}\times\vec{B}$，此具有方向的向量$\vec{S}$稱為Poynting vector。因為$E$和$B$都隨時間變動，$S$也隨時間變動，在頻率極高時，$S$的變化極快，因此較常用的量是其平均值，在數學上，因為是弦波變化，所以其平均值只要取一個週期的平均即可。

$$\begin{aligned}\langle\,|\vec{S}|\,\rangle &= \langle\,\varepsilon_0 c^2\vec{E}\times\vec{B}\,\rangle = \varepsilon_0 c^2\,\langle\,\vec{E}\times\vec{B}\,\rangle = \varepsilon_0 c^2\left(\frac{1}{2}E_0B_0\right)\\ &= \frac{1}{2}c\varepsilon_0 E_0{}^2 = \frac{1}{2}c\frac{1}{\mu_0}B_0{}^2\end{aligned}$$

在光學上，$\langle|\vec{S}|\rangle$這個量相當於光的強度，常以另一個符號I表示，代表單位面積內通過的光功率，而P為總功率，$P=IA$。

$$I = \frac{1}{2}c\varepsilon_0 E_0{}^2 \tag{3-19}$$

3.3 光波的反射和折射

3.3.1 光與物質的交互作用

因為光波含有電場和磁場，而地球上的所有材料都是由原子組成，其原子核帶正電，電子帶負電，而正負電會和電磁場反應，因此所有材料都會和光波有交互作用。如圖 3-3 所示，原子在電場的牽引下，原子核朝左邊移動，而電子軌域朝右邊移動，使得帶負電的電子雲之中心偏離原子核，此正負電分離，將形成電偶極，而產生另一個電場。

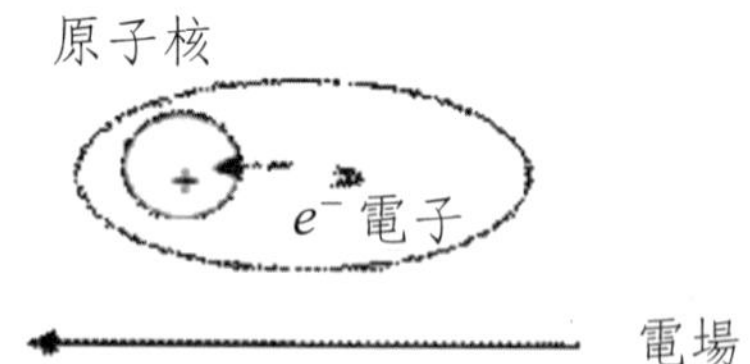

圖 3-3　原子在電場的牽引下，正負電分離，形成電偶極。

所以在材料中，電場將是原來電場和電偶極 $\vec{P}$ 的總合，

而 $\vec{P}=\varepsilon_0\chi_e\vec{E}$

$$\vec{D}=\varepsilon_0\vec{E}+\vec{P}=\varepsilon_0\vec{E}+\varepsilon_0\chi_e\vec{E}=\varepsilon_0(1+\chi_e)\vec{E}=\varepsilon\vec{E} \qquad (3\text{-}20)$$

這使得材料中的介電常數ε和真空中不同

$$\varepsilon = \varepsilon_0(1 + \chi_e) \tag{3-21}$$

類似的情形也可能發生在磁性材料，外加磁場使得磁性材料磁化，而產生磁化場$\vec{M}=\chi_m\mu_0\vec{H}$，比例常數$\chi_m$稱為磁化率，所以總磁場$\vec{B}$為外加磁場和磁化場的總和

$$\vec{B} = \mu_0\vec{H} + \vec{M} = \mu_0\vec{H} + \chi_m\mu_0\vec{H} = \mu_0(1 + \chi_m)\vec{H} = \mu\vec{H}$$

這同樣使得材料中的透磁率μ和真空中不同

$$\mu = \mu_0(1 + \chi_m) \tag{3-22}$$

然而大部份的光學材料並非磁化材料，$\chi_m = 0$。大多僅有電偶極$\vec{P}$的作用，使得介電常數ε比真空中的介電常數ε_0大。

從上面的說明，可以瞭解，光會和所有的物質產生作用，而其作用所產生的現象中，最普遍的就是反射和折射，我們接下來將針對光波如何在不同的介質界面上被反射或折射，進行詳細的分析。

3.3.2 光波在介質界面的邊界條件

在進行反射和折射的分析前，還需瞭解光波在介質界面的邊界條件。如圖 3-4 所示，在邊界上方是介質 1，在邊界下方是介質 2，在這

兩個介質中的電場和磁場也分別用下標 1、2 表示，與邊界垂直的法線單位向量以 $\hat{n}$ 表示。

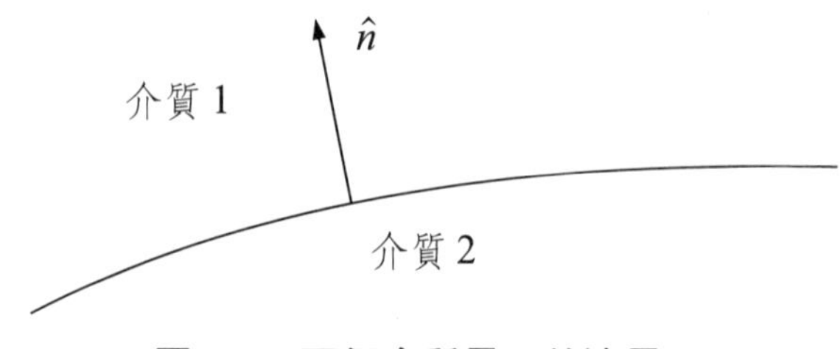

圖 3-4　兩個介質界面的邊界

由馬克士威方程式中的高斯定律（3-1a）和（3-1b），運用向量分析，可以得到以下的邊界條件

$$\hat{n} \cdot (\vec{B}_2 \cdot \vec{B}_1) = 0 \tag{3-23a}$$

$$\hat{n} \cdot (\vec{D}_2 \cdot \vec{D}_1) = \rho_s \tag{3-23b}$$

其中 ρ_s 是表面電荷密度，只有金屬或導體才具有表面電荷，在絕緣體中，表面電荷為零，所以 $\rho_s = 0$，因此方程式（3-23a）和（3-23b）變成以下的情形

$$\hat{n} \cdot (\vec{B}_2 \cdot \vec{B}_1) = B_{2n} - B_{1n} = 0 \tag{3-24a}$$

$$\hat{n} \cdot (\vec{D}_2 \cdot \vec{D}_1) = D_{2n} - D_{1n} = 0 \tag{3-24b}$$

其中 B_{2n}, B_{1n}, D_{2n}, and D_{1n} 代表磁場和電場在法線方向的分量，由方程式（3-24a）和（3-24b）我們可以很快得到以下結果：$B_{2n} = B_{1n}$ 以及 $D_{2n} = D_{1n}$。也就是說，在絕緣體的邊界上，磁場 B 和電場 D 在法線方向的分量要連續。

我們還可以透過馬克士威方程式中的法拉第定律（3-c）和安培定律（3-1d），同樣運用向量分析，也可以得到以下的邊界條件

$$\hat{n}\times(\vec{E}_2-\vec{E}_1)=0 \qquad \text{（3-25a）}$$

$$\hat{n}\times(\vec{H}_2-\vec{H}_1)=\vec{K} \qquad \text{（3-25b）}$$

其中$\vec{K}$是表面電流密度，同樣地，只有金屬或導體才具有表面電流，在絕緣體中，表面電流為零，所以$\vec{K}=0$。而外積$\hat{n}\times\vec{E}_2$的方向一定和法線$\hat{n}$垂直，所以是在界面的切線方向，因此$\hat{n}\times\vec{E}_2$代表著$\vec{E}_2$在切線方向的分量，同樣地，$\hat{n}\times\vec{E}_1$，$\hat{n}\times\vec{H}_2$，$\hat{n}\times\vec{H}_1$也是代表著這些場在切線方向的分量，因此方程式（3-25a）和（3-25b）變成以下的情形

$$E_{2t}-E_{1t}=0 \qquad \text{（3-26a）}$$

$$H_{2t}-H_{1t}=0 \qquad \text{（3-26b）}$$

上述的量E_{2t}, E_{1t}, H_{2t}, and H_{1t}代表著磁場和電場在切線方向的分量，此方程式（3-26a）和（3-26b）表示磁場H和電場E在切線方向的分量要連續。

3.3.3 平面波在邊界的反射和折射

如前面所說，平面波的數學運算最簡單，而且可以做為瞭解其它波形的基礎，所以此處的反射和折射是以平面波做為考量。假設介質

1 和介質 2 之間的界面是一平面，且位於 x-y 平面上，所以法線與 z 軸平行。圖 3-5 所示是 x-z 面，因此界面是以 x 軸代表，y 方向與紙面垂直，所以無法呈現出來。一個平面波向界面前進，其傳播方向由波向量 $\vec{k}_i$ 表示，此波向量落在 x-z 平面上，入射角 θ_i 是波向量 $\vec{k}_i$ 與法線之夾角，反射角 θ_r 是波向量 $\vec{k}_r$ 與法線之夾角，折射角 θ_t 是波向量 $\vec{k}_t$ 與法線之夾角。為了方便分析，電場分解為兩個分量，$\vec{E}_{//}$ 和 $\vec{E}_{\perp}$，$\vec{E}_{//}$ 在 x-z 平面上，而 $\vec{E}_{\perp}$ 與 x-z 平面垂直，因此和 y 軸平行。因為電場和波向量垂直，所以其兩個分量 $\vec{E}_{//}$ 和 $\vec{E}_{\perp}$ 也都和波向量垂直。

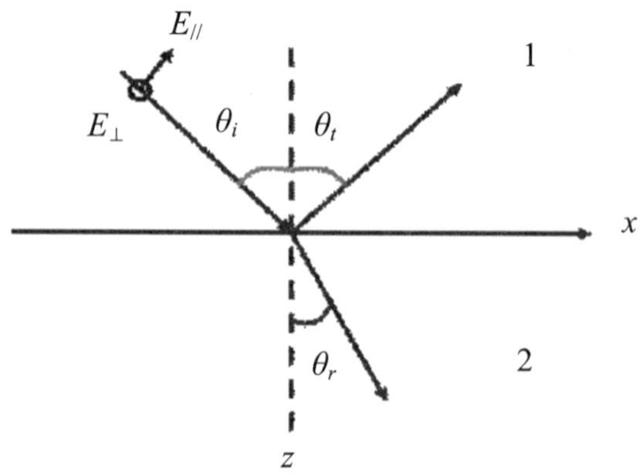

圖 3-5　平面波在平面邊界的反射和折射

以直角座標捱表示電場的向量，可寫為 $\vec{E}=\hat{x}E_x+\hat{y}E_y+\hat{z}E_z$，在 x，y，z 三個方向的分量分別如下所示

$$E_x^{(i)}=E_{//}^{(i)}\cos\theta_i\, e^{j(\vec{r}\cdot\vec{k}_i-\omega t)} \tag{3-27a}$$

$$E_y^{(i)}=E_{\perp}^{(i)}\, e^{j(\vec{r}\cdot\vec{k}_i-\omega t)} \tag{3-27b}$$

$$E_z^{(i)}=-E_{//}^{(i)}\sin\theta_i\, e^{j(\vec{r}\cdot\vec{k}_i-\omega t)} \tag{3-27c}$$

我們用上標（i）來表示入射波。有了電場後，磁場可以由方程式（3-1c）或（3-1d）推導得到。

$$H_x^{(i)} = \frac{\omega\varepsilon_1}{k} E_\perp^{(i)} \cos\theta_i \, e^{j(\vec{r}\cdot\vec{k}_i - \omega t)} \quad (3\text{-}28a)$$

$$H_y^{(i)} = \frac{\omega\varepsilon_1}{k} E_{//}^{(i)} \, e^{j(\vec{r}\cdot\vec{k}_i - \omega t)} \quad (3\text{-}28b)$$

$$H_z^{(i)} = -\frac{\omega\varepsilon_1}{k} E_\perp^{(i)} \, e^{j(\vec{r}\cdot\vec{k}_i - \omega t)} \quad (3\text{-}28c)$$

上式的ε_1代表在介質 1 中的介電常數。

反射波和穿透波也可以類似處理，所以我們得到以下的電場和磁場

$$E_x^{(r)} = E_{//}^{(r)} \cos\theta_r \, e^{j(\vec{r}\cdot\vec{k}_r - \omega t)} \quad (3\text{-}29a)$$

$$E_y^{(r)} = -E_\perp^{(r)} \, e^{j(\vec{r}\cdot\vec{k}_r - \omega t)} \quad (3\text{-}29b)$$

$$E_z^{(r)} = -E_{//}^{(r)} \sin\theta_r \, e^{j(\vec{r}\cdot\vec{k}_r - \omega t)} \quad (3\text{-}29c)$$

$$H_x^{(r)} = \frac{\omega\varepsilon_1}{k} E_\perp^{(r)} \cos\theta_i \, e^{j(\vec{r}\cdot\vec{k}_r - \omega t)} \quad (3\text{-}30a)$$

$$H_y^{(r)} = \frac{\omega\varepsilon_1}{k} E_{//}^{(r)} \, e^{j(\vec{r}\cdot\vec{k}_r - \omega t)} \quad (3\text{-}30b)$$

$$H_z^{(r)} = -\frac{\omega\varepsilon_1}{k} E_\perp^{(r)} \, e^{j(\vec{r}\cdot\vec{k}_r - \omega t)} \quad (3\text{-}30c)$$

$$E_x^{(t)} = E_{//}^{(t)} \cos\theta_r \, e^{j(\vec{r}\cdot\vec{k}_t - \omega t)} \quad (3\text{-}31a)$$

$$E_y^{(t)} = -E_\perp^{(t)} \, e^{j(\vec{r}\cdot\vec{k}_t - \omega t)} \quad (3\text{-}31b)$$

$$E_z^{(t)} = -E_{//}^{(t)} \sin\theta_r \, e^{j(\vec{r}\cdot\vec{k}_t - \omega t)} \quad (3\text{-}31c)$$

$$H_x^{(t)} = \frac{\omega\varepsilon_2}{k} E_\perp^{(t)} \cos\theta_i \, e^{j(\vec{r}\cdot\vec{k}_t - \omega t)} \quad (3\text{-}32a)$$

$$H_y^{(t)} = \frac{\omega\varepsilon_2}{k} E_{//}^{(t)} e^{j(\vec{r}\cdot\vec{k}_t - \omega t)} \tag{3-32b}$$

$$H_z^{(t)} = -\frac{\omega\varepsilon_2}{k} E_{\perp}^{(t)} e^{j(\vec{r}\cdot\vec{k}_t - \omega t)} \tag{3-32c}$$

上標（r）是用來代表反射波，（t）是用來代表穿透波，而ε_2代表在介質 2 中的介電常數。

根據方程式（3-26a）和（3-26b），磁場 H 和電場 E 在切線方向的分量要連續，所以在界面上方的介質 1，其入射波和反射波之總和，在$z=0$（界面位置），必須與在界面下方的介質 2 之穿透波相等。所以我們得到以下方程式

$$E_x^{(i)} + E_x^{(r)} = E_x^{(t)} \tag{3-33a}$$

$$E_y^{(i)} + E_y^{(r)} = E_y^{(t)} \tag{3-33b}$$

$$H_x^{(i)} + H_x^{(r)} = H_x^{(t)} \tag{3-33c}$$

$$H_y^{(i)} + H_y^{(r)} = H_y^{(t)} \tag{3-33d}$$

將方程式（3-27）-（3-32）的電場和磁場帶入方程式（3-33），我們可得到以下的結果

$$(1)\vec{r}\cdot\vec{k}_i = \vec{r}\cdot\vec{k}_r \Rightarrow xk_{ix} + yk_{iy} + zk_{iz} = xk_{rx} + yk_{ry} + zk_{rz} \tag{3-34a}$$

$$(2)\vec{r}\cdot\vec{k}_i = \vec{r}\cdot\vec{k}_t \Rightarrow xk_{ix} + yk_{iy} + zk_{iz} = xk_{tx} + yk_{ty} + zk_{tz} \tag{3-34b}$$

$$(3)\cos\theta_i\,(E_{//}^{(i)} - E_{//}^{(r)}) = \cos\theta_t E_{//}^{(t)} \tag{3-35a}$$

$$(4)\sqrt{\varepsilon_1}\,(E_{//}^{(i)} + E_{//}^{(r)}) = \sqrt{\varepsilon_2} E_{//}^{(t)} \tag{3-35b}$$

$$(5)\sqrt{\varepsilon_1}\cos\theta_i\,(E_\perp^{(i)} - E_\perp^{(r)}) = \sqrt{\varepsilon_2}\cos\theta_t E_\perp^{(t)} \tag{3-35c}$$

$$(6)(E_\perp^{(i)} + E_\perp^{(r)}) = E_\perp^{(t)} \tag{3-35d}$$

首先看方程式（3-34a）和（3-34b），因為此波向量是在 x-z 平面上，所以其 y 方向分量為零，$k_{iy}=k_{ry}=k_{ty}=0$，接著帶 $z=0$ 和任意的 x，我們可以得到 $k_{ix}=k_{rx}$ 和 $k_{ix}=k_{tx}$，而 $k_{ix}=k_i\sin\theta_i=\omega\sqrt{\mu\varepsilon_1}\sin\theta_i$ 以及 $k_{rx}=k_r\sin\theta_r=\omega\sqrt{\mu\varepsilon_1}\sin\theta_r$，所以我們得到以下的反射定律

$$\sin\theta_i = \sin\theta_r \tag{3-36}$$

再運用 $k_{tx}=k_t\sin\theta_t=\omega\sqrt{\mu\varepsilon_2}\sin\theta_t$，我們得到 $\sqrt{\varepsilon_1}\sin\theta_i=\sqrt{\varepsilon_2}\sin\theta_t$，或是寫成一般更為熟悉的折射定律型式

$$n_1\sin\theta_i = n_2\sin\theta_t \tag{3-37}$$

3.3.4 平面波的反射量和穿透量

透過前面的推導，我們瞭解了在幾何光學中大家熟悉的反射定律和折射定律也可以由波動的觀點獲得，但是波動光學的觀點還可以進一步地推導出光波在界面的反射量和穿透量。方程式（3-35a）-（3-35d）描述了入射波、反射波、穿透波的振幅間之數學關係，而更特別的是，方程式（3-35a）-（3-35b）描述的是 $\vec{E}_{//}$ 分量的振幅間之數學關係，這個分量稱為 TM 極化，因為其磁場是與 x-z 平面垂直（如圖 3-5 所示，其電場在 x-z 平面上），x-z 平面是波向量和法線所構成的平面；另一方面，方程式（3-35c）-（3-35d）描述的是 $\vec{E}_\perp$ 分量的振

幅間之數學關係，這個分量稱為TE極化，因為其電場是與x-z平面垂直（如圖 3-5 所示，其電場在x-z平面上）。

有時 TM 極化波也稱為 p 波（p-wave），而 TE 極化波稱為 s 波（s-wave）；這兩個波彼此間並不互相影響，所以可以看成是獨立的兩個模態，而這也是我們在一開始就將電場分為$\vec{E}_{//}$和$\vec{E}_{\perp}$的原因。

透過數學推導，我們可以分別得到 TM 極化波和 TE 極化波的反射量和穿透量。從方程式（3-35a）-（3-35b），我們得到 TM 極化波，$\vec{E}_{//}$分量的振幅間之比例關係如下

TM 極化波（p-wave）

$$R_{//} \equiv \frac{E_{//}^{(r)}}{E_{//}^{(i)}} = -\frac{n_2 \cos\theta_i - n_1 \cos\theta_t}{n_2 \cos\theta_i + n_1 \cos\theta_t} \tag{3-38a}$$

$$T_{//} \equiv \frac{E_{//}^{(t)}}{E_{//}^{(i)}} = \frac{2n_1 \cos\theta_i}{n_2 \cos\theta_i + n_1 \cos\theta_t} \tag{3-38b}$$

從方程式（3-35c）-（3-35d），我們得到 TE 極化波，$\vec{E}_{\perp}$分量的振幅間之比例關係如下

TE 極化波（s-wave）

$$R_{\perp} \equiv \frac{E_{\perp}^{(r)}}{E_{\perp}^{(i)}} = \frac{n_1 \cos\theta_i - n_2 \cos\theta_t}{n_1 \cos\theta_i + n_2 \cos\theta_t} \tag{3-39a}$$

$$T_{\perp} \equiv \frac{E_{\perp}^{(t)}}{E_{\perp}^{(i)}} = \frac{2n_1 \cos\theta_i}{n_1 \cos\theta_i + n_2 \cos\theta_t} \tag{3-39b}$$

$R_{//}$和$R_{\perp}$是反射係數，$T_{//}$和$T_{\perp}$是穿透係數，它們是振幅的比值，不是光強度的比值。對於光而言，光強度的比值（或功率）比振幅的

比值重要，因為可以直接用來評估能量。光強度和振幅的關係如方程式（3-19）所示。

所以將方程式（3-38）和（3-39）與方程式（3-19）一併考慮，我們可以得到光強度的比值，稱為反射率和穿透率。反射率公式如下

TM 極化波（p-wave）

$$\mathcal{R}_{//} = |R_{//}|^2 = \left|\frac{E_{//}^{(r)}}{E_{//}^{(i)}}\right|^2 = \left|\frac{n_2\cos\theta_i - n_1\cos\theta_t}{n_2\cos\theta_i + n_1\cos\theta_t}\right|^2 \quad (3\text{-}40a)$$

TE 極化波（s-wave）

$$\mathcal{R}_{\perp} = |R_{\perp}|^2 \equiv \left|\frac{E_{\perp}^{(r)}}{E_{\perp}^{(i)}}\right|^2 = \left|\frac{n_1\cos\theta_i - n_2\cos\theta_t}{n_1\cos\theta_i + n_2\cos\theta_t}\right|^2 \quad (3\text{-}40b)$$

前述的反射率推導，因為入射波和反射波都在同一介質，所以在算強度比值時，振幅前的折射率會相約，因此直接算振幅絕對值平方之比值即可。在算穿透率時，因為入射波和穿透波（或稱折射波）不在同一介質，所以振幅前的折射率必須考慮進來，穿透率公式如下

TM 極化波（p-wave）

$$\mathcal{T}_{//} = \frac{n_2}{n_1}|T_{//}|^2 \equiv \frac{n_2}{n_1}\left|\frac{E_{//}^{(t)}}{E_{//}^{(i)}}\right|^2 = \frac{n_2}{n_1}\left|\frac{2n_1\cos\theta_i}{n_2\cos\theta_i + n_1\cos\theta_t}\right|^2 \quad (3\text{-}41a)$$

TE 極化波（s-wave）

$$\mathcal{T}_{\perp} = \frac{n_2}{n_1}|T_{\perp}|^2 \equiv \left|\frac{E_{\perp}^{(t)}}{E_{\perp}^{(i)}}\right|^2 = \frac{n_2}{n_1}\left|\frac{2n_1\cos\theta_i}{n_1\cos\theta_i + n_2\cos\theta_t}\right|^2 \quad (3\text{-}41b)$$

前面這些公式也滿足了能量守恆，也就是說，$\mathcal{R}_{//}+\mathcal{T}_{//}=1$ 以及 $\mathcal{R}_{\perp}+\mathcal{T}_{\perp}=1$。

我們運用前面的公式計算光從空氣進入玻璃（假設其折射率 $n=1.5$）的反射量，如圖 3-6 所示，其穿透量可以由 $1-\mathcal{R}_{//}$ 或 $1-\mathcal{R}_{\perp}$ 得到。從圖 3-6 可以看出來，TM 極化波和 TE 極化波的反射情形並不相同，TE 極化波是隨著入射角的增加而增加，但是 TM 極化波的反射量先是減少，到了某個角度，反射量減至零，之後才逐漸增加。使得 TM 極化波的反射量為零之角度稱為布魯斯特角（Brewster angle），其角度可由方程式（3-40a）和折射律公式（3-37）推導得到，若是由介質 1 入射到介質 2，其公式如下

$$\theta_{Bi}=\tan^{-1}\left(\frac{n_2}{n_1}\right) \quad (3\text{-}42)$$

例如圖 3-6 的情形，從空氣射入玻璃的布魯斯特角（Brewster angle）為 56.3°，若是由玻璃射入空氣，則布魯斯特角（Brewster angle）為 33.7°。

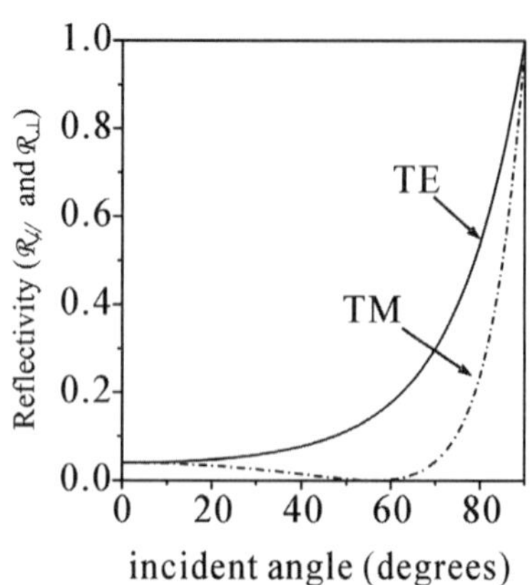

圖 3-6　光從空氣進入玻璃（假設其折射率 $n=1.5$）的反射量，隨入射角而改變。

在反射的情形中，若光由介質 1 射入介質 2，而折射率 $n_1 < n_2$，則入射角必定比折射角大。若光由介質 2 射入介質 1，則入射角小於折射角，當折射角已經達 90°時，入射角還小於 90°，此時若再增加入射角，會發生什麼情形呢？其情況如下，在折射角已經達 90°時，此時的入射角稱為臨界角

$$\sin\theta_c = \frac{n_2}{n_1}\sin 90^\circ = \frac{n_2}{n_1} \tag{3-43}$$

當入射角超過此臨界角，不再有折射，只有反射，稱為全反射。從前面的波動理論，更可以看出全反射的現象，在 $\theta_i > \theta_c$ 之下，$\sin\theta_t = \frac{n_1}{n_2}\sin\theta_i > \frac{n_1}{n_2}\sin\theta_c$，由方程式（3-43），得到 $\sin\theta_t > 1$，再由 $\cos\theta_t = \sqrt{1-\sin^2\theta_t}$，所以得到的 $\cos\theta_t$ 會是純虛數，因此方程式（3-38a）和（3-39a）的反射係數具有這樣的數學型式 $\frac{X-jY}{X+jY}$，其中 X 和 Y 都是實數，而 j 代表虛數，$j^2=1$。因此 $R_{//}$ 和 $R_{\perp}$ 的絕對值 $\frac{\sqrt{X^2+Y^2}}{\sqrt{X^2+Y^2}}=1$，這使得反射率 $\mathcal{R}_{//}$ 和 $\mathcal{R}_{\perp}$ 也等於 1，因此所有的光都被反射了，沒有任何穿透，也就不再有折射。

以上的探討讓我們看到波動理論可以對光的反射和折射現象分析得更完整。

3.3.5 雙折射

前面討論的還算是比較單純的情形，有些材料的原子排列並非是完全的對稱，這將使得光波的電場對材料的影響，不是各方向都一

致。如圖 3-7(a)所示是一個在 x 和 y 方向都對稱的原子排列，在這種情形下，電場對 x 和 y 方向的影響將會相同，所以電偶極 $\vec{P}=\varepsilon_0\chi_e\vec{E}$ 不受方向之影響，於是 $\vec{D}=\varepsilon\vec{E}$（$\varepsilon=\varepsilon_0(1+\chi_e)$）也不受方向影響；但是如果原子排列如圖 3-7(b)所示，則明顯地，x 方向的電場和 y 方向的電場所造成原子中之正負電分離效果不會一樣，因此電偶極 $\vec{P}=\varepsilon_0\chi_e\vec{E}$ 就因電場方向而改變，這種情形稱為非等向性，所以 χ_e 將隨著電場方向而有不同的值，這使得介電常數 $\varepsilon=\varepsilon_0(1+\chi_e)$ 也跟著改變，於是折射率 $n=\sqrt{\mu\varepsilon}/\sqrt{\mu_0\varepsilon_0}$ 就不再是常數，而其大小和電場方向有關，這類的材料稱為非等向性材料。

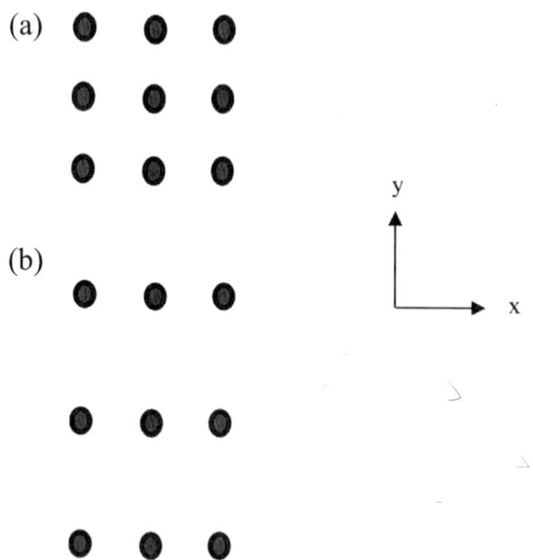

圖 3-7　(a)在 x 和 y 方向都對稱的原子排列；(b)在 x 和 y 方向的原子排列不對稱。

如前面提過的，電場可以分解為兩個互相垂直的模態，在非等向性材料中，這兩個電場將會造成不同的折射率，所以光波在此材料中將將會有兩個不同的折射率，於是光波從等向性材料射入非等向性材料中，若入射角不為零，則會有折射，但在非等向性材料中，光會看到兩個不同的折射率，因此將會有兩個折射角，這種現象稱為雙折射（birefringence），如圖 3-8 所示。

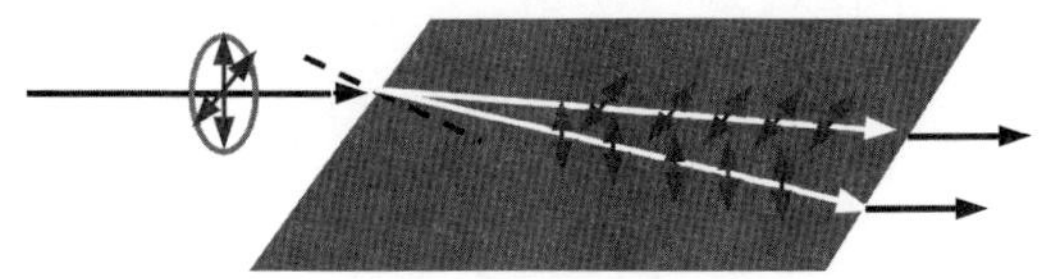

圖 3-8　雙折射現象的示意圖。

3.4　光波的干涉現象

如第一章談過的，波動的重要特徵就是干涉，所以這裡我們要分析光波如何產生干涉。我們先假設有兩道光波，具有相同的波長（或頻率），其電場分別如下

$$\vec{E}_1 = \vec{E}_{01}\cos(ks_1 - \omega t + \phi_1) \quad (3\text{-}43a)$$

$$\vec{E}_2 = \vec{E}_{02}\cos(ks_2 - \omega t + \phi_2) \quad (3\text{-}43b)$$

上式中，k是波向量，$k=\frac{2\pi}{\lambda}$；s_1和s_2分別是它們到達某觀測位置之傳播路徑長度，ϕ_1和ϕ_2是這兩個光波光源的初始相位。當它們在觀測位置重疊時，因為電場的波動方程式是線性，所以電場是線性疊加，因此總電場$\vec{E}_t$為

$$\vec{E}_t = \vec{E}_1 + \vec{E}_2 = \vec{E}_{01}\cos(ks_1 - \omega t + \phi_1) + \vec{E}_{02}\cos(ks_2 - \omega t + \phi_2) \quad (3\text{-}44)$$

如前面討論過的，能量密度$u=\varepsilon_0 E^2=\varepsilon_0 \vec{E}\cdot\vec{E}$，將（3-44）之總電場帶入，可得

$$u=\varepsilon_0 \vec{E}_t\cdot\vec{E}_t=\varepsilon_0(\vec{E}_1+\vec{E}_2)\cdot(\vec{E}_1+\vec{E}_2)$$

將之展開得

$$u=\varepsilon_0(\vec{E}_1\cdot\vec{E}_2+\vec{E}_2\cdot\vec{E}_2+2\vec{E}_1+\vec{E}_2)=u_1+u_2+u_{12} \quad (3\text{-}45)$$

其中$u_1=\varepsilon_0\vec{E}_1\cdot\vec{E}_1$代表第一個光波的能量密度，$u_2=\varepsilon_0\vec{E}_2\cdot\vec{E}_2$代表第二個光波的能量密度；第三項$u_{12}=2\varepsilon_0\vec{E}_1\cdot\vec{E}_2$就是干涉的效果。如果$u_{12}=0$，表示和古典粒子一樣，總和的能量等於各別能量相加，若$u_{12}\neq 0$，則表示和古典粒子不同，具有干涉的效果，因此我們接下來專門討論u_{12}這一項。

將式子（3-43a）和（3-43b）代入u_{12}，得到下式

$$u_{12}=2\varepsilon_0\vec{E}_{01}\cdot\vec{E}_{02}\cos(ks_1-\omega t+\phi_1)\cos(ks_2-\omega t+\phi_2)$$

再處理三角函數的積化和差，得

$$u_{12}=\varepsilon_0\vec{E}_{01}\cdot\vec{E}_{02}[\cos(ks_1+ks_2+\phi_1+\phi_2-2\omega t)+\cos(ks_1+\phi_1-ks_2-\phi_2)]$$

上式是一個隨時間快速變化的函數，我們觀察不到其變化，只能測量到其時間平均，而$\cos(ks_1+ks_2+\phi_1+\phi_2-2\omega t)$是週期性函數，其時間平均為零。所以時間平均後變成$\langle u_{12}\rangle=\varepsilon_0\vec{E}_{01}\cdot\vec{E}_{02}\langle\cos(ks_1+\phi_1-ks_2-\phi_2)\rangle$，$(ks_1+\phi_1-ks_2-\phi_2)$為兩個波在此觀測位置的相位差，

為了簡化數學描述，我們定義

$$(ks_1 + \phi_1 - ks_2 - \phi_2) \equiv \delta \tag{3-46}$$

所以此干涉項之時間平均為

$$\langle u_{12} \rangle = \varepsilon_0 \vec{E}_{01} \cdot \vec{E}_{02} \langle \cos\delta \rangle \tag{3-47}$$

3.4.1 光源之相位為隨時間變動

從上述之干涉項時間平均可以瞭解到，干涉項是否存在和項位差有很大的關聯，根據定義式（3-46），相位差$\delta = (ks_1 + \phi_1 - ks_2 - \phi_2)$，如果光源之相位$\phi_1$和$\phi_2$是隨時間變動，我們可以寫為$\phi_1(t)$和$\phi_2(t)$，所以相位差$\delta = (ks_1 + \phi_1(t) - ks_2 - \phi_2(t))$，其中$(ks_1 - ks_2)$為固定大小，不隨時間改變，如果$(\phi_1(t) - \phi_2(t))$是隨時間變動，且為隨機變化，則其對應之餘弦函數的時間平均$\langle \cos\delta \rangle = 0$，因此

$$\langle u_{12} \rangle = \varepsilon_0 \vec{E}_{01} \cdot \vec{E}_{02} \langle \cos\delta \rangle = 0 \tag{3-48}$$

所以如果光源之相位為隨時間變動，且其差異不是固定，是隨機變化，我們還是看不到干涉效果。

3.4.2 兩道光波來自同一光源

如果這兩道光波來自同一光源，則$\phi_1(t)=\phi_2(t)$，所以相位差$\delta=(ks_1-ks_2)$，不隨時間改變，因此時間平均$\langle\cos\delta\rangle$取決於δ的大小，因為是同一光源，所以我們再進一步假設$\vec{E}_{01}=\vec{E}_{02}$

$$\langle u_{12}\rangle=\varepsilon_0\vec{E}_{01}\cdot\vec{E}_{02}\langle\cos\delta\rangle=\varepsilon_0 E_{01}{}^2\cos\delta \tag{3-49}$$

我們將總能量密度（3-45）也取時間平均，得

$$\begin{aligned}\langle u\rangle&=\varepsilon_0(\langle\vec{E}_1\cdot\vec{E}_1\rangle+\langle\vec{E}_2\cdot\vec{E}_2\rangle+2\langle\vec{E}_1\cdot\vec{E}_2\rangle)\\&=\langle u_1\rangle+\langle u_2\rangle+\langle u_{12}\rangle\end{aligned} \tag{3-50}$$

$\langle u_1\rangle=\frac{1}{2}\varepsilon_0 E_{01}{}^2$，$\langle u_2\rangle=\frac{1}{2}\varepsilon_0 E_{02}{}^2=\frac{1}{2}\varepsilon_0 E_{01}{}^2$，所以總能量密度的時間平均

$$\begin{aligned}\langle u\rangle&=\langle u_1\rangle+\langle u_2\rangle+\langle u_{12}\rangle\\&=\frac{1}{2}\varepsilon_0 E_{01}{}^2+\frac{1}{2}\varepsilon_0 E_{01}{}^2+\varepsilon_0 E_{01}{}^2\cos\delta=\varepsilon_0 E_{01}{}^2(1+\cos\delta)\end{aligned} \tag{3-51}$$

因此，總能量密度$\langle u\rangle$的變化主要是由$(1+\cos\delta)$所決定，$(1+\cos\delta)$隨δ的變化如下圖所示，顯示出總能量密度將隨相位差而呈現週期性變化，最大時為$2\varepsilon_0 E_{01}{}^2=2(\langle u_1\rangle+\langle u_2\rangle)$，最小為0。最大值發生在$\delta=0$，$2\pi$，$4\pi$，…；最小值發生在$\delta=0$，$3\pi$，$5\pi$，…。

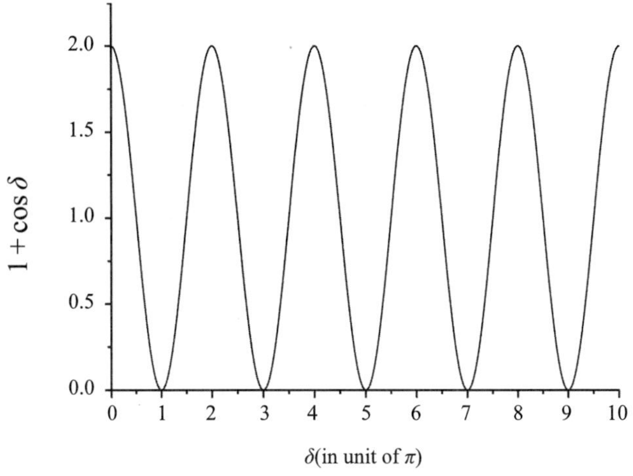

圖 3-9　$(1+\cos\delta)$隨δ的變化

另一個常用的觀測量是光的強度I，可以表示為

$$I = c\langle u\rangle \tag{3-52}$$

其中c是光速，所以總強度為$I=c\varepsilon_0 E_{01}{}^2(1+\cos\delta)=2I_1(1+\cos\delta)$，其變化和總能量密度類似，隨相位差而呈現週期性變化，最大時為$I=2c\varepsilon_0 E_{01}{}^2=2c(\langle u_1\rangle+\langle u_2\rangle)=2(I_1+I_2)=4I_1$，最小為 0。

3.4.3　雙狹縫干涉

由相位差$\delta=(ks_1-ks_2)=k(s_1-s_2)$可知道，造成此$\delta$變化的是$s_1$和$s_2$的差異，也就是它們到達某觀測位置之傳播路徑長度的差異，一般稱為光程差。所以在雙狹縫干涉中，當$(s_1-s_2)=\mathrm{N}\lambda$，N＝整數，則會有建設性干涉，因為$\delta=k(s_1-s_2)=\dfrac{2\pi}{\lambda}\cdot\mathrm{N}\lambda=2\mathrm{N}\pi$，所以光的總強

度$I=4I_1$；當$(s_1-s_2)=(\mathrm{N}+\frac{1}{2})\lambda$，則會是破壞性干涉，因為$\delta=k(s_1-s_2)=\frac{2\pi}{\lambda}\cdot(\mathrm{N}+\frac{1}{2})\lambda=(2\mathrm{N}+1)\pi$，所以光的總強度$I=0$。

如圖 3-10 所示，設兩個狹縫間距為d，從狹縫到觀測螢幕的距離為L，而螢幕沿著y軸方向擺放，定義螢幕中心的y軸座標為 0，則光程差$(s_1-s_2)\approx d\frac{y}{L}$，所以相位差$\delta=k(s_1-s_2)=\frac{2\pi}{\lambda}\frac{dy}{L}$。

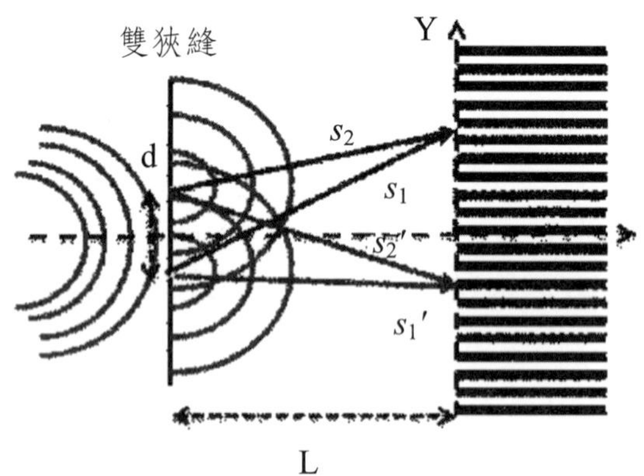

圖 3-10　雙狹縫干涉的光路和干涉示意圖。

光的總強度$I=2I_1(1+\cos\delta)=2I_1\left[1+\cos\left(\frac{2\pi dy}{\lambda L}\right)\right]$，所以此強度隨螢幕座標$y$而高低變化，呈現在螢幕上的就是隨著螢幕座標$y$而出現週期性的明暗變化，如圖 3-10 所示。

3.5　光波的繞射現象

除了干涉現象，波動的另一特性是繞射（diffraction）。如圖 3-11

所示是繞射的示意圖，左邊光源的光經過具有一圓孔的擋板，投射在螢幕上，按照幾何光學，光的投射範圍在直徑D_{GEO}之內，但繞射的結果，使得光的分佈範圍擴大到直徑D_{ACT}的範圍，其繞射圖案和右邊的明暗交錯圓圈類似。

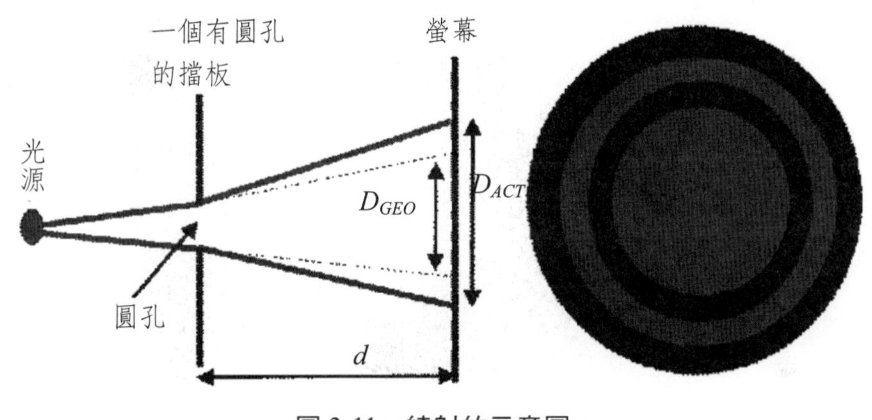

圖 3-11　繞射的示意圖。

繞射也是干涉現象的一種，其分析比前述的兩道光波複雜一些，但也不是無法探討。如之前提過的，平面波的型式為$\vec{E}=\vec{E}_0\,e^{j(\vec{r}\cdot\vec{k}-\omega t)}$，我們若考慮固定極化方向，則只需看其純量極可，$E=E_0\,e^{j(\vec{r}\cdot\vec{k}-\omega t)}$。再來我們把焦點放在空間變化的部份，暫時略去時間的變化部份，所以$E=E_0\,e^{j\vec{r}\cdot\vec{k}}=E_0\,e^{j(k_x x+k_y y+k_z z)}$。任何的函數$\Psi\ (x, y, z)$都可以用平面波展開，也就是說，寫成不同波向量之平面波的線性組合。波向量具有三個分量，k_x，k_y和k_z，但我們只需考慮k_x和k_y，因為$k_x{}^2+k_y{}^2+k_z{}^2=k^2=\left(\frac{2\pi}{\lambda}\right)^2$，所以$k_z$可以表示為$k_x$和$k_y$之數學關係式

$$k_z=\sqrt{k^2-k_x^2-k_y^2} \tag{3-53}$$

所以$\Psi(x, y, z)$可以寫成以下積分式：

$$\Psi(x, y, z) = \int_{-\infty}^{\infty} dk_x \int_{-\infty}^{\infty} dk_y\, E_0(k_x, k_y)\, e^{j(k_x x + k_y y + k_z z)} \tag{3-54}$$

這裡我們的E_0是k_x和k_y的函數，因為每個平面波的振幅不見得相同。

假如方程式（3-54）中的函數$\Psi(x, y, z)$所表示的波主要是沿著z軸傳播，那麼波向量的分量k_x和k_y將會比k_z小很多，$k_x, k_y \ll k_z \approx k$以及$\frac{\sqrt{k_x^2 + k_y^2}}{k} \ll 1$。所以（3-53）可以進一步化簡如下

$$k_z = \sqrt{k^2 - k_x^2 - k_y^2} \cong k - \frac{k_x^2 + k_y^2}{2k} \tag{3-55}$$

於是$\Psi(x, y, z)$可以寫成以下型式

$$\Psi(x, y, z) = u(x, y, z)\, e^{jkz} \tag{3-56}$$

其中之$u(x, y, z)$為隨z軸而緩慢變化的函數，因為$\Psi(x, y, z)$中隨z軸而快速變化的項已經出現在e^{-jkz}之中。將方程式（3-55）和（3-56）代入方程式（3-54），則$u(x, y, z)$可以表示成以下的積分式

$$u(x, y, z) = \int_{-\infty}^{\infty} dk_x \int_{-\infty}^{\infty} dk_y\, E_0(k_x, k_y)\, e^{j(k_x x + k_y y)}\, e^{-j(k_x^2 + k_y^2)z/2k} \tag{3-57}$$

在$z = 0$的位置，我們把上式的$u(x, y, z = 0)$寫成較簡單的數學符號

$u(x, y, z=0) \equiv u_0(x, y)$，並把 $E_0(k_x, k_y)$ 改用另一個符號 $U_0(k_x, k_y)$，使其數學符號較對稱

$$u_0(x, y) = \int_{-\infty}^{\infty} dk_x \int_{-\infty}^{\infty} dk_y \, U_0(k_x, k_y) \, e^{j(k_x x + k_y y)} \tag{3-58}$$

方程式（3-58）所示是 $u_0(x, y)$ 和 $U_0(k_x, k_y)$ 為傅氏轉換的對偶（Fourier transform pair）。因此 $U_0(k_x, k_y)$ 為 $u_0(x, y)$ 之反向傅氏轉換

$$U_0(k_x, k_y) = \left(\frac{1}{2\pi}\right)^2 \int_{-\infty}^{\infty} dx_0 \int_{-\infty}^{\infty} dy_0 \, u_0(x_0, y_0) \, e^{-j(k_x x_0 + k_y y_0)} \tag{3-59}$$

將方程式（3-59）的 $U_0(k_x, k_y)$，也就是 $E_0(k_x, k_y)$ 代入方程式（3-57），可得到以下的式子

$$u(x, y, z) = \int_{-\infty}^{\infty} dk_x \int_{-\infty}^{\infty} dk_y \int_{-\infty}^{\infty} dx_0 \int_{-\infty}^{\infty} dy_0 \, u_0(x_0, y_0) \left(\frac{1}{2\pi}\right)^2 e^{j[k_x(x - x_0) + k_y(y - y_0)]} \, e^{j(k_x^2 + k_y^2)z/2k}$$

將上式對 (k_x, k_y) 積分，可以簡化為以下的方程式

$$u(x, y, z) = \frac{j}{\lambda z} \int_{-\infty}^{\infty} dx_0 \int_{-\infty}^{\infty} dy_0 \, u_0(x_0, y_0) \, e^{j(k/2z)[(x - x_0)^2 + (y - y_0)^2]} \tag{3-60}$$

方程式（3-60）稱為菲涅耳繞射積分式（Fresnel diffraction integral）。此積分式描述了在 $z=0$ 的電場分佈 $u_0(x, y)$ 和另一個位置 $z \neq 0$

的電場分佈 $u(x,y,z)$ 之關係，換句話說，我們可以由 $u_0(x,y)$ 推算出另一個地點的電場分佈 $u(x,y,z)$。

方程式（3-60）的菲涅耳繞射積分式不是很容易計算，所以在早期計算機還未出現時，科學家們尋找可以計算的條件，當 z 很大，而滿足 $x_0^2+y_0^2 \ll \frac{z}{k}=\frac{\lambda z}{2\pi}$ 的條件時，一般稱為遠場條件，則方程式（3-60）可以再簡化，因為方程式（3-60）積分式的二次方項可以再化簡如下

$$\frac{k}{2}[(x-x_0)^2+(y-y_0)^2] \cong \frac{k}{z}[(x^2+y^2)-2xx_0-2yy_0] \quad (3\text{-}61)$$

所以菲涅耳繞射積分式簡化為以下的積分式

$$u(x,y,z)=\frac{j}{\lambda z}e^{j[k(x^2+y^2)/2z]}\int_{-\infty}^{\infty}dx_0\int_{-\infty}^{\infty}dy_0\,u_0(x_0,y_0)\,e^{-j\frac{k}{z}(xx_0+yy_0)} \quad (3\text{-}62)$$

方程式（3-62）稱為弗朗霍夫積分式（Fraunhofer integral），此積分式不僅描述了在 $z=0$ 的電場分佈 $u_0(x,y)$ 和另一個位置 $z\neq 0$ 的電場分佈 $u(x,y,z)$ 之關係，更且說明了，在 $z\neq 0$ 遠場處的電場分佈 $u(x,y,z)$ 正比於在 $z=0$ 的電場分佈 $u_0(x,y)$ 之傅氏轉換，這使得計算變得簡單許多，即使是現在電腦已經很方便的情形下，方程式（3-62）的弗朗霍夫積分式還是幫助很大，因為有些軟體專門處理傅氏轉換，因此很容易透過這些軟體算出遠場的電場分佈 $u(x,y,z)$。

我們可以運用方程式（3-59）來處理光線的傳播方向，或是方程式（3-62）計算電場分佈 $u(x,y,z)$，再來我們探討一些繞射的例子。

範例一，若 $u_0\,(x, y) = \cos\left(\frac{2\pi}{\Lambda}x\right)$，則 $u\,(x, y, z)$ 的特徵為何？

由 $\cos\left(\frac{2\pi}{\Lambda}x\right) = (e^{j\frac{2\pi}{\Lambda}x} + e^{j\frac{2\pi}{\Lambda}x})/2$，因此

$$U_0\,(k_x, k_y) \propto \left[\delta\left(k_x - \frac{2\pi}{\Lambda}\right) + \delta\left(k_x + \frac{2\pi}{\Lambda}\right)\right]$$

這代表光波會朝兩個方向前進，這兩個方向為與 z 軸偏離 $\theta_{x0} = \pm \sin^{-1}\left(\frac{2\pi/\Lambda}{k}\right) = \pm\sin^{-1}\left(\frac{\lambda}{\Lambda}\right)$ 的角度，往 x 軸方向偏離，如下圖所示

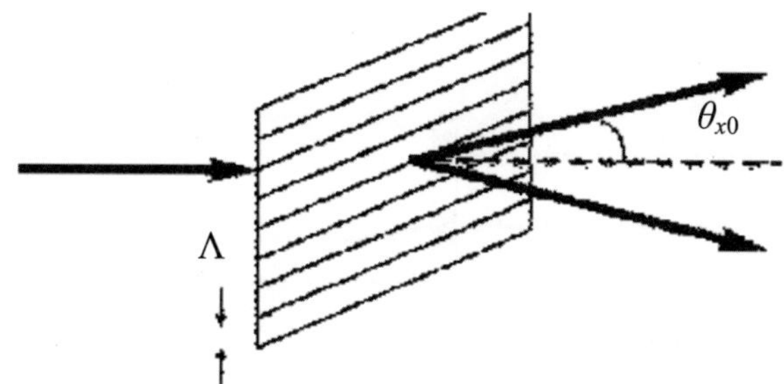

圖 3-12　光經過 $u_0(x, y) = \cos\left(\frac{2\pi}{\Lambda}x\right)$ 的光柵時，會被分成兩道。

範例二，若 $u_0(x, y) = e^{-j\pi(x^2+y^2)/\lambda f}$，此 $u_0(x, y)$ 會有什麼效果？

將此 $u_0(x, y)$ 代入方程式（3-60）的菲涅耳繞射積分式

$$u(x, y, z) = \frac{j}{\lambda z}\int_{-\infty}^{\infty} dx_0 \int_{-\infty}^{\infty} dy_0\, e^{-j\pi(x^2+y^2)/\lambda f} e^{j(k/2z)[(x-x_0)^2+(y-y_0)^2]}$$

在 $z = f$ 時，積分式變為

$$u\,(x, y, z = f) = \frac{j}{\lambda z}\int_{-\infty}^{\infty} dx_0 \int_{-\infty}^{\infty} dy_0 e^{-j\pi(x_0^2+y_0^2-2xx_0-2yy_0)/\lambda f}$$

$$= \frac{j}{\lambda z} e^{j\pi(x_0^2 + y_0^2)/\lambda f} \int_{-\infty}^{\infty} dx_0 \int_{-\infty}^{\infty} dy_0 e^{-j2\pi(xx_0 + yy_0)/\lambda f}$$
$$= \frac{j}{\lambda z} e^{j\pi(x_0^2 + y_0^2)/\lambda f} \delta\left(\frac{x}{\lambda f}, \frac{y}{\lambda f}\right)$$

我們發現在$z=f$的位置，$u(x, y, z)$的分佈如下所述：在$x \neq 0$，$y \neq 0$之處，其值為0，只有在$x=0$，$y=0$才不等於零，且其值很大，換句話說，光完全被聚集於一點，其特徵如下圖所示，其功用就像凸透鏡，將光聚焦於焦點上，而其焦距等於f，此特性的元件稱為菲涅耳透鏡（Fresnel lens），與傳統透鏡相比，菲涅耳透鏡更薄，更為輕巧。

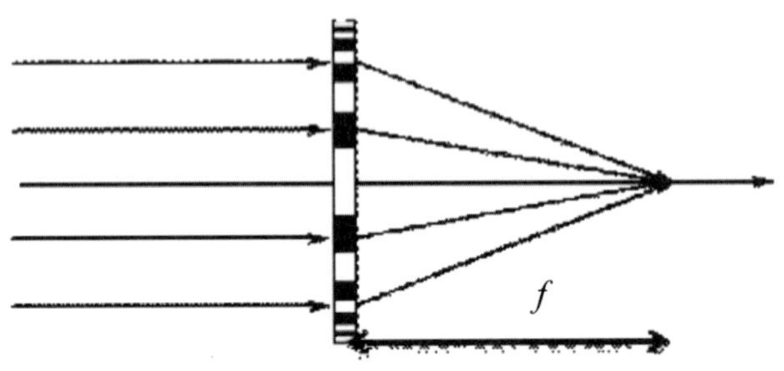

圖 3-13　菲涅耳透鏡的聚光情形。

範例三，具有一個直徑為D之圓孔的擋板，其$u_0(x,y)$可描述如下

$$u_0(x, y) = \begin{cases} 1, & \sqrt{x^2 + y^2} \leq D/2 \\ 0, & otherwise \end{cases}$$

請分析其繞射情形。

此圓孔函數看來較簡單，但將此圓孔函數代入弗朗霍夫積分式，其計算卻反而困難，在此我們略過數學處理過程，直接寫下其對應的

遠場光強度分佈函數

$$I(x, y) \propto |u(x, y, z)|^2 \propto \left[\frac{2J(\pi D\sqrt{x^2+y^2}/\lambda z)}{\pi D\sqrt{x^2+y^2}/\lambda z}\right]$$

其中的$J(\pi D\sqrt{x^2+y^2}/\lambda z)$為貝索函數（Bessel function），而$z$是觀測螢幕到圓孔的距離。此分佈稱為艾里圖案（Airy Pattern），其中心是一個半徑大小等於 $1.22\lambda z/D$ 的明亮圓盤，稱為艾里圓盤（Airy disk），此圓盤和圓孔間的張角為θ，此角度的一半$\frac{\theta}{2}=1.22\frac{\lambda}{D}$。圓盤（Airy disk）外為一暗環，再來出現一亮環，持續此明暗相間的環。其特徵如圖 3-14 所示，而函數的立體圖如圖 3-15 所示。

以上的這些例子都不是幾何光學所能預測得到，但都是光波的特徵，也可以看出波動光學有其重要性，非幾何光學所能取代。

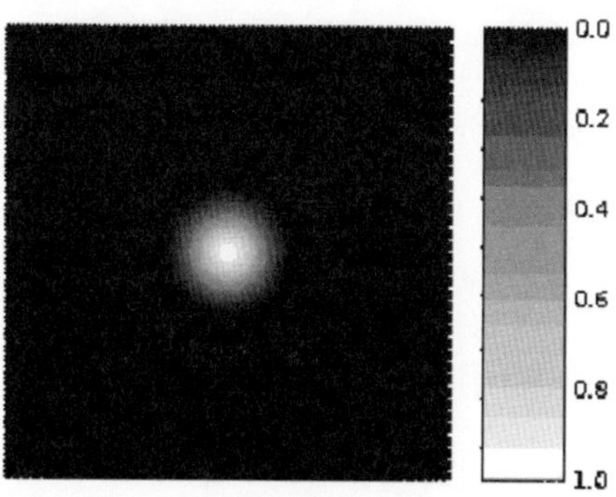

圖 3-14　艾里圖案（Airy Pattern）

（參考資料 http://en.wikipedia.org/wiki/File:Airy-pattern.svg）

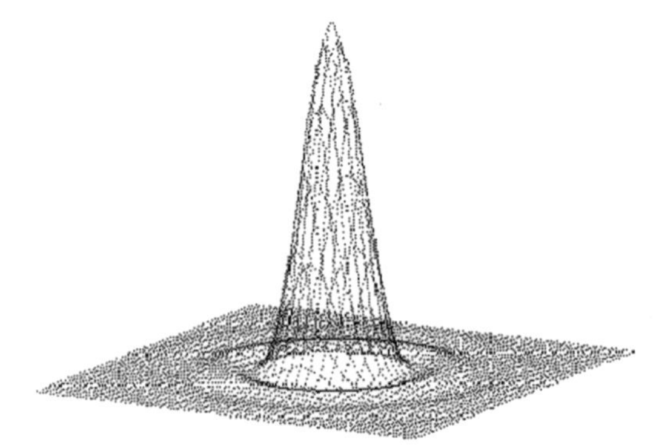

圖 3-15　圓孔的繞射函數立體圖
（參考資料 http://en.wikipedia.org/wiki/File:Airy-3d.svg）

習題

1.請證明光的強度 $I=\frac{1}{2}c\varepsilon_0E_0^2$。

2.太陽光從 60 度（與水平線夾角）射入擋風玻璃，若玻璃折射率為 1.5，請問有多少比例的光強度射到車子內？

3.請問光從空氣射入水中，在那個角度不會有反射？

4.請解釋為什麼穿透率公式中會有折射率的參數。

5.在雙狹縫干涉中，若使用紅光雷射（λ = 650nm）進行實驗，通過之雙狹縫間距為 0.5mm，而螢幕與雙狹縫距離為 1m，則在螢幕上，一公分內會看到幾條干涉條紋？

6.雙狹縫干涉也可以用弗朗霍夫積分式（Fraunhofer integral）預測，雙狹縫可以用$u_0(x,y)=\delta(x-\frac{d}{2})+\delta(x+\frac{d}{2})$代替，請推導其干涉條紋之公式。

7.菲涅耳透鏡是否適用 $x_0^2+y_0^2 \approx \frac{z}{k}$ 的情形？

8.請問若一開始之可見光的分佈在 1 公分內之範圍，而要觀察位置距離此一開始的位置間距為 1 公分，則處理此問題是否可運用弗朗霍夫積分式？為什麼？

第 4 章

光學元件與應用

1 透鏡
2 平面鏡
3 具多層膜之平面鏡
4 凹面鏡與凸面鏡
5 色散與稜鏡
6 抗反射鍍膜
7 分光鏡
8 光柵

光學元件的種類很多，包括有各式各樣透鏡、平面鏡、凸面鏡、凹面鏡、稜鏡、分光鏡、光柵等等，我們將逐一介紹。

4.1 透鏡

透鏡的種類和作用如第二章所描述，簡單分為兩大類，即凸透鏡和凹透鏡，而各又分為三類，其原理如方程式（2-15）的薄透鏡成像方程式所述，而其焦距由方程式（2-15）可推算出來；若是厚透鏡，則可以透過光學元件串接的總 *ABCD* 矩陣為各別元件的乘積得到，即 $M_T = M_5\ M_4\ M_3\ M_2\ M_1$，而算出整體的 *ABCD* 矩陣。

除了球面構成的透鏡外，也有柱狀構成的透鏡，稱為柱狀透鏡，其形狀如圖 4-1 所示，此柱狀透鏡的效果只有單方向。光經過圖 4-1 的柱狀透鏡在 y 方向不會被聚焦，在 x 方向會被聚集，其光線在 x 方向的變化也如 *ABCD* 矩陣所預測。

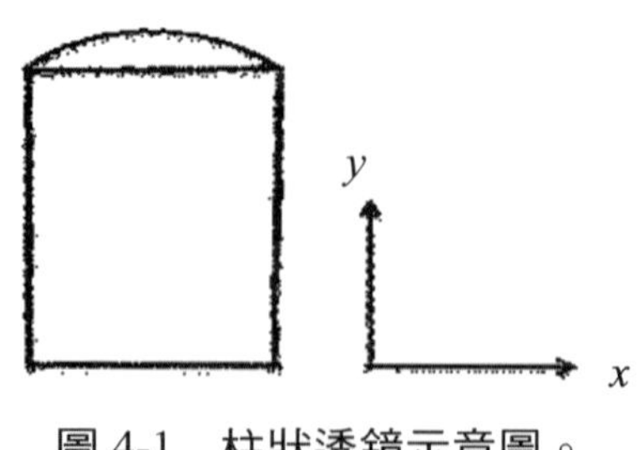

圖 4-1　柱狀透鏡示意圖。

另一方面，如第三章談的，繞射元件也可以當做距焦用的透鏡，如第三章的範例二所分析的菲涅耳透鏡（Fresnel lens）。

4.2 平面鏡

平面鏡的主要作用是反射光線或光波，如第三章談過的，任何的界面都會有反射，所以都可以當做鏡面，然而即使用折射率為 4 的介質，其與空氣間的反射率，在垂直入射之下，其反射率也只有 36%，要讓反射率增加，其做法有兩個，一是鍍上金屬，因為金屬具有高反射率。另一種做法是鍍上高反射鍍膜，其分析如下。

鍍上一層反射鍍膜後，變成是三層介質，兩個界面，其情形如圖 4-2 所示，為了使此分析可以運用在更普遍的情形，我們暫定此三層介質的折射率為 n_1，n_2，n_3，光從左邊的第一層射向右邊，設其入射角為 θ_i，若第一層為空氣，則折射率為 n_1 代 1。

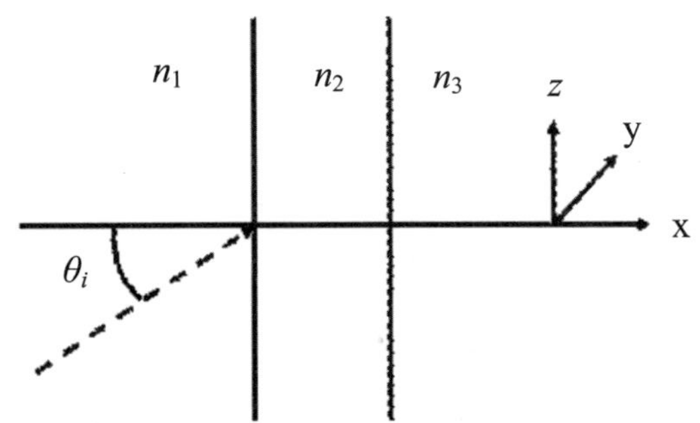

圖 4-2　三層介質兩個界面的相對位置與座標關係

法線與 x 軸平行，而界面與 y-z 平面平行。此折射率隨 x 軸之變化可描述如下

$$n(x)=\begin{cases} n_1 & x<0 \\ n_2 & 0<x<d \\ n_3 & x>d \end{cases} \quad (4\text{-}1)$$

介質 1（折射率 n_1）和介質 2（折射率 n_2）間的界面在 $x=0$ 的位置，介質 2（折射率 n_2）和介質 3（折射率 n_3）間的界面在 $x=d$ 的位置。因為折射率只沿著 x 方向有變化，所以場的振幅也只沿著 x 方向有變化，在 z 方向的變化只是相位部份，因此電場的數學型式如下

$$\vec{E}=\vec{E}(x)\,e^{j(\omega t-\beta z)} \quad (4\text{-}2)$$

其中 β 是波向量 $\vec{k}_i$ 沿著 z 方向的分量

$$\vec{k}_i=k_{ix}\,\hat{x}+\beta\hat{z} \quad (4\text{-}3)$$

其中 i 可能是 1、2 或 3，分別代表介質 1、介質 2、或介質 3；β 在三個介質中都相等。

波向量 $\vec{k}_i$ 的大小等於 $\frac{n_i\,\omega}{c}$，例如，在介質 1 當中，其折射率是 n_1，所以 $|\vec{k}_1|=\frac{n_1\,\omega}{c}$。同樣地，在介質 2 和介質 3，波向量的大小分別等於 $\frac{n_2\,\omega}{c}$ 和 $\frac{n_3\,\omega}{c}$。而 z 方向的分量 β 在三個介質中都相等的原因是因為折射率在 z 方向沒有變化。數學上，這代表著 $|\vec{k}_1|\sin\theta_1=|\vec{k}_2|\sin\theta_2=|\vec{k}_3|\sin\theta_3$，因此我們有以下的折射定律

$$n_1\sin\theta_1=n_2\sin\theta_2=n_3\sin\theta_3 \quad (4\text{-}4)$$

其中 θ_i 是在折射律為 n_i 的介質 i 中，波向量 $\vec{k}_i$ 和法線的夾角。此外，在介質 i 中，波向量 $\vec{k}_i$ 在 x 方向的分量

$$k_{ix} = \left[\left(\frac{n_i\omega}{c}\right)^2 - \beta^2\right]^{1/2} = \frac{\omega}{c} n_i \cos\theta_i,\ i = 1,\ 2,\ 3 \qquad (4\text{-}5)$$

在第三章討論單一界面的穿透和反射時，我們發現電場可以分解為 TE 和 TM 兩個極化方向，而在界面的穿透和反射當中，TE 極化的光不會混到 TM 極化，同樣地，TM 極化的光不會混到 TE 極化，所以，TE和TM兩個極化方向的光可以分別處理。這裡雖是兩個界面，但也是同樣可以將電場分解為 TE 和 TM 兩個極化方向，我們先處理 TE 極化。

對於TE極化，在圖 4-2 的界面關係中，電場只有 y 方向的分量。將方程式（4-2）的數學型式運用在這裡，我們得到以下的電場表示式

$$\vec{E} = E_y(x)\, e^{j(\omega t - \beta z)}\hat{y} \qquad (4\text{-}6)$$

考慮波從左邊往右邊入射過來，某些比例被位於 $x=0$ 的界面和位於 $x=d$ 的界面所反射，所以會有一部份往 $-x$ 方向傳播，因此在 $x<0$ 的區域，也就是介質 1 當中，波有兩個部份，一往 $+x$ 方向傳播，一往 $-x$ 方向傳播。在介質 2 當中，波會在兩個界面間盪來盪去，所以也是會有往 $+x$ 方向傳播和往 $-x$ 方向傳播的兩個波，而在介質 3 當中，往右傳播的波不再會碰到界面了，所以只有往 $+x$ 方向傳播的波。因此，整個波在三個介質分別如下

$$E_y(x) = \begin{cases} Ae^{-jk_{1x}x} + Be^{jk_{1x}x} & 0 < 0 \\ Ce^{-jk_{2x}x} + Be^{jk_{2x}x} & 0 < x < d \\ Fe^{-jk_{3x}x} & d < x \end{cases} \quad (4\text{-}7)$$

磁場可以由馬克士威方程式$\vec{H} = \dfrac{\vec{k} \times \vec{E}}{\omega\mu}$得到

$$H_z = \begin{cases} \dfrac{k_1 x}{\omega\mu}(Ae^{-jk_{1x}x} - Be^{jk_{1x}x}) & x < 0 \\ \dfrac{k_{2x}}{\omega\mu}(Ce^{-jk_{2x}x} - De^{jk_{2x}x}) & 0 < x < d \\ \dfrac{k_{3x}}{\omega\mu}Fe^{-jk_{3x}x(x-d)} & d < x \end{cases} \quad (4\text{-}8)$$

這裡我們用A、B、C、D和F來代表這些波的振幅，所以不用符號E來代表振幅是為了避免和電場造成混淆。如第三章討論的，E場和H場的切線方向必須連續，所以E_y和H_z必須在界面的位置（即$x=0$和$x=d$）連續，因此我們得到以下的四個方程式

$$A + B = C + D \quad (4\text{-}9a)$$

$$k_{1x}(A - B) = k_{2x}(C - D) \quad (4\text{-}9b)$$

$$Ce^{-jk_{2x}d} + De^{jk_{2x}d} = F \quad (4\text{-}9c)$$

$$k_{2x}(Ce^{-jk_{2x}d} - De^{jk_{2x}d}) = k_{2x}F \quad (4\text{-}9d)$$

這四個方程式可以用來解方程式（4-7）中的五個係數，A、B、C、D和F間的比值。透過進一步的數學處理，我們得到反射係數和穿透係數的公示如下

$$r \equiv \frac{B}{A} = \frac{r_{12} + r_{23}\,e^{-2j\phi}}{1 + r_{12}r_{23}e^{-2j\phi}} \tag{4-10}$$

$$t \equiv \frac{F}{A} = \frac{t_{12}r_{23}\,e^{-j\phi}}{1 + r_{12}r_{23}e^{-2j\phi}} \tag{4-11}$$

其中 r 代表反射波振幅和入射波振幅的比值，所以是反射係數；t 代表穿透波振幅和入射波振幅的比值，所以是穿透係數。而ϕ是表示光波在整個介質 2 之路徑內所經歷的總相位

$$\phi = k_{2x}\,d = \frac{2\pi d}{\lambda}\,n_2 \cos\theta_2 \tag{4-12}$$

r_{12} 和 t_{12} 則是代表 TE 極化波在第一個界面，亦即 TE 極化波從介質 1 傳播到介質 2 時的反射係數和穿透係數，如圖 4-3(a)所示，第二個界面的影響並沒有包含在 r_{12} 和 t_{12} 當中；類似地，r_{23} 和 t_{23} 代表 TE 極化波在第二個界面，亦即 TE 極化波從介質 2 傳播到介質 3 時的反射係數和穿透係數，如圖 4-3(b)所示，第一個界面的影響並沒有包含在 r_{23} 和 t_{23} 當中。這些單一界面的反射係數和穿透係數在第三章中有詳細的分析，將介質的折射率帶入這些反射係數和穿透係數的數學式裡，我們可以得到以下的式子

$$r_{12} = \frac{n_1\cos\theta_1 - n_2\cos\theta_2}{n_1\cos\theta_1 + n_2\cos\theta_2}\ (\text{TE}) \tag{4-13a}$$

$$t_{12} = \frac{2n_1\cos\theta_1}{n_1\cos\theta_1 + n_2\cos\theta_2}\ (\text{TE}) \tag{4-13b}$$

$$r_{23} = \frac{n_2\cos\theta_2 - n_3\cos\theta_3}{n_2\cos\theta_2 + n_3\cos\theta_3}\ (\text{TE}) \tag{4-14a}$$

$$t_{23} = \frac{2n_2\cos\theta_2}{n_2\cos\theta_2 + n_3\cos\theta_3}\ (\text{TE}) \tag{4-14b}$$

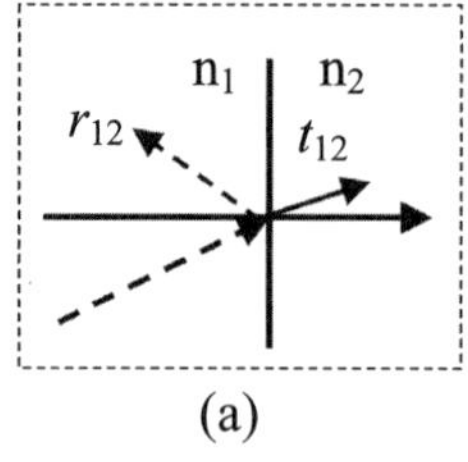

(a)

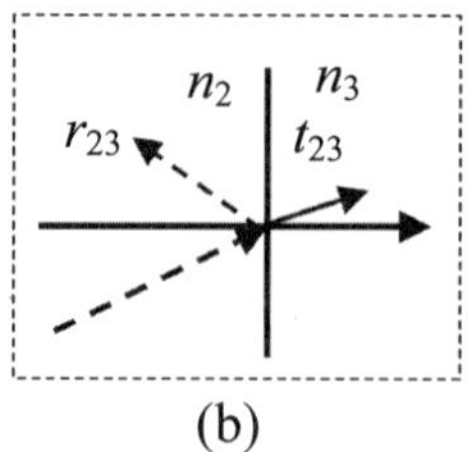

(b)

圖 4-3　(a)TE 極化波在第一個界面的反射和穿透情形；(b)TE 極化波在第二個界面的反射和穿透情形。

我們目前把兩個界面和介質 2 看成一個整體的系統，暫時不考慮在兩個界面之間，也就是在介質 2 內的光波，只看被這樣的系統所反射的光波，以及穿過此系統的光波。

對於 TM 極化波，推導的過程也類似，由這兩個界面和介質 2 構成的整體系統，其反射係數（r）和穿透係數（t）的公式與方程式（4-10）和（4-11）一樣，但用在 TM 極化波的 r_{12}、t_{12}、r_{23} 和 t_{23} 不再是方程式（4-13a）、（4-13b）、（4-14a）、（4-14b），而是改用以下的公式，這也是第三章討論單一界面之 TM 極化波的反射係數和穿透係數，只是折射率使用這裡界面前後介質的折射率 n_1，n_2，n_3。

$$r_{12}=\frac{n_2\cos\theta_1-n_1\cos\theta_2}{n_2\cos\theta_1+n_1\cos\theta_2}\text{（TM）}\tag{4-15a}$$

$$t_{12}=\frac{2n_1\cos\theta_1}{n_2\cos\theta_1+n_1\cos\theta_2}\text{（TM）}\tag{4-15b}$$

$$r_{23}=-\frac{n_3\cos\theta_2-n_2\cos\theta_3}{n_3\cos\theta_2+n_2\cos\theta_3}\text{（TM）}\tag{4-16a}$$

$$t_{23}=\frac{2n_2\cos\theta_2}{n_3\cos\theta_2+n_2\cos\theta_3}\text{（TM）}\tag{4-16b}$$

範例一：玻璃的折射率為 1.5，載玻璃的厚度為 1.5mm，推算光垂直照射到此載玻璃之反射和穿透特性。

此玻璃置放在空氣中，相當於圖 4-2 的三層介質中，介質 1 和介質 3 為空氣，介質 2 為玻璃，所以$n_1 = n_3 = 1$，$n_2 = 1.5$。在垂直入射下，TE極化光和TM極化光一樣，將此折射率帶入方程式（4-13a）、（4-13b）、（4-14a）、（4-14b）和方程式（4-10）、（4-11），得到以下式子

$$r = \frac{\rho(e^{-2j\phi} - 1)}{1 - \rho^2 e^{-2j\phi}} \tag{4-17}$$

$$t = \frac{(1 - \rho^2)e^{-j\phi}}{1 - \rho^2 e^{-2j\phi}} \tag{4-18}$$

其中$\rho = (n_2 - 1)/(n_2 + 1) = 0.2$，$\phi = \frac{2\pi d}{\lambda} n_2 \cos\theta_2$。反射係數$r$和穿透係數$t$是電場振幅的比例。光強度的比值是由反射率$R$和穿透率$T$表示，$R \equiv |r|^2$，$T \equiv |t|^2$。在$n_1 = n_3$的情形下，$R + T = 1$。

方程式（4-17）的反射係數r和方程式（4-18）中的穿透係數t都是週期性函數，所以反射率R和穿透率T也是週期性函數。R和T是ϕ的函數，而ϕ是波長、玻璃厚度d、和角度θ_2的函數。如果玻璃厚度d和角度θ_2固定的話，R和T就主要是波長的週期性函數，其變化如圖 4-4 所示。對玻璃而言，穿透率T的最大值（T_{max}）為 1，最小值（T_{min}）為 0.85。兩個相鄰的最大值之間距定義為$\Delta\lambda$，$\Delta\lambda$如下

$$\Delta\lambda = \frac{\lambda^2}{2n_2 d} \tag{4-19}$$

反射率R隨波長變化也類似，是一週期性函數，甚至於兩個相鄰的最大值之間距$\Delta\lambda$也如方程式（4-19）所示。但差異是R最大值為

0.15，剛好發生在T最小的位置，而最小值是 0，也恰巧發生在T最大的位置，原因是$R+T=1$。在玻璃厚度為 1.2mm時，前述的間距$\Delta\lambda$僅有 0.7Å，眼睛無法清楚辨識，需特別的光學儀器--光譜儀才能量測。要眼睛能明顯看到此差異，前述的間距$\Delta\lambda$需達數百 Å 以上，則玻璃厚度d需小至數μm 以下。

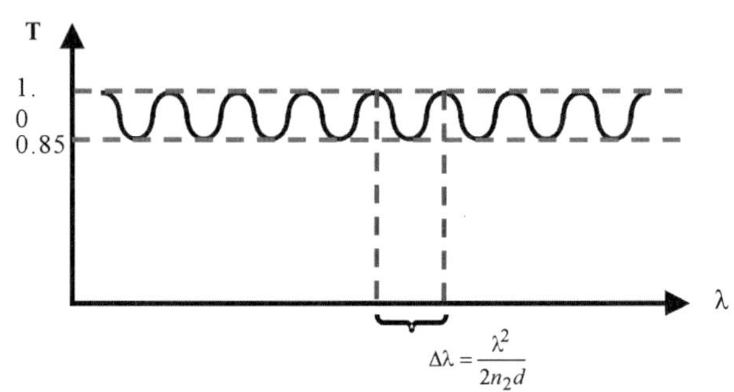

圖 4-4　穿透率T隨波長變化圖，是一週期性函數。

前面例子所計算的反射率R最大值是 15%左右，這比單一界面，同樣是玻璃與空氣之折射率所得到的反射率$R=(n_2-1)^2/(n_2+1)^2=4\%$高不少，但 15%的反射率還是不高。若是中間那層的物質是其他材料，可以有較大的折射率，如$n_2=2.2$，同樣代入方程式（4-17），$\rho=(n_2-1)/(n_2+1)=0.375$，可得反射率$R$最高值是 66%左右，這也是比單一界面，而界面兩邊之折射率分別為 1 和 2.2 的反射率$R=(n_2-1)^2/(n_2+1)^2=14\%$高許多。理論上，增加折射率$n_2$，可以使反射率$R$的最高值更大，但要找到透明材質，且折射率大於 2.2，並不容易，所以要得到更高的反射率，由這樣的兩個界面就不容易了，因此需要以下的做法。

4.3 具多層膜之平面鏡

要達到更高反射的效果，單層膜不易做到，多層膜才有可能，以下將針對多層膜進行仔細的分析。在這個分析中，我們將進行數學處理，每一層膜都可以用一矩陣來表示，串接的多層膜就變成是這些矩陣相乘，其數學運算和第二章的光學元件 *ABCD* 矩陣模型類似，只是代表每一層膜的矩陣元素和光學元件 *ABCD* 矩陣元素不同。

單層膜的矩陣型式如以下之推導，我們先進行垂直入射於薄膜的數學推導，而光波傳播方向設為 z 軸，往下為 $+z$ 方向，所以波向量可寫為 $\vec{k}=k\hat{z}+nk_0\hat{z}$，其中 n 是折射率，$k_0=(2\pi)/\lambda$。根據法拉第定律，在平面波的假設之下，電場和磁場的關係可以如下之表示

$$-j\vec{k}\times\vec{E}=-jw\mu\vec{H} \tag{4-20}$$

將波向量 $\vec{k}=nk_0\hat{z}$ 代入，可以得到電場和磁場的關係為

$\frac{\omega\mu}{k_0}\vec{H}=n\hat{z}\times\vec{E}$，將之重新整理，可得

$$Z_0\vec{H}=n\hat{z}\times\vec{E} \tag{4-21}$$

而 $Z_0=\sqrt{\frac{\mu_0}{\varepsilon_0}}$，稱為真空阻抗。

如圖 4-5 所示，此單層膜是在兩個介質之間，下面的介質折射率

為 n_s，上面的的介質折射率為 n_0，此單層膜本身的折射率為 n_t，位於 z 座標的 $z=Z_1$ 和 $z=Z_2$ 之間。在此，我們進一步把往+z 方向傳播的波加上上標（+），把往 $-z$ 方向傳播的波加上上標（−），如圖 4-5 所示，往+z 方向傳播的電場和磁場分別寫成 E^+ and H^+，請注意往下為+z 方向。另一方面，若場剛好到達界面 $z=Z_1$ 之上方，我們以 $z=Z_1^-$ 表示此位置，所以在 $z<Z_1$ 之區域，往+z 傳播的電場，到達 $z=Z_1$ 之上方，但未穿過此界面，我們表示成 $E^+(Z_1^-)$。同理，在 $z>Z_1$ 之區域，往 $-z$ 傳播的電場，已穿過此界面，到達 $z=Z_1$ 之上方，我們表示成 $E^-(Z_1^-)$。所以在 $z=Z_1$ 之上方，電場總合為 $E^+(Z_1^-)+E^-(Z_1^-)$。若在界面 $z=Z_1$ 之下方，我們以 $z=Z_1^+$ 表示此位置，運用同樣的符號規則，在 $z=Z_1$ 之下方，電場總合將為 $E^+(Z_1^+)+E^-(Z_1^+)$。

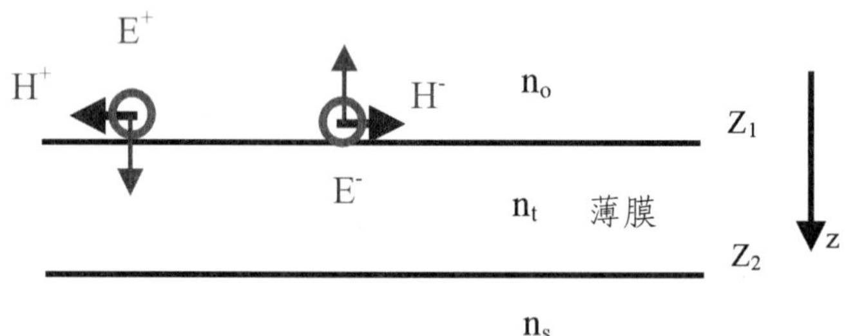

圖 4-5　單層薄膜位於二介質之間，下面的介質折射率為 n_s，上面的的介質折射率為 n_0。

根據邊界條件，電場 E 和磁場 H 的切線方向分量要連續。因為此光波往 z 方向傳播，所以電場 E 和磁場 H 的方向必定在 x-y 平面上，因此其方向與界面平行，也就是切線方向，所以我們得到以下關係式

$$E^+(Z_1^-)+E^-(Z_1^-)=E^+(Z_1^+)+E^-(Z_1^+)=E(Z_1) \qquad (4\text{-}22)$$

而透過方程式（4-21），我們也可以找到磁場 H 在 $z = Z_1$ 的邊界關係式

$$ZoH(Z_1^-) = [E^+(Z_1^-) - E^-(Z_1^-)]\,n_0$$
$$= [E^+(Z_1^+) - E^-(Z_1^+)]\,n_t = Z_oH(Z_1^+) = Z_oH(Z_1) \qquad (4\text{-}23)$$

我們可以運用同樣的推導過程來處理 $z = Z_2$ 的邊界條件，而得到以下的關係式

$$E(Z_2) = E^+(Z_2^-) + E^-(Z_2^-) = E^+(Z_2^+) + E^-(Z_2^+) \qquad (4\text{-}24)$$

$$ZoH(Z_2) = [E^+(Z_2^-) - E^-(Z_2^-)]\,n_t$$
$$= [E^+(Z_2^+) - E^-(Z_2^+)]\,n_s \qquad (4\text{-}25)$$

電場 $E^+(Z_1^+)$ 和 $E^+(Z_2^-)$ 在薄膜中，電場 $E^+(Z_2^-)$ 是 $E^+(Z_1^+)$ 從 $z = Z_1^+$ 傳播到 $z = Z_2^-$，經過一段距離後轉變而成，這兩個電場 $E^+(Z_1^+)$ 和 $E^+(Z_2^-)$ 之間差了一個相位

$$E^+(Z_2^-) = E^+(Z_1^+)\,e^{-j\phi} \qquad (4\text{-}26)$$

其中相位角度

$$\phi = \frac{2\pi}{\lambda} n_t d \qquad (4\text{-}27)$$

而 d 是此薄膜的厚度。

同樣地，電場 $E^-(Z_1^+)$ 是 $E^-(Z_2^-)$ 從 $z = Z_2^-$ 傳播到 $z = Z_1^+$，經過一段

距離後轉變而成，這兩個電場$E^-(Z_1^+)$和$E^-(Z_2^-)$之間也是差了一個相位

$$E^-(Z_2^-) = E^-(Z_1^+)\,e^{j\phi} \tag{4-28}$$

其中相位角度也和方程式（4-27）相同。

將方程式（4-22）、（4-23）、（4-24）、（4-25）、（4-26）和（4-28）放在一起處理，最後我們可以得到以下的矩陣關係式

$$\begin{bmatrix} E(Z_1) \\ Z_0\,H(Z_1) \end{bmatrix} = \begin{bmatrix} \cos\phi & j\sin\phi/n_t \\ jn_t\sin\phi & \cos\phi \end{bmatrix} \begin{bmatrix} E(Z_2) \\ Z_0\,H(Z_2) \end{bmatrix} \tag{4-29}$$

這個關係式表示說，在邊界$z=Z_2$的電場可以透過此矩陣關係，從邊界$z=Z_1$的電場推算得到，而矩陣中的元素主要是和此薄膜的厚度d以及其折射率n_t有關，而和薄膜外的材料毫無關聯，換句話說，此薄膜上下之介質的折射率n_0和n_s對此矩陣沒有影響。此矩陣用專門的符號表示如下

$$M_t = \begin{bmatrix} \cos\phi & j\sin\phi/n_t \\ jn_t\sin\phi & \cos\phi \end{bmatrix} \tag{4-30}$$

以上是針對單層膜，若是雙層膜，第二層膜的特性也可以類推，雙層膜的結構如圖 4-6 所示，此時我們將這兩層薄膜的折射率分別定為n_1和n_2，而薄膜上下之介質的折射率還是n_0和n_s，第一層是在折射率為n_0之介質和第二層薄膜之間，第二層是在第一層薄膜和折射率為n_s之介質之間，其座標關係如圖中所示，同樣地，我們假設往下是$+z$方向。這兩層膜的對應矩陣分別如下

$$\begin{bmatrix} E(Z_1) \\ Z_0 H(Z_1) \end{bmatrix} = \begin{bmatrix} \cos\phi_1 & j\sin\phi_1/n_1 \\ jn_1\sin\phi_1 & \cos\phi_1 \end{bmatrix} \begin{bmatrix} E(Z_2) \\ Z_0 H(Z_2) \end{bmatrix} \tag{4-31}$$

$$\begin{bmatrix} E(Z_2) \\ Z_0 H(Z_2) \end{bmatrix} = \begin{bmatrix} \cos\phi_2 & j\sin\phi_2/n_2 \\ jn_2\sin\phi_2 & \cos\phi_2 \end{bmatrix} \begin{bmatrix} E(Z_3) \\ Z_0 H(Z_3) \end{bmatrix} \tag{4-32}$$

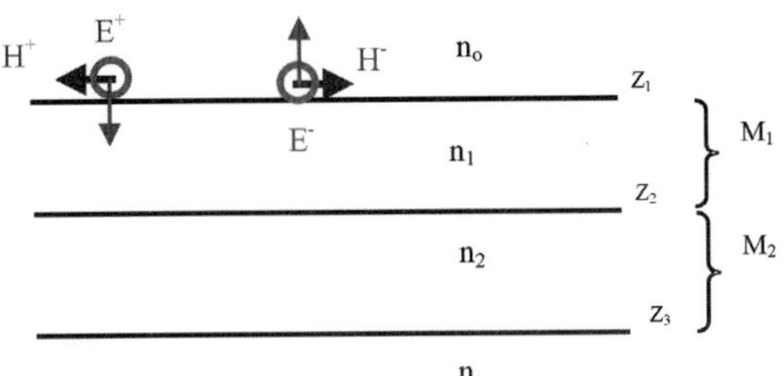

圖 4-6　雙層薄膜位於二介質之間，下面的介質折射率為 n_s，上面的介質折射率為 n_0。

結合這兩層膜的特性，我們得到以下關係

$$\begin{bmatrix} E(Z_1) \\ Z_0 H(Z_1) \end{bmatrix} = M_1 M_2 \begin{bmatrix} E(Z_3) \\ Z_0 H(Z_3) \end{bmatrix} \tag{4-33}$$

其中這兩個矩陣分別如下

$$M_1 = \begin{bmatrix} \cos\phi_1 & j\sin\phi_1/n_1 \\ jn_1\sin\phi_1 & \cos\phi_1 \end{bmatrix} \tag{4-34a}$$

$$M_2 = \begin{bmatrix} \cos\phi_2 & j\sin\phi_2/n_2 \\ jn_2\sin\phi_2 & \cos\phi_2 \end{bmatrix} \tag{4-34b}$$

多層膜也是可以依此類推，假設有 m 層膜，其整體的特性透過類似的數學推導，我們可以得到以下的結果

$$\begin{bmatrix} E(Z_1) \\ Z_0 H(Z_1) \end{bmatrix} = M_1 M_2 M_3 \cdots M_m \begin{bmatrix} E(Z_{m+1}) \\ Z_0 H(Z_{m+1}) \end{bmatrix} \tag{4-35}$$

其中的矩陣型式如下

$$M_i = \begin{bmatrix} \cos\phi_i & j\sin\phi_i/n_i \\ jn_i \sin\phi_i & \cos\phi_i \end{bmatrix} \tag{4-36}$$

i 代表第 i 層薄膜，$i = 1, 2, 3, 4, ..., m$，而相位角度 $\phi_i = \frac{2\pi}{\lambda} n_i d_i$。這些矩陣相乘後，得到一個單一矩陣 M，代表這 m 層膜整體特性的矩陣，稱為多層膜的特徵矩陣

$$M = M_1 M_2 M_3 \cdots M_m = \begin{bmatrix} M_{11} & M_{12} \\ M_{21} & M_{22} \end{bmatrix} \tag{4-37}$$

經由此矩陣，我們可以將光波在多層膜之前的電磁場和之後的電磁場關聯起來

$$\begin{bmatrix} E(Z_1) \\ Z_0 H(Z_1) \end{bmatrix} = M \begin{bmatrix} E(Z_{m+1}) \\ Z_0 H(Z_{m+1}) \end{bmatrix} \tag{4-38}$$

方程式（4-38）還不能直接拿來計算反射係數和穿透係數，因為 $E(Z_1)$ and $H(Z_1)$ 其實是在 $z = Z_1$ 之全部的電磁場，包含有入射波和反射波，真正的入射波之電磁場為 $E^+(Z_1^-)$ 和 $H^+(Z_1^-)$。此入射波之電磁場和全部的電磁場具有以下之關係

$$\begin{bmatrix} E^+(Z_1^-) \\ E^-(Z_1^-) \end{bmatrix} = \begin{bmatrix} \frac{1}{2} & \frac{1}{2n_0} \\ \frac{1}{2} & -\frac{1}{2n_0} \end{bmatrix} \begin{bmatrix} E(Z_1) \\ Z_0 H(Z_1) \end{bmatrix} \tag{4-39}$$

同樣地，在界面 $z = Z_{m+1}$ 處，電磁場 $E^+(Z_{m+1}{}^+)$ 和 $E^-(Z_{m+1}{}^+)$ 以及電磁場 $E(Z_{m+1})$ 和 $H(Z_{m+1})$ 也具有以下之關係

$$\begin{bmatrix} E(Z_{m+1}) \\ Z_0 H(Z_{m+1}) \end{bmatrix} = \begin{bmatrix} 1 & 1 \\ n_s & -n_s \end{bmatrix} \begin{bmatrix} E^+(Z_{m+1}{}^+) \\ E^-(Z_{m+1}{}^+) \end{bmatrix} \tag{4-40}$$

電磁場 $E^+(Z_{m+1}{}^+)$ 和 $E^-(Z_{m+1}{}^+)$ 已經是在折射率為 n_s 的基板介質中了。在此介質之後沒有反射波，所以 $E^-(Z_{m+1}{}^+) = H^-(Z_{m+1}{}^+) = 0$。而整體多層膜的反射效果所呈現的是 $E^-(Z_1^-)$ 對 $E^+(Z_1^-)$ 之比值，而穿透效果是 $E^+(Z_{m+1}{}^+)$ 對 $E^+(Z_1^-)$ 的比值，將前述的矩陣代入計算，我們可以得到此多層膜的反射係數和穿透係數，分別如下

$$r = \frac{E^-(Z_1^-)}{E^+(Z_1^-)} = \frac{n_0 M_{11} + n_0 n_s M_{12} - M_{21} - n_s M_{22}}{n_0 M_{11} + n_0 n_s M_{12} + M_{21} + n_s M_{22}} \tag{4-41}$$

$$t = \frac{E^+(Z_{m+1}{}^+)}{E^+(Z_1^-)} = \frac{2n_0}{n_0 M_{11} + n_0 n_s M_{12} + M_{21} + n_s M_{22}} \tag{4-42}$$

其中 n_s 為多層膜下面的介質折射率 s，n_0 為上面的的介質折射率。而反射率和穿透率為光強度之比值，也和折射率有關，所以

$$R = |r|^2 \tag{4-43}$$

$$T = \frac{n_s}{n_0} |t|^2 \tag{4-44}$$

在實際的多層膜設計中，若每一層膜都不太一樣，則方程式（4-37）的矩陣乘積就不太好算，常用的設計之一是使用兩種介質，交錯疊成多層膜，這兩種介質的折射率一高一低，分別設為n_h和n_l。而這種設計有常用的兩類，一類是每層的厚度為半波長，另一類是每層的厚度為四分之一波長。這裡我們針對四分之一波長來分析，將$\phi = \frac{2\pi}{\lambda} nd$和$d = \frac{\lambda}{4n}$代入方程式（4-36），我們可以得到高折射率之單層和低折射率之單層的對應矩陣，分別是

$$M_h = \begin{bmatrix} 0 & j/n_h \\ jn_h & 0 \end{bmatrix} \tag{4-45a}$$

$$M_l = \begin{bmatrix} 0 & j/n_l \\ jn_l & 0 \end{bmatrix} \tag{4-45b}$$

兩種形成的矩陣對具有以下的合成矩陣特性

$$M_{pair} = \begin{bmatrix} \left(-\frac{n_h}{n_l}\right) & 0 \\ 0 & \left(-\frac{n_l}{n_h}\right) \end{bmatrix} \tag{4-46}$$

N對上述的高折射率和低折射率之介質組成的多層膜，其對應矩陣為

$$M_{N-pair} = \begin{bmatrix} \left(-\frac{n_h}{n_l}\right)^N & 0 \\ 0 & \left(-\frac{n_l}{n_h}\right)^N \end{bmatrix} \tag{4-47}$$

將此矩陣元素代入方程式（4-41）和（4-43），我們可以得到以下的反射係數和反射率

$$r=\frac{n_0\left(-\frac{n_h}{n_l}\right)^N-n_s\left(-\frac{n_l}{n_h}\right)^N}{n_0\left(-\frac{n_h}{n_l}\right)^N+n_s\left(-\frac{n_l}{n_h}\right)^N}=\frac{1-\frac{n_s}{n_0}\left(\frac{n_l}{n_h}\right)^{2N}}{1+\frac{n_s}{n_0}\left(\frac{n_l}{n_h}\right)^{2N}} \tag{4-48a}$$

$$R=\left(\frac{1-\frac{n_s}{n_0}\left(\frac{n_l}{n_h}\right)^{2N}}{1+\frac{n_s}{n_0}\left(\frac{n_l}{n_h}\right)^{2N}}\right)^2 \tag{4-48b}$$

從$\phi=\frac{2\pi}{\lambda}nd$和$d=\frac{\lambda}{4n}$來看，吻合上述公示的只有單一波長，但因為整體變化是逐漸的，所以會有一段波長範圍還相當吻合，其整體的反射特性如以下的圖形所示。

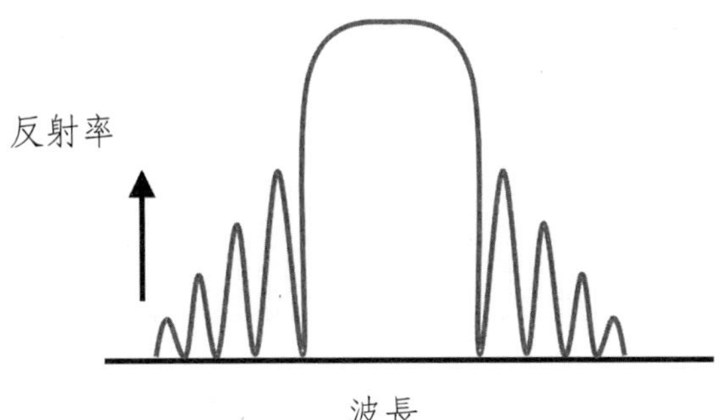

圖 4-7　多層膜的反射率隨波長變化圖

範例二：上述的反射率可以達到多高？

我們舉一簡單例子，如果此多層膜是鍍在玻璃上，則最上層的介質是空氣，$n_0=1$，最下層是玻璃$n_s=1.5$；若高低折射率的介質薄膜對，其折射率分別為$n_h=1.45$，$n_l=1.25$，總共有$N=10$對，則$(n_l/n_h)^{20}=0.0514$，

$$r=\frac{1-1.5\times0.0514}{1+1.5\times0.0514}=0.857$$

$$R = 0.734$$

若總共有 $N = 20$ 對，則$(n_l/n_h)^{40}$=0.00264

$$r = \frac{1 - 1.5 \times 0.00264}{1 + 1.5 \times 0.00264} = 0.992$$

$$R = 0.984$$

若增加到 $N = 30$ 對，則$(n_l/n_h)^{60}$=0.000137

$$r = \frac{1 - 1.5 \times 0.000137}{1 + 1.5 \times 0.000137} = 0.9996$$

$$R = 0.999$$

所以使用此高低折射率的介質薄膜對，在層數很多的情形下，反射率可高達 99.9%，這比大多數的金屬鍍膜還好。

4.4 凹面鏡與凸面鏡

一般的凹面鏡和凸面鏡，其曲率半徑都相當大，亦即彎曲度小，所以就反射率而言，前述的平面鏡鍍膜還是可以運用。而凹面鏡的效果和凸透鏡類似，對光有聚集的效果；凸面鏡則和凹透鏡類似，會將光散開。光線射向凹面鏡或凸面鏡，其路徑也是可由 *ABCD* 矩陣所預測，就如第二章所討論，其 *ABCD* 矩陣如下

$$M=\begin{pmatrix}1 & 0\\ 2/R & 1\end{pmatrix}$$

若是凹面鏡，則$R<0$；若是凸面鏡，則$R>0$。由$ABCD$矩陣，我們也可以看出，其效果相當於具有焦距$f=-R/2$ 的透鏡。而反射的效果可以透過金屬鍍膜或多層膜。

4.5　色散與稜鏡

前面計算界面特性時，我們將介質的折射率簡單設為一個常數，但嚴格說來，介質的折射率會隨波長而改變，這個現象稱之為色散，取不同顏色的光會因為折射率不同而分散開來之意。一般而言，其改變如下圖所示，折射率會隨波長之增加而減少，所以折射率可表示為$n=n(\lambda)$。

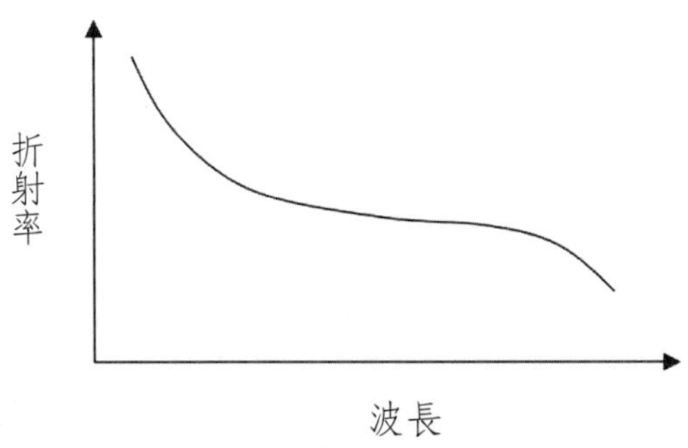

圖 4-8　折射率隨波長之變化特性。

一般玻璃常用的折射率與波長之變化的公示稱為 Sellmeier equation，其式子如下：

$$n^2(\lambda) = 1 + \frac{B_1\lambda^2}{\lambda^2 - C_1} + \frac{B_2\lambda^2}{\lambda^2 - C_2} + \frac{B_3\lambda^2}{\lambda^2 - C_3} \qquad (4\text{-}49)$$

其中之係數 $B_{1,2,3}$ 和 $C_{1,2,3}$ 稱為 Sellmeier 係數，這裡的波長習慣上以μm 為單位。BK7 和 fused silica 是最常用的玻璃之其中兩種，其係數 $B_{1,2,3}$ 和 $C_{1,2,3}$ 如下表：

Coefficient	Value (BK7)	Value (Fused silica)
B_1	1.03961212	0.696166300
B_2	0.231792344	0.407942600
B_3	1.01046945	0.897479400
C_1	$6.00069867 \times 10^{-3}\mu m^2$	$4.67914826 \times 10^{-3}\mu m^2$
C_2	$2.00179144 \times 10^{-2}\mu m^2$	$1.35120631 \times 10^{-2}\mu m^2$
C_3	$1.03560653 \times 10^{2}\mu m^2$	$97.9340025\mu m^2$

其他常用光學玻璃的 Sellmeier 係數可在光學元件製造商的目錄查到，方程式（4-49）的折射率公式在波長 365nm 到 2.3μm 都相當準確，可準到 5×10^{-6}。

因為這樣的特性，光若是非垂直入射於一界面，則不同波長的光，其折射角也將不同，如以下公式所示

$$\frac{d\theta}{d\lambda} = \frac{d\theta}{dn}\frac{dn}{d\lambda} \qquad (4\text{-}50)$$

一般的三角稜鏡常被用來做為分光的效果，其原理就如前面所說明，而光經過此三角稜鏡的情形如圖 4-10 所顯示。因為短波長的折射率較大，因此藍光的偏折角度會比紅光大。

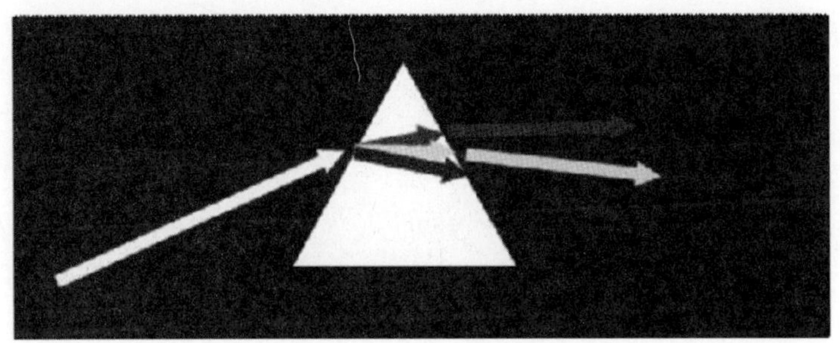

圖 4-10　光經過三角稜鏡的情形。

前面所討論的稜鏡稱為色散稜鏡。色散稜鏡的運用之一就是做為光譜儀，用來將不同色光分開來。我們可以稍為詳細分析色散稜鏡之分光效果，如圖 4-11 所示，假設此稜鏡的頂角為 β，光由稜鏡左邊的邊入射，入射角為 θ_1，穿過左邊的邊之後，折射角為 θ_1'，之後傳播至稜鏡右邊，此時碰到右邊邊界，穿出稜鏡，到另一邊的空氣。在右邊邊界這裡的入射角為 θ_2，折射角為 θ_2'，從一開始的入射線到最後射出稜鏡的折射線，兩者的角度差異為 δ。

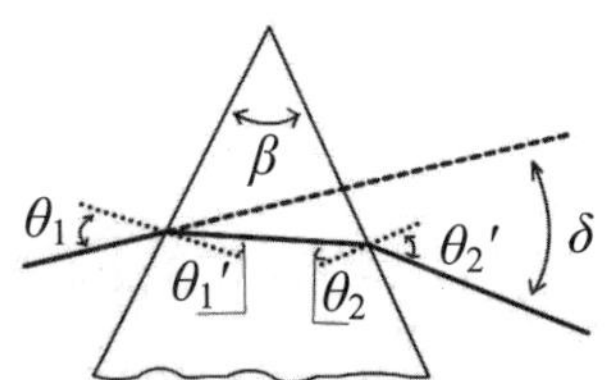

圖 4-11　光穿過稜鏡的路線變化圖

從三角幾何，我們有以下的關係式

$$\delta = \theta_1 - \beta + \theta_2$$

$$\beta = \theta_1' + \theta_2$$

而根據折射定律，我們有以下的關係式

$$n\sin\theta_1' = \sin\theta_1$$

$$\begin{aligned} n\sin\theta_2' = n\sin\theta_2 = n\sin(\beta-\theta_1') &= n(\sin\beta\cos\theta_1' - \cos\beta\sin\theta_1') \\ &= (n^2-\sin^2\theta_1)^{1/2}\sin\beta - \cos\beta\sin\theta_1 \end{aligned}$$

所以

$$\frac{d\delta}{d\lambda} = \frac{d\theta_2'}{d\lambda} = \frac{d\theta_2'}{dn}\frac{dn}{d\lambda} = \frac{1}{\cos\theta_2'}\frac{n\sin\beta}{(n^2-\sin^2\theta_1)^{1/2}}\frac{dn}{d\lambda} \qquad (4\text{-}51)$$

範例三：舉一實例來看，若此稜鏡的邊剛好形成正三角形，而光入射到此稜鏡的入射角等於最後穿出的折射角，則此稜鏡之分光效果如何？

由 $\beta=\theta_1'+\theta_2$，在此範例中，$\beta=60°$，而入射角（θ_1）等於最後折射角（θ_2'），所以 $\theta_1=\theta_2'$，則 $\theta_1'=\theta_2=30°$，因此我們得到

$$\frac{d\delta}{d\lambda} = \frac{\sqrt{3}}{2\cos\theta_1}\frac{n}{(n-\sin^2\theta_1)^{1/2}}\frac{dn}{d\lambda}$$

以 BK7 為例，光譜波長在 400nm 之折射率約為 $n=1.53$，則 $n\sin\theta_1'=\sin\theta_1=0.765$，$\cos\theta_1=0.644$，所以得到

$$\frac{d\delta}{d\lambda} = \frac{\sqrt{3}}{2\cos\theta_1}\frac{n}{(n^2-\sin^2\theta_1)^{1/2}}\frac{dn}{d\lambda} = 1.55\frac{dn}{d\lambda} \approx 1.55\frac{\Delta n}{\Delta\lambda}$$

對 BK7 玻璃而言，波長 400nm 之折射率約為 1.53，波長 425nm 之折射率約為 1.527，所以 $\frac{d\delta}{d\lambda} \approx 1.55\frac{\Delta n}{\Delta\lambda} = 1.2\times10^{-4}(\text{nm}^{-1}) = 0.00688$（度/nm）。

運用此特性的光譜儀稱為稜鏡光譜儀，其架構如圖 4-12 所示，在右邊的偵測螢幕或感光底片上，不同波長的間距為 $Ld\delta$，L 為稜鏡到偵測螢幕或感光底片的距離。$Ld\delta \approx L \times 1.2 \times 10^{-4}\,\delta\lambda$。若 $L = 50\text{cm}$，而偵測螢幕或感光底片的空間解析度為 50μm

$$50 = 50 \times 10^4 \times 1.2 \times 10^{-4}\,\delta\lambda$$

則　光譜解析度 $\delta\lambda \approx 0.833\text{nm} \approx 8.33\text{Å}$。

這樣的光譜解析度在二十世紀初算是不錯了，但現在的技術可以做到比這樣的解析度好許多，其中的一個是運用光柵，我們將在後面的章節討論。

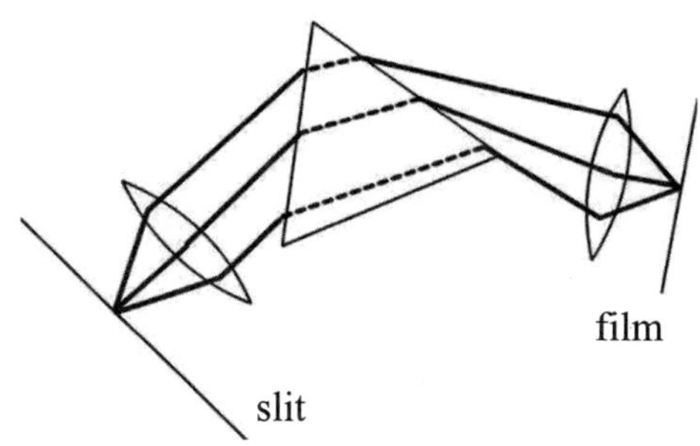

圖 4-12　稜鏡光譜儀之架構。

除了色散稜鏡，還有反射稜鏡和極化稜鏡。

反射稜鏡包括有等腰直角稜鏡（Isosceles right triangular prism）、五角稜鏡（pentaprism）、阿米西屋頂稜鏡（Amici roof prism）、普羅稜鏡（Porro prism）、普羅-阿貝稜鏡（Porro-Abbe prism）、阿貝-柯尼稜鏡（Abbe-Koenig prism）、施密特-別漢稜鏡（Schmidt-Pechan prism）、長菱形稜鏡（Rhomboidal prism）、鴿尾稜鏡（Dove prism）、分色稜鏡（Dichroic prism）、投影描繪器（camera lucida）。它們的功用分別如以下的圖示。

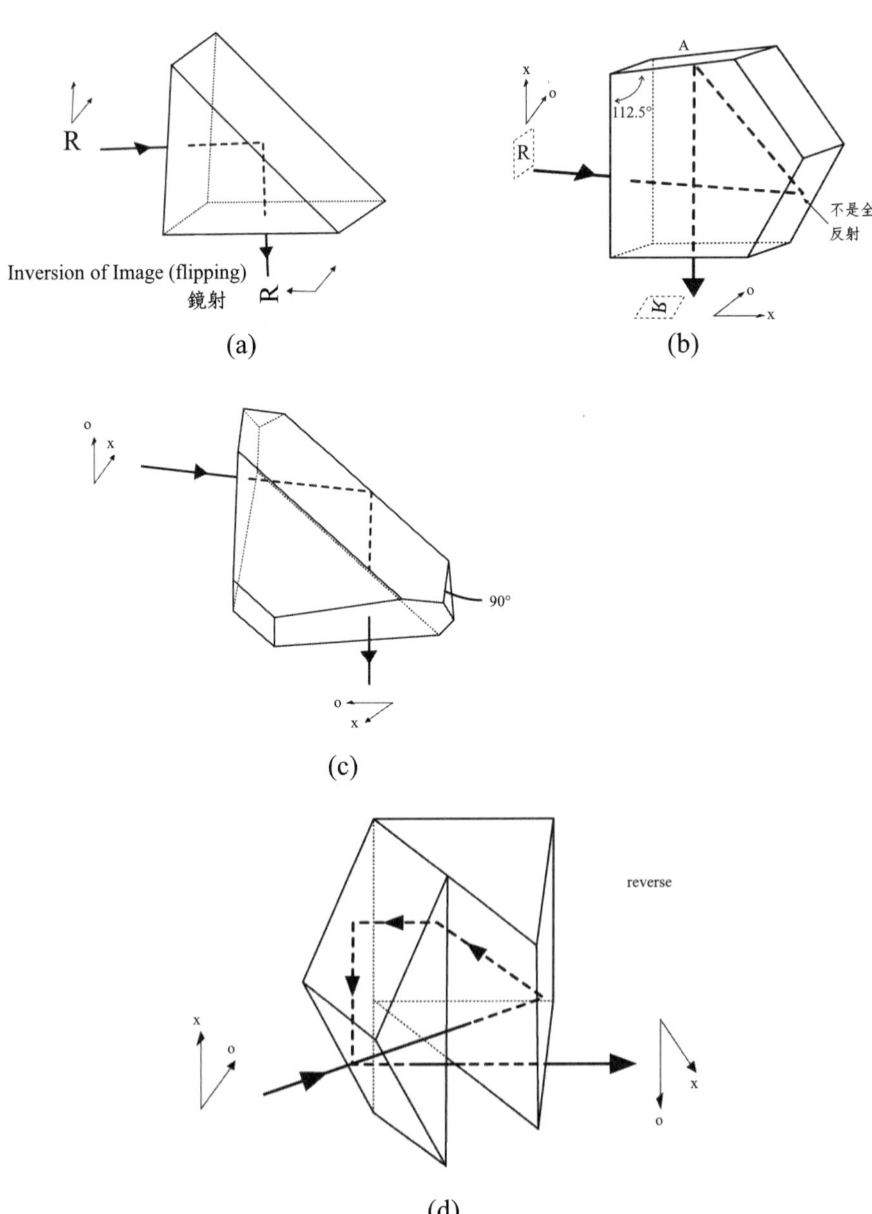

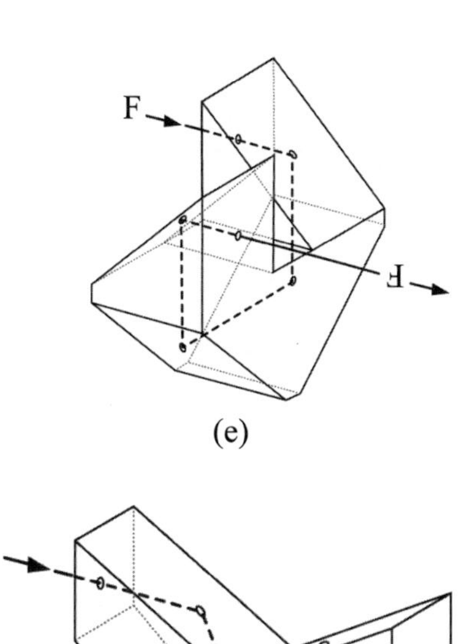

(e)

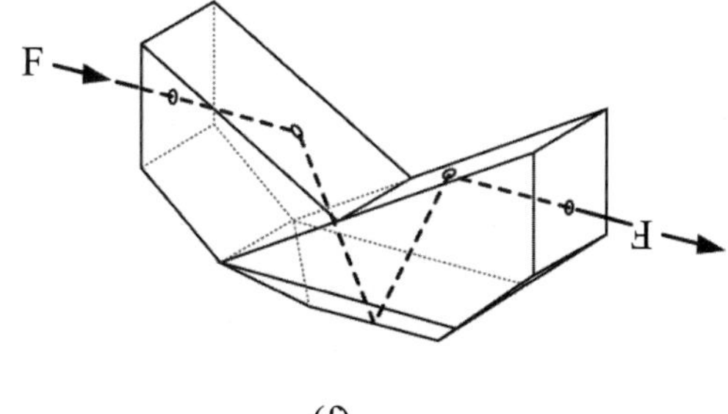

(f)

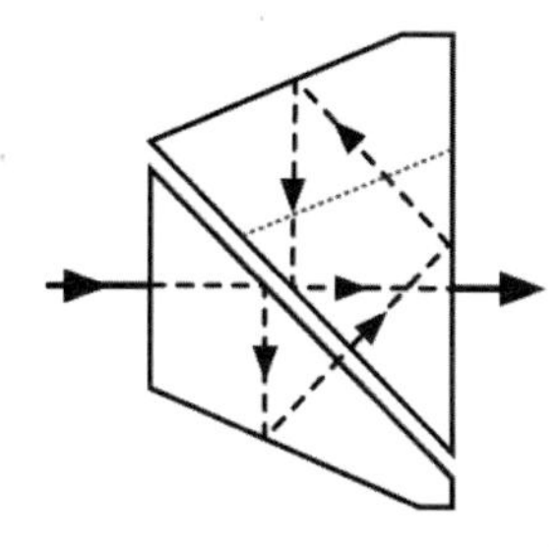

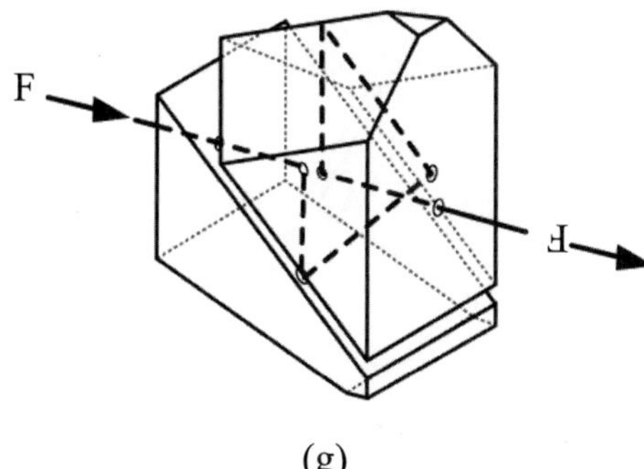

(g)

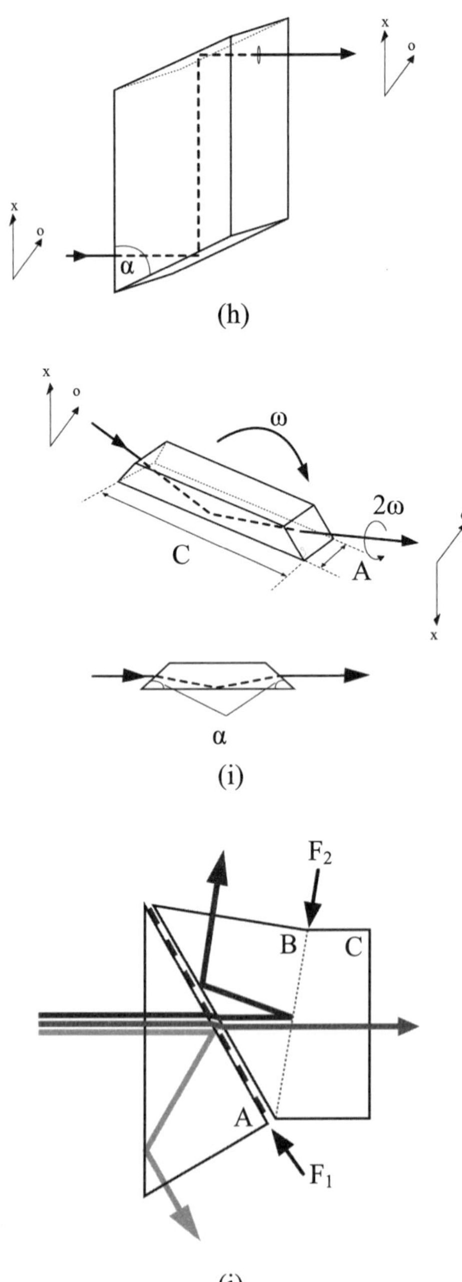
x
o
α
x
o
ω
2ω
C
A
o
x
α
F2
B
C
A
F1

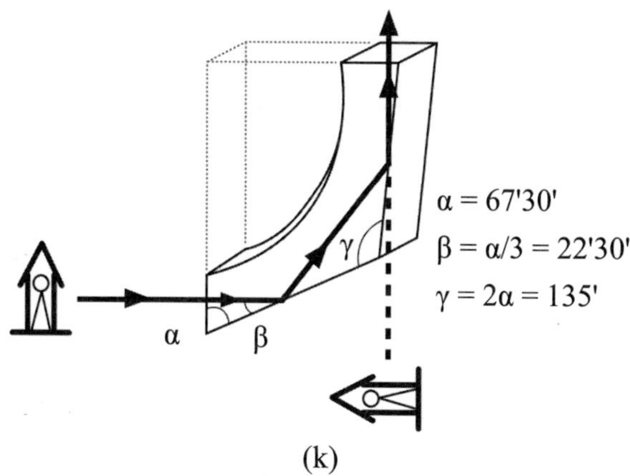

(k)

圖 4-13 反射稜鏡的種類：(a)等腰直角稜鏡（Isosceles right triangular prism）；(b)五角稜鏡（pentaprism）；(c)阿米西屋頂稜鏡（Amici roof prism）；(d)普羅稜鏡（Porro prism）；(e)普羅-阿貝稜鏡（Porro-Abbe prism）；(f)阿貝-柯尼稜鏡（Abbe-Koenig prism）；(g)施密特-別漢稜鏡（Schmidt-Pechan prism）；(h)長菱形稜鏡（Rhomboidal prism）；(i)鴿尾稜鏡（Dove prism）；(j)分色稜鏡（Dichroic prism）；(k) 投影描繪器（camera lucida）。

這些反射稜鏡在過去的光學系統中，算是常用的元件，現在也會用到，但是在 CCD 或 CMOS 影像晶片以及螢幕普及後，以前常用來改變影像位置的反射稜鏡已不是那麼必要，因為將光學影像轉為電子訊號，之後用訊號傳輸線，將訊號傳到螢幕就可以看到影像，不受位置之影響。但其中的分色稜鏡在目前的數位相機或投影機反而變得更普遍，實際做法可能有一些差異，但主要的目的是將入射光分為紅綠藍，分別傳到處理各單色光的影像晶片，或是將各別色光的影像匯集起來，投影出去而成為彩色影像。

極化稜鏡可以將光的兩個極化分開，通常需要使用雙折射材料，其概念如圖 4-14 所示。光在非垂直於界面方向入射，進入雙折射材料後分成兩道不同方向的光，其中一道到了中間的空氣隙時，因為入射角大於全反射角，所以就被反射，另一道則是以布魯斯特角（Brewster angle）射入空氣隙，所以就穿透過去，於是這兩個極化光就被分成兩道，在稜鏡不同的邊射出。

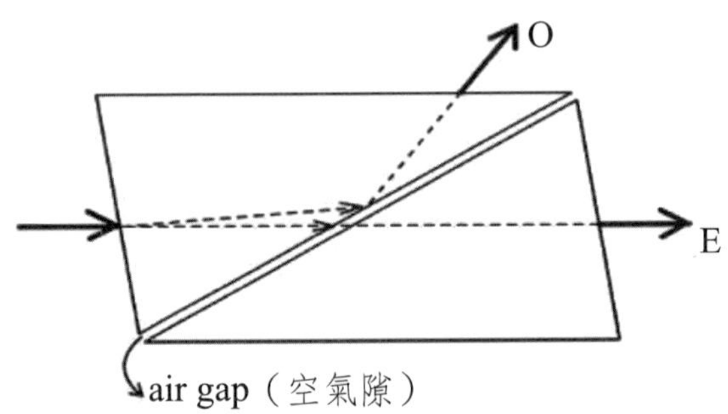

圖 4-14　光進入極化稜鏡的路徑圖。

4.6　抗反射鍍膜

許多光學元件大多是某一界面設計成所需的特性，以達成某種光學效果，但光學元件卻還有其他的邊是空氣和內部材料（如玻璃）的界面，這些界面不具有特別的功用。可是，這個邊若沒有特別處理，空氣和內部材料（如玻璃）的折射率不同，就會有反射，反射的光可能干擾光學元件的原本功用，所以常運用抗反射鍍膜消除此反射現象。

如何達到抗反射的效果？做法就是在光學元件的表面鍍上一層膜，根據方程式（4-10），讓反射係數成為 0

$$r = \frac{r_{12} + r_{23}\,e^{-2j\phi}}{1 + r_{12}\,r_{23}\,e^{-2j\phi}} = 0 \tag{4-52}$$

這就相當於 $r_{12}+r_{23}\,e^{-2j\phi}=0$，要達到這種條件，必須

$$e^{-2j\phi} = -1 \tag{4-53}$$

$$r_{12} = r_{23} \tag{4-54}$$

在垂直入射之下，方程式（4-53）和（4-54）將會得到此膜之厚度和折射率的條件如下

$$d = \frac{\lambda}{n_2}\left(\frac{m}{2} + \frac{1}{4}\right) \tag{4-55}$$

$$n_2 = \sqrt{n_1\,n_3} \tag{4-56}$$

其中的 $m=0, 1, 2, ...$。折射率必須是如方程式（4-56）的要求，而最小的厚度如方程式（4-55）所述，為四分之一波長。其反射率隨相位或厚度變化的情形如下圖所示。

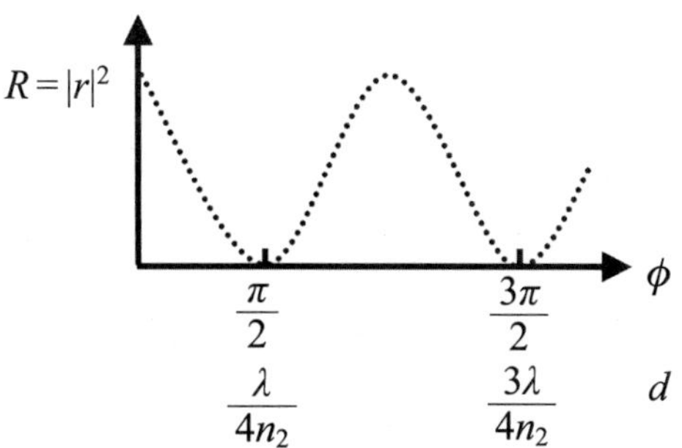

圖 4-14　反射率隨相位或厚度變化的情形，抗反射鍍膜的折射率 $n_2=\sqrt{n_1\,n_3}$。

4.7 分光鏡

分光鏡是將光分成兩道，如 4-5 節的分光稜鏡就是其中一種。分光鏡可以簡單分成兩類，一類是極化分光鏡，如圖 4-15 所示。極化分光鏡可透過使用雙折射材料，或是透過光學鍍膜，在非垂直入射時，TE 波和 TM 波的反射和穿透比例不同，所以可以達到其中之一反射，另一個穿透的情形。

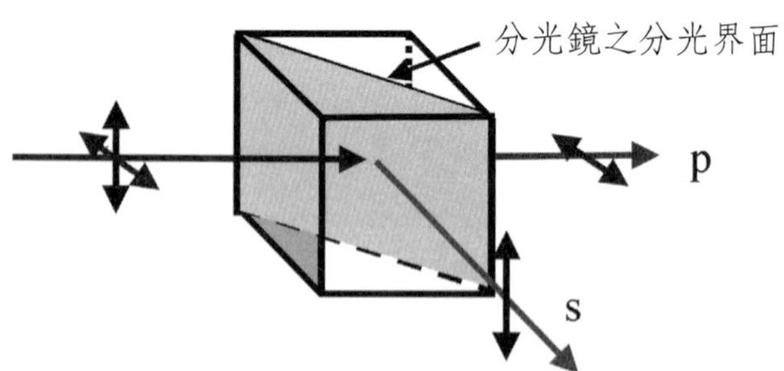

圖 4-15　極化分光鏡將 p 極化和 s 極化的光分開。

另一種是非極化分光鏡，如圖 4-16 所示。透過兩個玻璃間的空隙寬度和夾在空隙內的介電材料之折射率，可以設計穿透和反射的比例。常用的比例有 50/50、40/60、30/70、20/80、10/90 等。

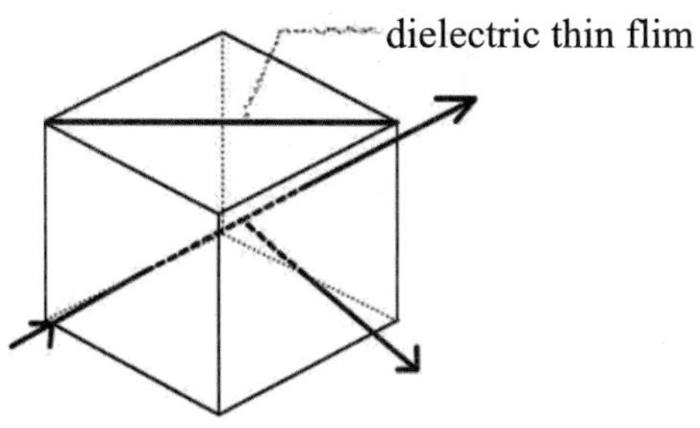

圖 4-16　非極化分光鏡。

4.8　光柵

另一項重要的光學元件是光柵，其工作原理和前述的元件頗為不同，而此光學元件的表面更是大為不同。前面的光學元件通常具有平滑的表面，即使是曲面，也是和緩的變化，但光柵的表面則是具有極微小的週期性變化，此週期小到與光波的波長相當。圖 4-17 顯示光柵表面高低變化的示意圖。因為此表面具有極微小的高低變化，就微觀的角度來看，當光照到光柵表面時，將被反射到很多方向。圖中所示為在兩個週期內的入射和反射特性。其中，橘線代表入射光，紅、藍、粉紅分別代表射到不同方向的反射光。

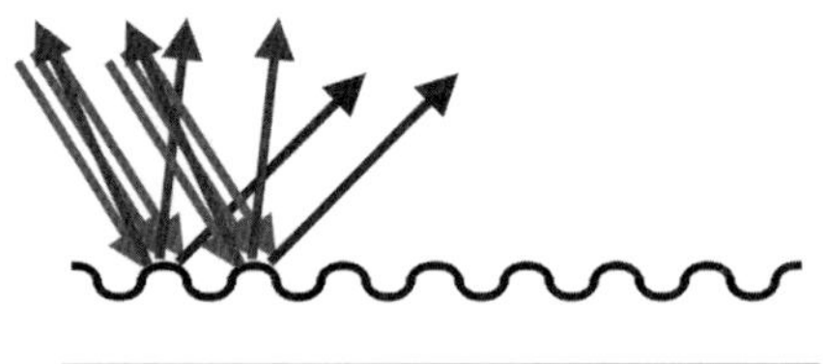

圖 4-17　光柵表面高低變化的示意圖，以及當光照到光柵表面時，將被反射到很多方向。

這些不同反射光線所行經的光學路徑長度並不相同，如圖 4-18 所示，我們想像光線 1 由第一個週期所反射，光線 2 由第二個週期所反射。為了方便分析，以及在巨觀的觀點處理光柵，我們再假設一個虛擬的平面，如圖 4-18 所示的藍色虛線，代表著巨觀下之光柵的表面。定義出此巨觀的平面後，我們就可以接著定義入射角。如圖 4-18 所示，入射角 θ_i 是入射光線和前述巨觀平面的法線之間的夾角。而繞射角 θ_r 則是反射光線和法線之間的夾角，因為光柵的表面不平，所以反射線和之前的平面反射線不同，所以 θ_r 不見得等於 θ_i。而此繞射角 θ_r 到底是多少呢？以下我們將進行分析。

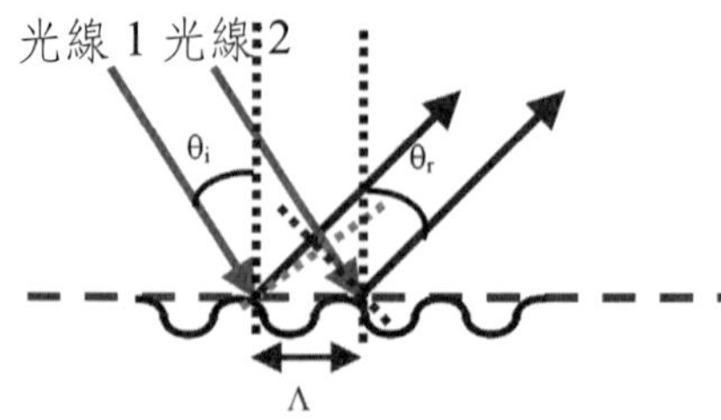

圖 4-18　入射光被光柵的兩個週期反射，入射光路徑和反射光路徑之關係。

我們進一步把入射光和反射光分解成兩個圖，如圖 4-19 所示。在

圖 4-19(a)中，入射光之光線 1 的前端波前到達第一個週期時，處於相同相位之光線 2 的波前尚未到達第二個週期，此波前由橘色虛線所標示；光線 2 的波前還需走一段距離才會到達第二個週期，利用三角幾何關係，我們可以算出此距離為$\Lambda\sin\theta_i$，其中Λ為光柵之週期。同樣地，光線 1 比光線 2 提前離開光柵，此距離差距為$\Lambda\sin\theta_r$。反射光之光線 1 和光線 2 處於同一相位之波前以紅色虛線表示，如圖 4-19(b)所示。

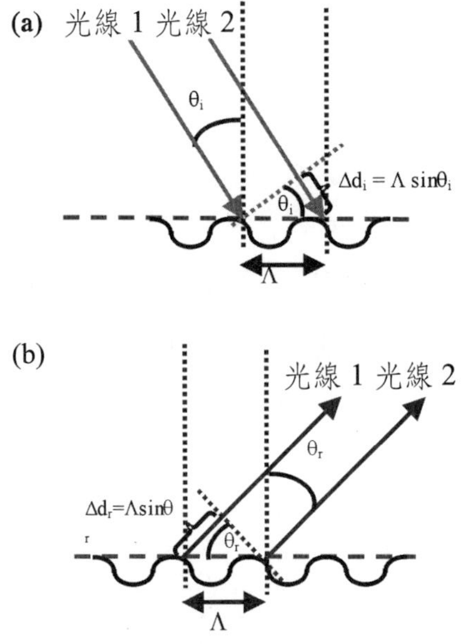

圖 4-19　路徑差之示意圖：(a)入射光；(b)反射光。

所以入射光和反射光的光線 1 和光線 2 之全部路徑差距總和Δ為

$$\Delta = \Lambda\sin\theta_r - \Lambda\sin\theta_i \qquad (4\text{-}55)$$

前面的討論為只考慮第一個週期和第二個週期的反射光，若將光柵的所有週期都列入考慮，要有建設性干涉，則方程式（4-55）的路徑差距總和Δ必須為波長的整數倍，這樣任意相鄰的兩個週期的反射光之相位才會有 2π 的相位差。假如任意相鄰的兩個週期的反射光不是 2π 的相位差，那麼所有週期的反射光將會彼此抵消，而無法形成建設性干涉。因此我們可以得到以下的光柵繞射條件

$$\sin\theta_r = \sin\theta_i + m\frac{\lambda}{\Lambda} \tag{4-56}$$

其中 m 是整數，θ_r 是繞射角，代表在此繞射角才有可能看到較強的繞射光。

方程式（4-56）的整數 m 若為 0，此繞射角等於入射角，相當於平面的反射角，稱為第 0 次繞射；若 $m=1$，則此繞射光稱為第 1 次繞射，若 $m=-1$，則此繞射光稱為第 −1 次繞射，其他次繞射也可依此類推，這些不同次的繞射光之方向如圖 4-20 所示。

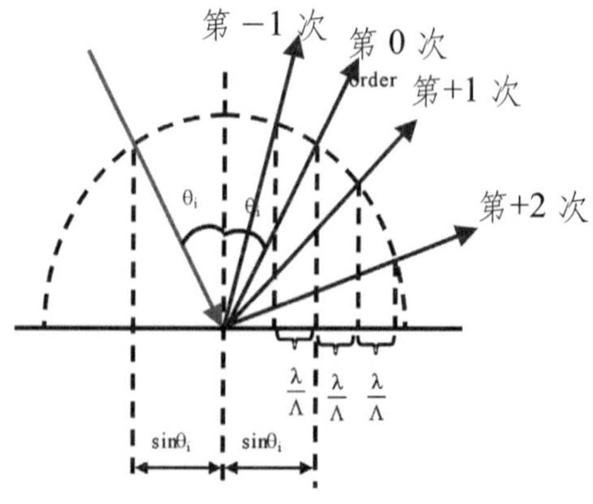

圖 4-20　光柵繞射光之方向。

在 $m \neq 0$ 的情形下，方程式（4-56）告訴我們，繞射角和波長有關，波長越長，其繞射方向越偏離第 0 次繞射，如圖 4-21 所示，紅色光的波長最長，所以其繞射角越大，越偏離第 0 次繞射的方向。另一方面，方程式（4-56）也告訴我們，光柵Λ的週期越小，其造成的繞射效果越明顯。

圖 4-21　光柵對由紅、綠、藍三顏色組成白光的繞射效果：第 0 次的繞射方向沒有分光效果，所以顯現的還是白色；第 1 次和第 −1 次都有分光效果，所以將紅、綠、藍三顏色分離出來。

光柵的分光效果比之前討論的稜鏡還要好，尤其是在光柵Λ的週期很小的時候。

範例四　在什麼條件下，光柵不存在有第+2 次或更高次的繞射光？

如方程式（4-56）所述，在 $\sin\theta_i + 2\frac{\lambda}{\Lambda} > 1$ 時，繞射角將會無解，所以在 $\frac{\lambda}{\Lambda} > \frac{1}{2}(1 - \sin\theta_i)$時，也就是$\Lambda < \frac{2\lambda}{1 - \sin\theta_i}$的條件下，沒有第+2 次或更高次的繞射光。

習題

1.柱狀透鏡和球面透鏡有何差異？

2.在玻璃上鍍上單層膜，其反射率能否達到 95%？為什麼？

3.使用兩種介質，交錯疊成多層膜，這兩種介質的折射率一高一低，分別設為n_h和n_l，若每層厚度是四分之一波長，最上層的介質是空氣，$n_0 = 1$，最下層是玻璃 $n_s = 1.5$；若高低折射率的介質薄膜對，其折射率分別為$n_h = 1.5$， $n_l = 1.3$，則需要鍍上幾對這樣的多層膜，其反射率才能達到 95%？

4.接上題，若n_h 和n_l的順序鍍反了，則將變成什麼結果？

5.針對波長 1.55μm 在單層膜的抗反射鍍膜，若要鍍在矽基板上以達成反射接近零，則此層的厚度和折射率分別為多少？ 設矽基板折射率=3.6。

6.接上題，若因為材料的選擇，沒有辦法找到$n_d = 1.897$ 的鍍膜材料，而找到 1.887 的鍍膜材料，則應該鍍多厚可以使得反射率最小？

7.有一光柵，其每 mm 有 1200 條，若光垂直射向光柵，則綠色光（530nm）和紅色光（650nm）被分開的角度多少？

8.同上，若是光柵上每 mm 有 600 條，則會是如何？

第 5 章

發光原理與光源

1 量子物理

2 量子物理觀點下的光與物質之交互作用

3 發光原理

4 光源種類和其對應的發光機制

前面談過的光學特性和光學元件，雖然包含了光和物質的交互作用，但此作用在巨觀下是透過折射率來呈現。另一方面，我們若仔細思考這些光學元件的共同特性，我們會發現，這些元件和光之間沒有能量的交換，也就是說，有多少光的能量進入光學元件，就會有多少能量的光離開該光學元件。

在這一章當中，我們將處理光和物質之交互作用的另一個重要特性，亦即光和物質之間具有能量交換。我們將分析物質可以吸收光的原因，以及在某些情況下，物質也會放出光，並討論數種光源的發光原理，接著在下一章繼續討論在照明方面日益被看好的發光二極體（Light Emitting Diode，LED）。

5.1 量子物理

瞭解物質特性的一個重要進展是量子物理。量子物理包含了幾個和古典物理不同的重要特性，分別是

1.光可以看成是光子，若此光子對應的頻率是v，則其能量大小等於hv，所以光子能量是不連續的，其中h是普朗克常數。

2.物質和光類似，具有粒子和波動的雙重性，物質的波動稱為物質波。但物質波的波長通常很短，只有幾個埃（Å），所以一般很難觀察到其波動特性。

3.一個物質系統的能量常是不連續的，也就是所謂的量子化，這些不連續的能量稱為能階，這可以由薛丁格方程式計算得到。

就光是光子的觀點而言，假如光的總能量是 10eV，則可能是由十個光子組合而成，每一個光子的能量是 1eV；也可能是兩個光子組合而成，每一個光子的能量是 5eV；或是一個光子，其能量是 10eV；但不可能是半個 20eV 的光子，也不會是二又二分之一個 4eV 的光子組合而成，雖然數學上這是可以的，但光子觀點的物理認為這樣不行。此光子觀點對發生能量交換之光與物質的交互作用非常重要。

而處理粒子的薛丁格方程式可以看成是量子物理的基本原理，相當於馬克士威方程式可以當做是光或電磁波的基本原理那樣。當一個粒子在某個位能的系統中，其對應之薛丁格方程式的數學型式如下

$$-\frac{\hbar^2}{2m}\nabla^2\Psi(\vec{r}) + V(\vec{r})\Psi(\vec{r}) = E\Psi(\vec{r}) \qquad (5\text{-}1)$$

其中 m 是該粒子的質量，$V(\vec{r})$是此粒子所感受到的位能，$\Psi(\vec{r})$是其物質波，E 就是此粒子的總能量，$\hbar=\frac{h}{2\pi}$。所以透過方程式（5-1），我們可以算出該粒子的物質波函數，以及其對應的能量。

假如粒子被侷限在某個位能當中，由其方程式（5-1）計算出來的能量通常是不連續的，也就是說，會形成能階。舉例來說，氫原子中的電子，其位能是 $V(\vec{r})=-\frac{e^2}{4\pi\varepsilon_0 r}$，帶入方程式（5-1），可以解得能量如下

$$E_n = -\frac{13.6}{n^2}\,(\text{eV}) \qquad (5\text{-}2)$$

其中 n 是正整數，eV 為能量單位，$1\text{eV}=1.6\times10^{-19}$ 焦耳（joule）。

因為n是正整數，所以此能量不連續，如圖 5-1 所示，最低能量的能階稱為基態（ground state），電子的能量只能對應於這些能階的大小，不能落於能階之間。當電子位於基態的能階時，它不能往更低的能階躍遷，所以最穩定。當電子位於基態以外的能階時，它可能往更低的能階躍遷，在躍遷時，釋放出一對應的能量。例如，若氫原子的電子從$n=2$ 的能階（E_2）躍遷到$n=1$ 的能階（E_1）時，會釋放出能量$\Delta E=E_2-E_1=\left(13.6-\frac{13.6}{2^2}\right)\text{eV}=10.2\text{eV}$；若氫原子的電子從$n=3$ 的能階（E_3）躍遷到$n=2$ 的能階（E_2）時，會釋放出能量$\Delta E=E_3-E_2=\left(\frac{13.6}{2^2}-\frac{13.6}{3^2}\right)\text{eV}=1.89\text{eV}$。

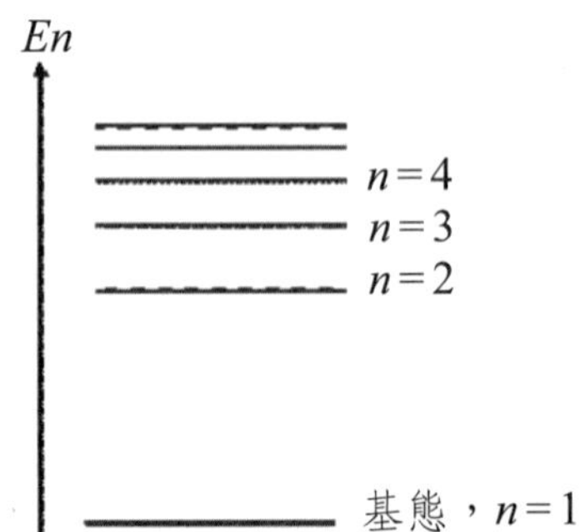

圖 5-1　氫原子能階之示意圖，紅線是各能階的能量位置。

電子除了可以從較高能量的能階往較低的能階躍遷以外，也可以從較低能量的能階往較高的能階躍遷，但在這樣的過程，必須由外界提供能量給電子，也就是說，電子必須吸收某個數值的能量，其大小也是等於兩個能階之間的能量差，例如，若氫原子的電子從$n=1$ 的能階（E_1）躍遷到$n=2$ 的能階（E_2）時，要吸收此能量ΔE，$\Delta E=E_2-E_1=\left(13.6-\frac{13.6}{2^2}\right)\text{eV}=10.2\text{eV}$；同樣地，若氫原子的電子從$n=2$ 的能階（E_2）躍遷到 $n=3$ 的能階（E_3）時，要吸收此能量 ΔE，$\Delta E=E_3-E_2=\left(\frac{13.6}{2^2}-\frac{13.6}{3^2}\right)\text{eV}=1.89\text{eV}$。這些躍遷的情形如圖 5-2 所示，藍色線代表從較高能量的能階往較低的能階躍遷，紅色線代表從較低能量的能階往較高的能階躍遷。

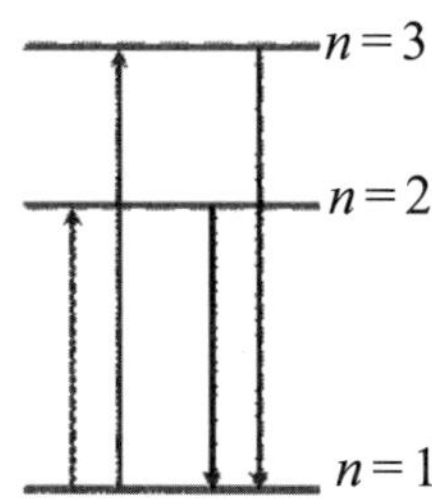

圖 5-2　電子在不同能階之間躍遷的情形之示意圖。

5.2　量子物理觀點下的光與物質之交互作用

前面的能階躍遷情形代表著，電子和外界進行著能量的交換，可以吸收外界的能量，讓電子躍遷到高能階，或是電子放出能量，躍遷到低能階。而電子吸收或釋放出的能量會是什麼形式呢？可以有很多種，例如和其他電子交換能量，或和附近的原子或晶格交換能量，改變原子或晶格的振盪，而以熱能呈現，也可以直接轉為光的形式，在這裡我們特別要討論這種和光有關的反應。而在與電子能階躍遷的作用當中，光是以光子的特性呈現，也就是說，光之能量如前面所說，以 $h\nu$ 為單位。因此，當一個電子從 $n=2$ 的能階（E_2）躍遷到 $n=1$ 的能階（E_1）可以放出一個光子，此光子能量 $h\nu=\Delta E=E_2-E_1$；若是電子從$n=3$ 的能階（E_3）躍遷到$n=2$ 的能階（E_2），也可以放出光子，而光子能量$h\nu=\Delta E=E_3-E_2$。也可以反過來，一個具有能量$h\nu=E_2-E_1$的光子被電子吸收以後，讓電子從從$n=1$的能階（E_1）躍遷到$n=2$ 的能階（E_2）；或是一個具有能量$h\nu=E_3-E_2$的光子被電子吸收以後，讓電子從從$n=2$的能階（E_2）躍遷到$n=3$的能階（E_3）。這種光子與電子的作用如圖 5-3 所示。

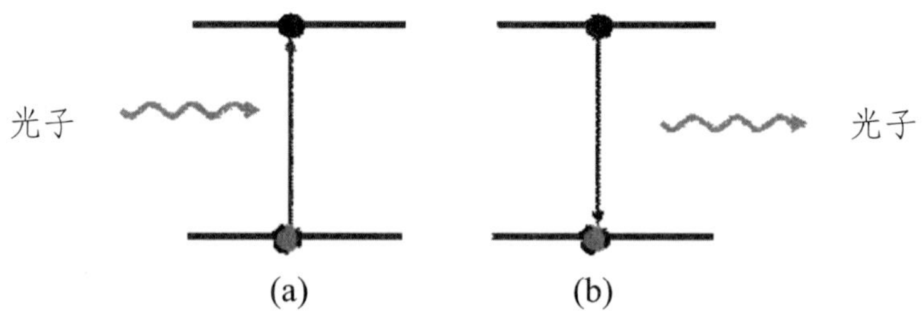

圖 5-3　光子與電子的作用示意圖：(a)光子被電子吸收，使得電子從低能階躍遷至高能階；(b)電子從高能階躍遷至低能階，釋放出一個光子。

當兩個能階的能量差異很大時，電子或粒子在兩個能階間進行躍遷時，其吸收或放出之光的頻率會很大，波長會很短。例如，在原子核內部，核內粒子之能階的能量差異很大，所以核反應放出的光為γ-ray，其波長範圍在 0.0005-0.1nm之間；原子序很大的原子（如銅、金等），內層電子軌域之能階和外層電子軌域能階差異也很大，所以若是電子掉進內層電子軌域，將放出X光，其波長範圍在 0.01-10nm 之間。一般外層電子軌域的能階差異較為普通，這也是大多數分子原子間進行化學反應時牽涉到的能量，其對應的波長範圍在 100-3000nm之間；除此之外，分子內的原子還有振動能階，分子也會有轉動，所以有轉動能階，這些能階間的能量差異小很多，因此波長跟著變長，振動能階間的躍遷對應之波長在 2-20μm 之間，轉動能階間的躍遷所對應之波長在 0.1-10mm 之間。

前面的討論只針對兩個能階，所以其對應的光子能量也會是固定大小，而光會有單一頻率。然而，一般而言，物質是由許多原子所組成，因此其整體的位能 $V(\vec{r})$不像氫原子那麼簡單，於是透過薛丁格方程式（5-1）解得的能階也會變得較複雜，但對於多原子材料（如大的分子和固體）而言，能階總數會多，且常會相當密集，此時電子從高能階到低能階常會包含著一組能階，所以其對應的光子能量和頻率就不會是單一的，因此物質對光的吸收常是許多波長，放光也常是許多波長同時發生。

5.3 發光原理

5.3.1 量子物理的電子特性

從前述的這個觀點來看，發光原理就相當簡單了，也就是說，當電子在高能階時，就可能躍遷到低能階而發出相對應之頻率或波長的光，而關鍵點就在於電子必須在高能階，而且某些低能階沒有電子，所以這些高能階的電子可以躍遷到沒有被電子佔據的低能階。於是就可以推衍至下面的問題：電子如何能一開始就在高能階？以及何以低能階沒有被電子佔據？

要瞭解和回答前面的問題，還要瞭解量子物理的另外兩個重要觀點，一個是電子要遵守包立不相容原理，另一個是各個能階被電子佔據的機率要遵循費米-迪拉克統計分佈。

電子要遵守包立不相容原理的物理意義是什麼？就是在同一個系統中，不同的電子永遠無法佔據同一量子態，此量子態也包含了電子的自旋。而電子的自旋只有兩種可能，即自旋角動量朝上或朝下。在精確的計算中，若位能包含了電子和電子間的庫倫作用力，以及電子旋轉（含繞著原子核的公轉以及自旋）之對應磁場的作用力等，則薛丁格方程式解出來的能階很少會有相同的能量，也就是說，不同電子波函數所對應的能階，其能量不同。於是根據包立不相容原理，每一個能階最多只能有兩個電子，一個是自旋角動量朝上，另一個是自旋角動量朝下。

物理系統有一個特性，就是整體的系統將處於最低能量狀態，若不是在最低能量狀態，則此系統就可能釋放出能量，而往更低能量的狀態演進。根據前面的討論，多原子所組成的物質可以看成是具有許多能階和許多電子的物理系統，而每一個電子都將處於這些能階的某一能階位置，不可能在任相鄰兩個能階之間；包立不相容原理也告訴我們，每個能階最多只能讓兩個電子佔據（一個是自旋角動量朝上，另一個是自旋角動量朝下），所以要讓此物理系統處於最低能階，電子必然是從最低能階的基態（ground state）填起，一直到所有電子都佔據了所有較低能量的能階。所有被電子佔據的能階中，具最大能量的能階，我們稱為費米能階（Fermi level，E_f）。

前面所談的系統是一孤立在最低能量的物理系統，通常不存在，實際的物理系統會和外界發生互動，其中之一種作用就是會交換能量，也就是說，若某一物理處於最低能量狀態，而周遭的其他系統處於較高能量狀態，那麼周遭的其他系統將會有部份能量流到此物理系統，一直到雙方平衡為止。這個平衡的條件就是熱力學上討論的，兩者的溫度相等，稱為熱平衡。所以一個物理系統，處在溫度高於絕對溫度為零之環境下，在熱平衡時，並不是處於該系統的最低能量，因為外界會給予其能量，直到熱平衡為止。所以某些電子將會因為接受了外界的能量，而躍遷到較高能階，最後所有能階會不會被電子佔據，乃是根據費米-迪拉克之機率統計分佈，其數學型式如下

$$f(E) = \frac{1}{e^{(E-E_f)/kT}+1} \tag{5-3}$$

其中E_f是費米能階，k是波茲曼常數（Boltzmann's constant），T是絕對溫度。

費米-迪拉克之機率統計分佈如圖 5-4 所示，其分佈曲線隨溫度而改變，圖中所示的三個溫度，$T_1>T_2>T_3$。溫度越高，分佈曲線越和緩，代表著有越多的電子從能量小於費米能階之處跑到能量大於費米能階之處，所以在$E<E_f$時，機率$f(E)$隨溫度上升而減少，但無論如何，其大小都還是大於 1/2；而在$E>E_f$時，機率$f(E)$隨溫度上升而增加，但無論如何，其大小都還是小於 1/2。在能量$E=E_f$時，不論是那個溫度，其大小等於 1/2。

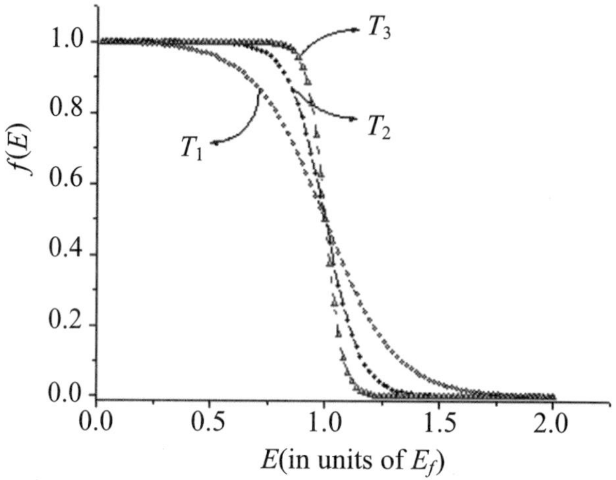

圖 5-4　費米-迪拉克之機率統計分佈，圖中所示的三個溫度，$T_1 > T_2 > T_3$。

嚴格說來，一個物理系統的電子一直在高低能階之間躍遷，只是在熱平衡時，從高能階躍遷到低能階的總數和從低能階躍遷到高能階的總數一樣多，所以某一能階被電子佔據的比例維持固定，也就是說和方程式（5-3）之費米-迪拉克之機率統計分佈一樣。

5.3.2　電子之能階躍遷與發光之關聯

就發光的角度來看，若一個物理系統，其能階被電子佔據的比例和方程式（5-3）之費米-迪拉克之機率統計分佈一樣，那麼它不可能發光，因為從高能階躍遷到低能階的電子總數和從低能階躍遷到高能階的總數一樣多，其釋放出的能量和吸收的能量相等，因此不可能有多餘的能量放出來，也就不會發光。要讓此系統發光，那麼我們就必須要讓其高能階的電子數比例高於熱平衡時的高能階電子數比例。

當能階數很多且頗密集時，通常我們用一函數來表示能階數的變化，此函數稱為能階密度，用符號$n(E)$表示，所以在能量為E時，在熱平衡狀態下，具有此能量的電子數就等於$f(E)n(E)dE$。若高能階的能量以E_h表示，高能階之電子數以$N(E_h)$表示，則要讓此系統發光，必須要滿足以下條件

$$N(E_h) > f(E_h)\,n(E_h)dE \tag{5-4}$$

而此系統一旦發光，表示高能階的電子必須得躍遷到低能階，於是高能階的電子數將減少，除非外界再提供能量給此系統，使低能階的電子能夠再躍遷到高能階，否則此發光過程將早晚會結束。

因此，要持續讓此系統發光，則要維持此高能階之電子數$N(E_h)$一直都大於$f(E_h)\,n(E_h)dE$。這代表著，我們得持續從外界提供能量給此系統，讓低能階的電子能夠再往上躍遷，回補到高能階。此情形如下圖所示，外界提供能量給此系統，所以電子在(a)途徑躍遷到高能階，而高能階的電子經由放光的過程(b)，躍遷到低能階。

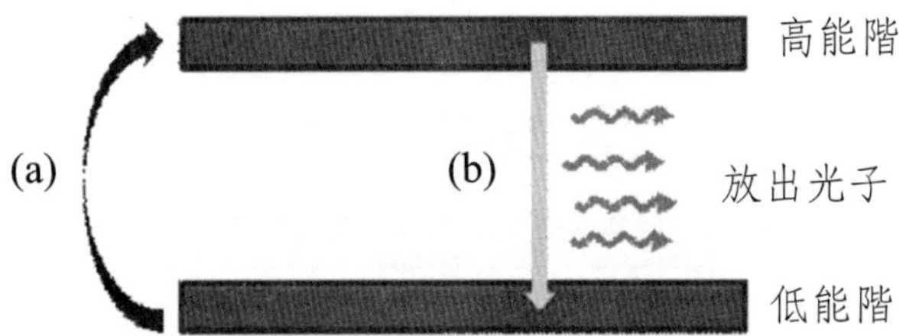

圖 5-5　一發光系統的電子躍遷途徑示意圖，包含有兩個部份，一個是(a)途徑，將低能階的電子幫浦到高能階；另一個是(b)途徑，高能階的電子躍遷到低能階而放光。

圖 5-5 所顯示的是較為理想的情形，也就是將低能階的電子幫浦到高能階的(a)途徑，其所輸入的能量（等於上下兩個能階差），和(b)途徑中高能階的電子躍遷到低能階而放光的能量接近，這類的光源可以有接近 100%的發光效率。然而，要找到如圖 5-5 所顯示的材料系統並不容易，通常會是具有更多能階的系統，其情形如圖 5-6 所示，除了(a)途徑和(b)途徑以外，還有(c)途徑和(d)途徑，雖然這兩個途徑也讓電子從高能階躍遷到低能階，但是它們對於發光沒有貢獻，因此將低能階的電子幫浦到高能階的(a)途徑所輸入的能量將會遠大於(b)途徑中高能階的電子躍遷到低能階而放光的能量。於是其發光效率一定不會大於以下的比例

$$\eta = \frac{E_3 - E_2}{E_4 - E_1} \times 100\% \qquad (5\text{-}5)$$

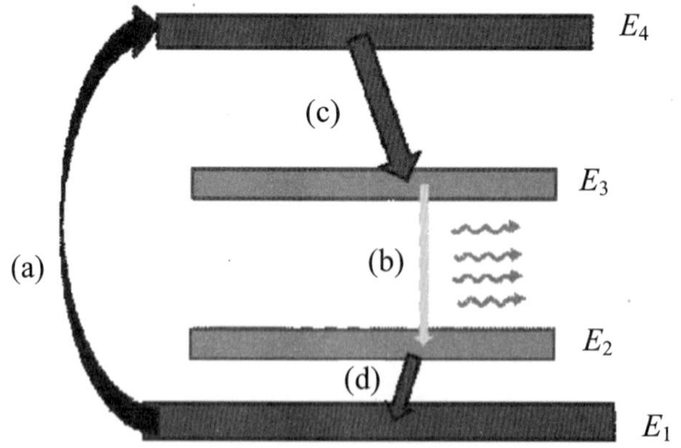

圖 5-6　一發光系統的電子躍遷途徑示意圖，包含了四個途徑，其中(a)途徑將低能階的電子幫浦到高能階，(b)途徑為高能階的電子躍遷到低能階而放光，另外還有(c)途徑和(d)途徑也是電子從高能階躍遷到低能階，但對於發光沒有貢獻。

5.3.3 黑體輻射

另一種發光原理是黑體輻射，這種發光機制和物質的原子分子結構無關，也和物質的能階特性無關，而是純粹來自於光本身的特性。任何物體，即使它沒有和其他東西接觸，還是可以透過電磁輻射和周遭環境交換能量，在熱平衡時，物體傳遞出去的電磁輻射量和從環境接收到的電磁輻射量相等，所以物體維持在固定溫度，其總能量不變。這種電磁輻射就是黑體輻射，只要物體的溫度高於絕對溫度零度，就會有黑體輻射。換句話說，物體以黑體輻射的方式將熱能轉換為電磁輻射。透過光子的概念，亦即每一光子的能量大小等於$h\nu$，以及光子要遵守其統計分佈，就是玻色-愛因斯坦統計或是光子統計，$f(h\nu)=\frac{1}{e^{h\nu/kT}-1}$，我們可以得到黑體輻射的數學型式如下

$$I(\nu) = \frac{2h\nu^3}{c^2}\frac{1}{e^{h\nu/kT}-1} \quad (5\text{-}6a)$$

其中$I(\nu)$是單位立體角和單位頻率範圍之光的強度，也就是單位立體角、單位頻率範圍、和單位面積上發出的光功率；k是波茲曼常數（Boltzmann's constant），T是絕對溫度，c是真空中的光速，ν是光的頻率。以上式子表示成頻率的函數，比較常用的是表示成波長的函數，其型式如下

$$I(\lambda) = \frac{2\pi hc^2}{\lambda^5}\frac{1}{e^{hc/\lambda kT}-1} \quad (5\text{-}6b)$$

其中 $I(\lambda)$ 是單位立體角和單位波長範圍之光的強度。

顯然地，黑體輻射的光譜分佈隨溫度改變，溫度升高時，整體的分佈往短波長移動，如圖 5-7 所示；其光譜峰值所對應的波長為，

$$\lambda_{peak} = \frac{2.898 \times 10^6 nm \cdot K}{T} \quad (5\text{-}7)$$

從方程式（5-7）可看出，峰值波長剛好與溫度成反比，所以溫度越高，黑體輻射的波長越短。太陽表面的溫度約為 5800K，其對應的峰值波長約為 500nm，落在可見光範圍，所以能提供人類眼睛看得到的電磁輻射，也就是光。

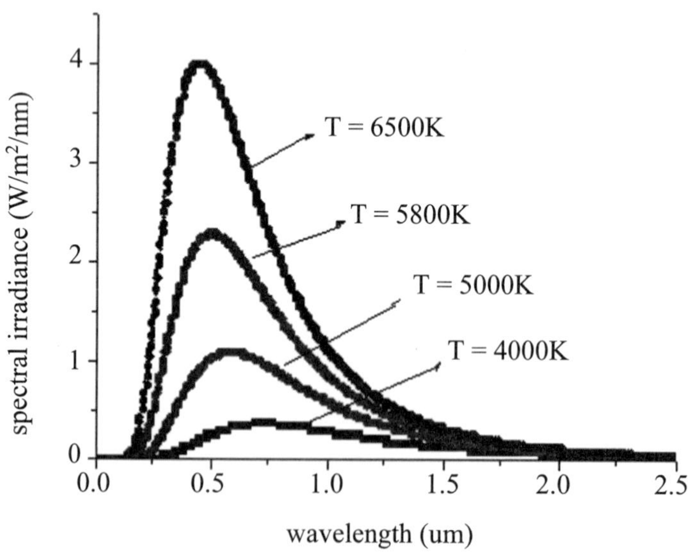

圖 5-7　黑體輻射的光譜，其分佈隨溫度改變；圖中 T 代表絕對溫度。

5.4 光源種類和其對應的發光機制

從圖 5-5 和圖 5-6 所示，對於許多類光源，途徑(b)的發光過程都是一樣的，主要的差別在於提供能量給該系統的(a)途徑。例如古代人廣泛用來照明的蠟燭、油燈、火把等是藉由燃燒的化學反應，將儲存在化學鍵的化學能提供給電子，使其躍遷到高能階，甚至於游離，也就是到達了屬於分子之電子軌域的範圍，這代表著電子在更高的能階。火燄中就是含有許多游離的氣體分子和電子，這些游離的氣體分子大多帶正電，代表著電子躍遷到氣體分子束縛能之外的能階，也就是說，它們在相當高的能階位置，這些電子無法長期待在這些高能階，所以在遠短於一秒內就躍遷到分子中較低能階的電子軌域，因而放出我們能夠看到的光，就如前面討論過的，這些能階對應的大多是分子原子間進行化學反應時所牽涉到的能量，其波長範圍在 100-3000nm 之間，其中一部份是可見光的範圍（400-700nm），是眼睛看得見的部份，所以燃燒過程所放出的光可以做為照明之用。

5.4.1 白熾燈與紅外線光源

用燃燒的方式提供照明用的光源，容易引起火災，所以具有相當的危險性。從十九世紀末起，電逐漸被瞭解以後，有不少地方開始開發用電來產生照明用光源的方式，也就是目前還在普遍使用的燈泡，其正式的技術名稱為白熾燈。其工作原理主要是將電通過電阻值較大的導線，使其加熱到某個溫度，然後透過黑體幅射的方式來發光。現在的白熾燈所使用的高電阻導線主要是鎢絲，雖然愛迪生常被認為是電燈的發明者，但其實這種用電加熱以產生光的方式在 1802 年就由英國化學家戴維（Humphry Davy）所發明，之後還有很多人都投入電燈的開發，如蘇格蘭人詹姆士（James Bowman Lindsay）、英國人瓦仁（Warren de la Rue）、英國人佛萊德瑞克（Frederick de Moleyns）、美國人約翰（John W. Starr）、法國人勤恩（Jean Eugene Robert-Houdin）、蘇俄人亞歷山大（Alexander Lodygin）、加拿大人亨利和馬太（Henry Woodward & Mathew Evans），甚至於最早使用鎢絲在燈泡上，也不是愛迪生，而是匈牙利人三德（Sandor Just）和克羅埃西亞人法蘭舟（Franjo Hanaman）。愛迪生的奇異電子公司則在改良製造鎢絲上面有所貢獻，那是 1906 和 1911 年，離英國化學家戴維（Humphry Davy）的發明已隔了一百年。

用電加熱燈絲而發光，原理就是上一節討論的黑體幅射。其發光光譜頗為廣泛，且在溫度低於 5000K 內，大多是紅外光。所以基本上，若是做為紅外線光源，是不錯的選擇。但若要做為可見光的光源，黑體幅射並非好的做法，因為即使溫度到達 4000K，如圖 5-6 所示之光譜分佈，僅有約 7%的電磁幅射能量落在可見光範圍，超過 90%是在紅外線的熱；而鎢絲已經算是高熔點的金屬了，但其熔點也低於 4000K（3,683K，3,410°C，6,170°F）。即使將黑體幅射的溫度提高到 7000K，也僅有 14%的電磁幅射能量落在可見光範圍。

鎢絲燈泡現在非常普遍，但在二十世紀初卻是高科技，其中的技術困難點是，燈絲必須有相當一致的直徑，若是某個部份的直徑較窄，其對應的電阻將變大，於是這個部位的溫度會較高，這使得蒸發速度變快，並進一步將此直徑變窄，於是電阻再變大，溫度也再上升，使得情況快速惡化，而使得燈絲很快地在此處斷裂。二十世紀初主要就是在改進此問題，並設法讓鎢絲的汽化速度減緩，以增長燈泡的壽命，後來發現充入惰性氣體有幫助。

就照明的用途來看，主要是眼睛的視覺反應。眼睛對於各波長的光所感受到的亮度不同，在波長 555nm 的光，眼睛覺得最亮，一瓦的光可以讓眼睛感受到 683 流明（lumens），其他在 400-700nm 的光，眼睛也可以看到，但比較不亮，整體而言，看來像是白色的光，一瓦的光，眼睛所感受到的最大亮度約 240 流明（lumens），但眼睛所感受到的白色並不絕對，所以一瓦的光給眼睛感覺起來的亮度和光譜分佈有關，若白光中有較多在綠色範圍，則會覺得亮一些，但難以超過 300 流明（lumens）。

嚴格說來，燈泡的照明效能並不好，照明效能（Luminous efficacy）是指輸入到燈泡之總能量中，會有多少比例是落在眼睛能看到的頻譜範圍內。四十瓦（40W）的鎢絲燈泡，其照明效能只有 1.9%，相當於 12.6lm/W，總亮度約 500 流明（lumens）；六十瓦（60W）的鎢絲燈泡，其照明效能為 2.1%，相當於 14.5lm/W，總亮度為 870 流明（lumens），這是最普遍的燈泡；一百瓦（100W）的鎢絲燈泡，其照明效能可提高到 2.6%，相當於 17.5lm/W。這些效能都不高，但比起蠟燭和油燈等可能釀成火災，燈泡的安全性給人類的生活還是帶來了極大助益，所以超過一個世紀之久，燈泡還是廣泛用在照明。

5.4.2 鹵素燈

鎢絲燈泡可以操作在更高溫度，以得到更高照明效能，理論上在鎢絲熔點下，照明效能可達 40lm/W 以上，但在更高溫度，鎢的蒸發速度也會加快，因而減少鎢絲燈泡的壽命。一種現在普遍使用的改進方式是，在燈泡內，除了充惰性氣體外，也加入少許鹵素元素的氣體，通常是碘或溴。沒有鹵素元素的一般燈泡，鎢絲的鎢汽化後，將會在玻璃燈壁固化而鍍在燈壁上，加入鹵素後，汽化的鎢原子由鎢絲向玻璃管壁方向擴散，在管壁附近溫度降到約 800℃，於是和鹵素原子化合，形成鹵化鎢。然後熱流和擴散，使得鹵化鎢回流到鎢絲附近，但鹵化鎢是一種不穩定的化合物，在高溫時會再分解為鎢和鹵素蒸氣，所以鎢又在燈絲上沉積下來，彌補了被蒸發掉的部分，然後再汽化，重覆前述的程序，這種過程稱為鹵化循環。透過鹵化循環，燈絲的使用壽命大為延長，幾乎是一般白熾燈的四倍，而且燈絲可以工作在更高的溫度，所以其照明效能也可以提高到 3.5%或是 24lm/W。但是鹵素燈泡的操作溫度較高，因此其玻璃管壁不能使用一般的玻璃，得改用可耐高溫的石英玻璃。

5.4.3 日光燈與省電燈泡

與白熾燈泡相較，日光燈的照明效能好了許多，而其實日光燈之相關現象的發現也是相當早，其正式名稱應該稱為螢光燈，因為主要是藉由螢光現象來發光。在數百年前，人類就發現某些石頭在夜間會發光，中國人稱為夜明珠，雖然當時並不瞭解其物理機制。到了 1856 年，一位德國玻璃匠海因利茲（Heinrich Geissler）做出一種特別的玻璃管，將水銀蒸氣封在裡面，通電流時會發出綠光。愛迪生也在 1896 年發明了一種螢光燈管，不過後來因為成功推廣了白熾燈泡，所以沒有花太多功夫在此類螢光光源。將目前日光燈的主要特徵放在一起的年代是 1920s，而到 1934 年，日光燈的原型才正式出現。

日光燈的工作原理包含兩個部份，(1)游離氣體而放光；(2)螢光。

游離氣體的放光由以下的做法和程序達成。一般日光燈的燈管內充滿了低壓的氬氣或氬氖混合氣體，以及水銀蒸氣，在燈管的兩端設有鎢燈絲線圈，此鎢燈絲線圈在通電加熱後，釋放出電子，此電子會將混合氣體游離，使得電流增大，然後藉由兩組燈絲間的電壓超過一定值之後，電子因加速而迅速且大量地將水銀蒸氣游離，此過程屬於圖 5-6 所示之途徑(a)的一種方式，此可以讓燈絲間的電壓差增加，以達到使水銀蒸氣大量游離的裝置稱為啟動器；之後電子回填至水銀蒸氣的外層軌域，如圖 5-6 所示之途徑(b)的發光過程，因此水銀蒸氣發放出 253.7nm 及 185nm 波長的紫外線。在這個部份，因為電子將蒸氣游離後，電流會急速增加，於是螢光管可能因電流不斷上升而被燒毀，因此需要使用一個輔助電路，用來控制進入螢光管的電流在一固定的量，這個電流控制電路通常被稱為安定器。

螢光的部份則有賴於磷質螢光漆，日光燈的燈管內側管壁塗有磷質螢光漆，此螢光物質會吸收紫外線，使得其電子躍遷到較高能階，如圖 5-6 所示之途徑(a)，然後電子再經過一些機制掉到相對較低的能階，如圖 5-6 所示之途徑(c)，然後再躍遷至更低能階，如圖 5-6 所示之途徑(b)的發光過程而釋放出可見光。

目前的省電燈泡之工作原理和日光燈一樣，而啟動器和安定器則被整合在燈泡的整體架構中。省電燈泡和日光燈的照明效能可達22%，亮度轉換高者效能達100lm/W，一般的照明效能在50-67lm/W，比白熾燈泡好許多。而壽命方面也比白熾燈泡長許多，可以是白熾燈泡的10-20倍，這對商店或公共場所中，更換燈泡需要耗用不少人力而言，是相當好的優點。然而，日光燈和省電燈泡有個致命的缺點，就是使用水銀，水銀對人體有害，因此回收廢棄燈管相當重要，以及裝設更換時，避免燈管或燈泡破裂而導致水銀蒸氣逸出，而且水銀會留在管壁的螢光劑中，後續處理也相當重要。

雖然日光燈和省電燈泡的照明效能已經比白熾燈泡好很多，但如前面所敘述的工作原理之兩個部份：(1)游離氣體的放光和(2)螢光，其能階躍遷都類似圖5-6所示，(a)途徑所輸入的能量遠大於(b)途徑之放光的能量，兩者的輸入和輸出比都讓發光不夠理想。例如在螢光的部份，輸入之紫外光波長為253.7nm及185nm，其對應的光子能量分別為4.89eV和6.70eV，而產生的白光主要波長在400-700nm，其對應的光子能量為1.77-3.10eV，取其中間值2.435eV來估計，若是紫外光光子能量為6.70eV，則此部份的轉換效率僅有36.3%，若把游離氣體的放光效率也估算進來，轉換效率將小於30%，因此要再提高照明效能的範圍有限，目前的日光燈電光轉換效率約為22%。

日光燈已經是普遍的照明光源，其燈管有一定的規格，目前有T2，T4，T5，T8，T9，T12，T17等等，較普遍的為T5，T8和T12，其燈管直徑分別為15.875mm（5/8英吋），25.4mm和38.1mm。T5的燈管較細，而總放光亮度和其他類燈管接近，所以其單位面積之光亮度更強，會有刺眼的感覺，需透過燈罩設計以減少直視的不舒服感，而因為其燈管較細，所以燈具可以較小。表 5-1 所示是幾個較普遍之燈管以及其對應的發光總量。T5 的照明效能稍為好一些，所以省電燈泡逐漸採用螺旋型之細燈管形狀。

表 5-1　T5，T8，T12 之亮度表

4 英呎之日光燈管	輸出之流明數
28 Watt T5	2900 lumens
54 Watt T5	5000 lumens
25 Watt T8	2209 lumens
32 Watt T8	2850-3100 lumens
34 Watt T12	1930-2800 lumens
40 Watt T12	1980-3300 lumens

習題

1.請簡述包立不相容原理。

2. 將氫原子完全游離，需要多少能量？

3.有道光脈衝，其總能量為 1μJ，若此光為綠光（波長 520 nm），則此道光脈衝含有多少顆光子？

4.請畫出溫度為 250K、350K、500K 之費米-迪拉克之機率統計分佈圖。

5.發光的條件是什麼? 請寫下其數學關係式。

6.黑體輻射和物質的原子分子結構有沒有關係？為什麼？

7.3000K 之黑體輻射，其光譜峰值所對應的波長是多少？

8.請解釋鹵素燈的工作原理。

第 6 章

發光二極體與固態照明

前述的光源，其照明效能都相當受限，因此輸入的能量中，絕大部份都轉為熱能或其他能量，可以提供給照明的比例不高。由於照明效能不高，所以浪費了許多電。目前全球電力中，約有 19%是用於照明，耗用的功率約有 1 兆瓦（1TW），可是真正用於照明的電力約只有 0.1 兆瓦（100GW），其餘的 0.9 兆瓦（900GW）浪費在熱能等非照明上面，這些浪費掉的電相當於 300 座核能電廠的電力（以每座輸出 3GW 來估計），這是全世界的情形。在台灣，全部的電力需求約五百億瓦（50GW），用於照明的電約一百億瓦（10GW），真正用於照明的電力只有約十億瓦（1GW），其餘的九十億瓦（9GW）浪費在產生熱能等非照明上面，這些浪費的電力已超過台灣所有核能電廠的發電量--八十億瓦（8GW）。所以若能大為改善照明效能，則全球將能減少百座核能電廠的建製，而台灣也不再需要核能電廠。

因此，改善照明效能相當重要。目前的照明光源主要還是白熾燈泡和螢光燈（日光燈和省電燈泡），如第五章第三節所討論的發光原理，白熾燈泡的發光原理是黑體幅射，即使溫度達到 7000K，也僅有 14%的光譜能量是用在照明之上。而螢光燈的發光原理主要是如圖 5-6 所示的多能階系統，所以有很多能量浪費在對於發光沒有貢獻的(c)途徑和(d)途徑上。比較理想的是，運用圖 5-5 所示的雙能階系統，讓幫浦到高能階的(a)途徑，其所輸入的能量和(b)途徑之放光能量接近，這樣可以有接近 100%的照明效能。

要達到圖 5-5 所示的雙能階系統，以接近 100%的照明效能，發光二極體和雷射二極體就可能達到，兩者都是由半導體的材料做的。我們這裡將用一些篇幅介紹半導體和發光二極體。

6.1 半導體的基本特性

半導體材料所以被稱為半導體是因為其導電特性介於導體和絕緣體之間，原因是半導體有一部份的電子像導體中的電子那樣，可以在晶格中自由移動，雖然其數量比金屬中的自由電子少，但比絕緣體多許多，差異是好幾個數量級。除了用電子數來分辨以外，另一個常用來區分導體、半導體和絕緣體的特徵是能隙能量（bandgap energy），在討論能隙能量之前，我們將先簡單介紹能帶。

如薛丁格方程式（5-1）所述，粒子的物質波和能量可以透過此方程式計算而得，電子在固體材料中的行為也是一樣，尤其是具有週期性排列的固態晶格。因為固體中的原子是週期性的規律排列，所以其對應的位能 $V(\vec{r})$也會是週期性函數，這讓薛丁格方程式（5-1）相對地可以計算，雖然也是相當複雜，但總之，具有週期性排列之原子的固態晶格中，其電子物質波和能階是可以算出來的。這些複雜的計算可以在固態物理或半導體物理的書中找到，限於篇幅，我們不重覆計算和推導，只給予主要的結論。

將週期性位能 $V(\vec{r})$帶入薛丁格方程式（5-1），可以算出能階特性，一般而言，這些能階可以分為兩大部份，上面的部份緊密靠在一起，也就是說兩兩相鄰的能階，其能量差異很小，稱為導電帶；下面的部份也是緊密靠在一起，稱為價電帶。各種晶體之導電帶和價電帶特徵各有差異，若是金屬，導電帶的下端和價電帶的上端會有相同的能量，或是有人稱為導電帶的下端和價電帶的上端重疊。若是非金屬固體，導電帶和價電帶將會分離，導電帶的下沿和價電帶的上沿之間沒有任何能階之存在，稱之為能隙（bandgap），常以符號 E_g 表示，各類固體的能隙如表 5-1 所示，能隙之大小和其導電特性息息相關，我們接著將解釋此相關性。

表 6-1　各類固體的能隙

固體材料	化學符號	302K 的能隙（單位：eV）
矽	Si	1.11
硒	Se	1.74
鍺	Ge	0.67
碳化矽	SiC	2.86
磷化鋁	AlP	2.45
砷化鋁	AlAs	2.16
銻化鋁	AlSb	1.6
氮化鋁	AlN	6.3
鑽石	C	5.5
磷化鎵	GaP	2.26
砷化鎵	GaAs	1.43
氮化鎵	GaN	3.4
銻化鎵	GaSb	0.7
銻化銦	InSb	0.17
氮化銦	InN	0.7
磷化銦	InP	1.35
砷化銦	InAs	0.36
氧化鋅	ZnO	3.37
硫化鋅	ZnS	3.6
硒化鋅	ZnSe	2.7

固體材料	化學符號	302K 的能隙（單位：eV）
碲化鋅	ZnTe	2.25
硫化鎘	CdS	2.42
硒化鎘	CdSe	1.73
碲化鎘	CdTe	1.49
硫化鉛	PbS	0.37
硒化鉛	PbSe	0.27
碲化鉛	PbTe	0.29
氧化銅	CuO	1.2
氧化銅	Cu_2O	2.1

就如前面說過的，因為電子要遵守包立不相容原理，所以每個能階最多只能讓兩個電子佔據（一個是自旋角動量朝上，另一個是自旋角動量朝下）。理論上，電子從最低能階的基態（ground state）填起，一直到所有電子都佔據了所有較低能量的能階；因為下面的部份的能階是價電帶，所以電子從價電帶開始填起，而且剛好填滿了所有的價電帶能階，所以費米能階會落在能隙當中。但是因為外界會給予此晶格系統能量，直到熱平衡為止。所以某些電子將會因為接受了外界的能量，而躍遷到較高能階，最後乃根據費米-迪拉克之機率統計分佈來決定該能階被電子佔據的機率。

於是我們會得到以下的情形，如果能隙很大，則價電帶的電子需要相當大的能量才能躍遷到導電帶，這不太容易達成，因此能隙大的固體，其導電帶的電子很少，所以導電度很差，因而成為絕緣體，一般而言，能隙在 3eV 以上時，其特性將較像是絕緣體，但也不絕對，因為此變化是逐漸的，能隙越大，導電越差，絕緣特性越好。半導體的能隙介於 0 和 3eV 之間，其情形如圖 6-1 所示；金屬的導電帶下端和價電帶上端重疊。

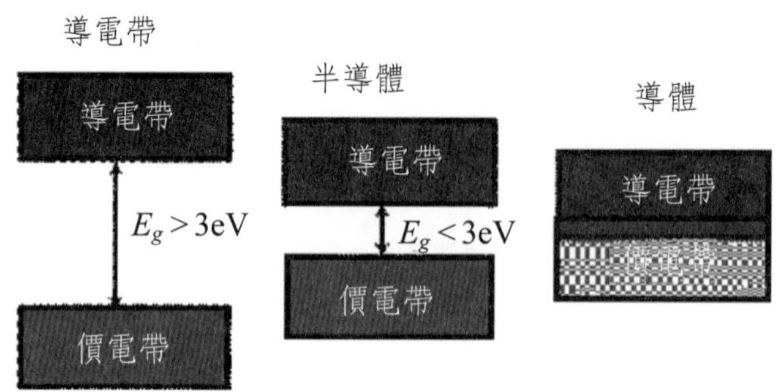

圖 6-1　導電、半導體、絕緣體與能隙的關係

我們可以把費米-迪拉克之機率統計分佈圖、費米能階，以及導電帶、價電帶等之相對關係畫在一起，就可以更清楚何以能隙大的絕緣體，其導電度較差。如圖 6-2(a)所示，能隙大的絕緣體，其價電帶的邊緣離費米能階相當遠，且價電帶的能量小於費米能階，所以價電帶能階中被電子佔據的機率極接近 1，意謂著電洞數量很少；同樣地，導電帶的邊緣離費米能階相當遠，而導電帶的能量大於費米能階，所以導電帶能階中有電子的機率極小，因此價電帶的電洞數量很少，而導電帶的電子數量也是很少，因此難以導電。相形之下，圖 6-2(b)所示之能隙小的半導體，其價電帶和導電帶的邊緣離費米能階都相當近，所以價電帶能階中被電子佔據的機率較小，代表著電洞數量較多；同樣地，導電帶能階中有電子的機率比 0 大不少，因此導電帶的電子數量也是不少，因此有較多的電子和電洞可以導電。

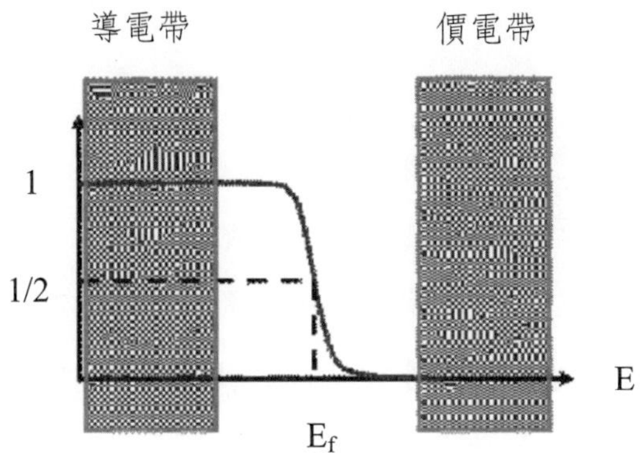

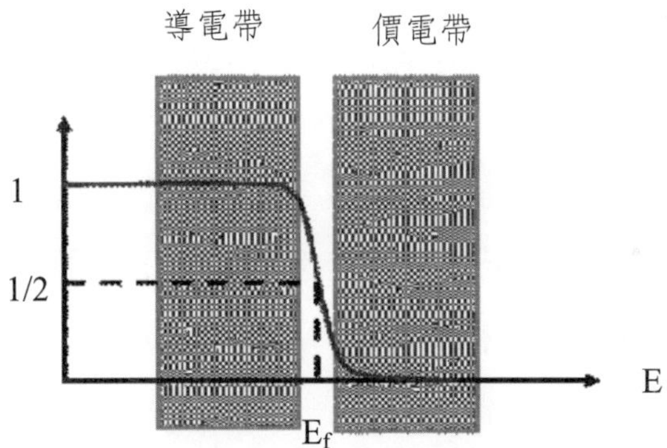

圖 6-2　費米一迪拉克之機率統計分佈與導電帶、價電帶等之相對位置(a)能隙大的材料；(b)能隙小的材料；E_f 代表費米能階的位置。

6.2　摻雜半導體特性

前面討論的電子數與電洞數隨能隙的變化，是針對本質半導體（intrinsic semiconductor）而言，本質半導體是指不含任何摻雜的半導體。當半導體摻有雜質時，電子和電洞的濃度會跟著改變，所以導電度會跟著改變，而且費米能階的位置也會變化。藉由摻雜，也就是加入非組成本質半導體元素的其他元素原子，而改變半導體的導電度是半導體的一大優點，一般常用矽或鍺來說明摻雜如何影響電子和電洞的濃度，我們這裡也採用同樣方式來討論。

矽或鍺的最外層電子軌域為 sp3 的混成軌域，是一個 s 軌域和三個 p 軌域混合而成，共代表著分佈在四個不同方向的空間軌域，根據包立不相容原理，每個軌域最多只能讓兩個電子佔據（一個是自旋角動量朝上，另一個是自旋角動量朝下），所以總共可以填上八個電子，但是每一個原子的最外層電子軌域只有四個電子，所以它的 sp3 混成軌域之任何一支軌域可以和另外的一個原子共同分享兩個電子，一個是它自己提供的，另一個是別的原子提供的，這樣形成的電子分享軌域，也就是化學上所謂的鍵結；若它和四個最相鄰的原子都以此方式，在 sp3 混成軌域的任何一支各與一個原子分享兩個電子，則此原子的最外層電子軌域就相當於有了八個電子，所以其 sp3 的混成軌域就全被電子填滿，就不需再有電子來填入此軌域，因而變得非常穩定，因為不會和另外的元素再形成鑑結。在矽或鍺的原子結晶，每一個原子都如上述的狀況，也就是說，每一原子和四個最相鄰的原子都以此方式形成鍵結，除了最邊緣的原子以外，整個情形如圖 6-3 所示。而其他 III-V 族或 II-VI 族之化合物半導體，最外層電子軌域也類似。III 族元素之原子的最外層軌域有三個電子，V 族元素之原子的最外層軌域有五個電子，合起來總共有八個原子，因此 III 族和 V 族元素若以等比例的原子數化合在一起，則其情形和矽或鍺類似。II-VI 族之化合物半導體也可類推，而瞭解到其情形同樣會和矽或鍺類似。這些都還沒有摻雜雜質元素，所以稱為本質半導體

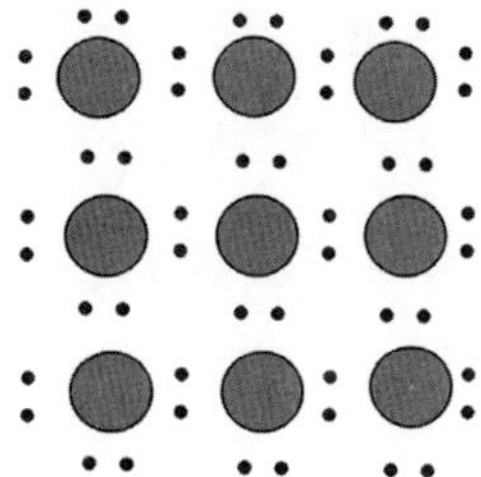

圖 6-3 矽或鍺的每一原子和四個最相鄰的原子以分享兩個電子的方式，形成鍵結。

當矽或鍺摻雜了少量的 V 族元素原子，以取代矽或鍺的 IV 族原子，如圖 6-4 所示，這個 V 族元素原子也可以和四個最相鄰的 IV 族原子形成鍵結，sp3 混成軌域的任何一支都與一個原子分享兩個電子，但是因為V族元素之原子的最外層軌域有五個電子，而和四個最相鄰的 IV 族原子形成鍵結只需四個電子，所以就多出了一個電子，不被侷限在鍵結位置，因此可以在晶格中到處移動，於是這類摻雜的半導體，其電子數比本質半導體多了許多，而其數量幾乎和摻雜的V族元素原子數量相等。這種摻雜半導體稱為 n-型半導體。

另一種情形是，當矽或鍺摻雜了少量的III族元素原子，以取代矽或鍺的 IV 族原子，如圖 6-5 所示，這個 III 族元素原子也可以和四個最相鄰的IV族原子形成鍵結，理想上，sp3 混成軌域的任何一支都與一個原子分享兩個電子，但是因為III族元素之原子的最外層軌域只有三個電子，而和四個最相鄰的 IV 族原子形成鍵結需要四個電子，所以就少了一個電子，這種在鍵結位置少了一個電子的特性，其行為很像是帶正電的粒子，一般稱為電洞。因為少了一個電子，所以附近的鍵結電子可能填過來，可是如此一來，變成是附近的鍵結位置少了一個電子，接著其他位置的鍵結電子又可能再填過來，於是這個少了電子的鍵結位置也能在晶格中到處移動，或說是電洞在晶格中到處移動，於是這類摻雜的半導體，其電洞數比本質半導體多了許多，而其數量幾乎和摻雜的 III 族元素原子數量相等。這種摻雜半導體稱為 p-型半導體。

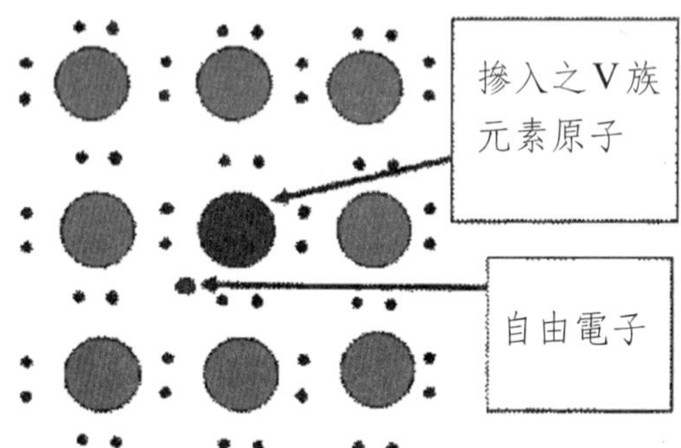

圖 6-4　矽或鍺摻雜了 V 族元素原子，多出了一個電子，不被侷限在鍵結位置。

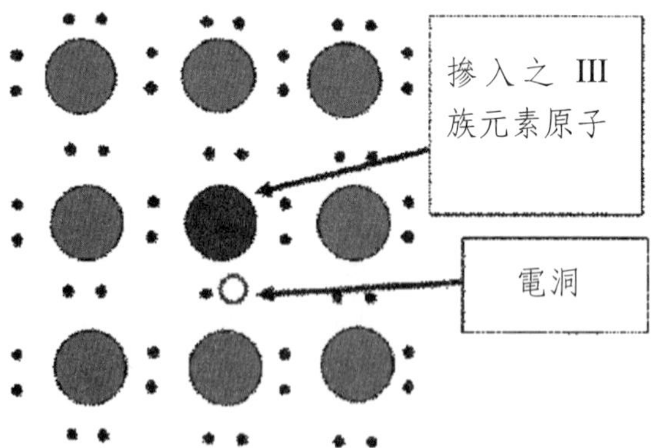

圖 6-5　矽或鍺摻雜了 III 族元素原子，在鍵結位置少了一個電子。

總結前面的討論，n-型半導體比本質半導體多了許多電子，這代表著費米能階較接近導電帶，所以導電帶能階有較多的電子；而 p-型半導體則比本質半導體多了許多電洞，代表著費米能階較接近價電帶，所以價電帶有較多能階不被電子佔據。這些類型半導體之費米能階與導電帶或價電帶的相對位置如圖 6-6 所示。

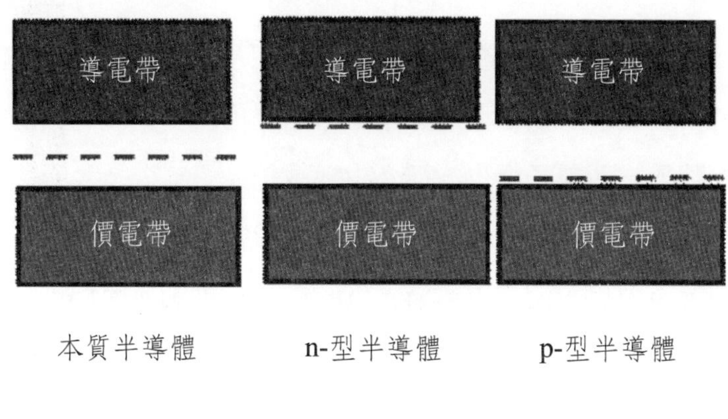

圖 6-6 本質半導體、n-型半導體和p-型半導體之費米能階與導電帶或價電帶的相對位置。

在n-型半導體中，電子的數目比本質半導體多，但電洞的數目卻變少，因為增加出來的電子會去回填原先沒有被電子佔據的軌域；同樣地，在p-型半導體中，電洞的數目比本質半導體多，但電子的數目卻變少，因為增加出來的未被電子佔據的軌域會消耗掉電子，使電子數目減少。電子濃度（n）與電洞濃度（p）兩者的乘積滿足以下的平衡方程式

$$n \cdot p = n_i^2 \qquad (6\text{-}1)$$

其中n_i是固定的數值，稱為本質載子濃度（intrinsic carrier density），每一種半導體，各有其本質載子濃度，但也都隨溫度變化。例如Si的本質載子濃度在室溫時（300K）為 $1.08 \times 10^{10} cm^{-3}$，GaN的本

質載子濃度在室溫時（300K）為 $1.9\times10^{-10}\text{cm}^{-3}$。矽的本質載子濃度所以比 GaN 高許多，原因是矽的能隙只有 1.11eV，而 GaN 的能隙有 3.4eV。

在 n-型半導體中，電子的數目很多，稱為主要載子，而電洞很少，稱為少數載子；在 p-型半導體中，剛好相反，電洞的數目很多，稱為主要載子，而電子很少，稱為少數載子。

範例一　摻雜對整體的載子濃度有何影響？

我們舉 Si 為例，沒有摻雜時，Si 的電子和電洞濃度相等，所以由方程式（5-8），我們可得到 $n=p=n_i=1.08\times10^{10}\text{cm}^{-3}$，所以全部濃度 $n+p=2.16\times10^{10}\text{cm}^{3}$。有摻雜時，設摻雜的 V 族元素濃度為 $10^{16}/\text{cm}^{3}$，則電子濃度大約為摻雜的濃度，$n=1\times10^{16}\text{cm}^{-3}$，再由方程式（5-8），可得 $p=1.17\times10^{4}\text{cm}^{-3}$，全部濃度 $n+p\approx1\times10^{16}\text{cm}^{3}$。可看出摻雜讓載子濃度增加了許多倍，差異可達好幾個數量級。因為導電度與載子濃度成正比，所以導電度也增加了許多倍。

6.3　p-n 二極體

半導體不僅可以藉由摻雜改變其導電性，更重要的是將 p-型半導體與 n-型半導體接在一起，會產生新的功能，而這也是發光二極體中極重要的特性。

當 p-型半導體與 n-型半導體接在一起時，接面附近的電子和電洞會擴散到另一邊。p-型半導體中，因為有很多電洞，所以電洞將擴散到接面的另一邊；同樣地，n-型半導體有很多電子，所以也會擴散到p-型半導體。此情形如圖 6-7 所示。

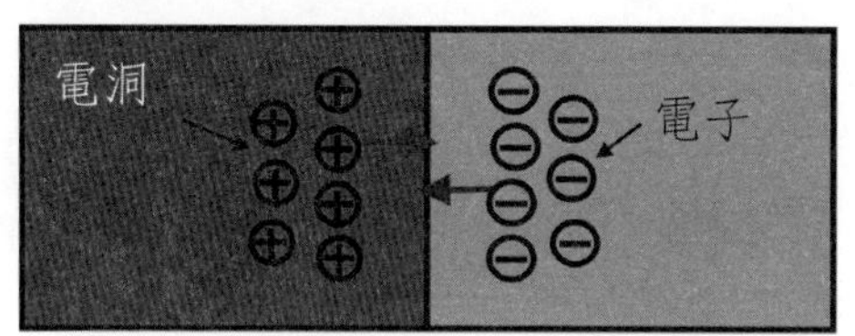

圖 6-7 p-型半導體與n-型半導體接在一起時，電子和電洞會擴散到接面的另一邊

上述的擴散是否會持續發生？實際的情形不會，因為當n-型半導體的電子擴散到 p 型那一邊後，留下來的原子將變成帶正電的離子，這些離子無法離開晶格位置，這將開始有電場的力量，當累積的正電荷夠大，一方面阻止電子繼續擴散到 p 型那一邊，另一方面也阻止電洞從 p 型那一邊擴散過來；而 n-型半導體的電子擴散到 n-型那一邊後，也會留下無法移動的負電荷離子，如圖 6-8(a)所示。於是在接面附近將有無法移動的正負電荷離子，稱為空間電荷（space charge），而且因為此附近的電子和電洞擴散到了另一邊，所以剩下的電子和電洞濃度很小，也因此被稱為空乏區（depletion region），因為在此區域內電子和電洞很少。前述的擴散到底何時才會終止？到接面兩邊的費米能階拉到相等為止，而能帶結構將如圖 6-8(b)所示，費米能階相等代表著兩個系統在平衡狀態。如果費米能階不相等，表示某一邊的電子能量高於另一邊，高能量的電子將會移到低能量的電子，造成能量的轉變，一直到兩邊的電子能量一樣，亦即兩邊處於相同能量的能階被電子佔據的機率一樣，所以電子不會從一邊跑到另一邊。如圖 6-8

(b)所示的能帶結構代表兩邊的導電帶不等高，兩者的差異大小為 eV_{bi}，V_{bi} 代表內建電壓，也就是電子從 n 型半導體的導電帶移到 p 型半導體的導電帶所需的能量。

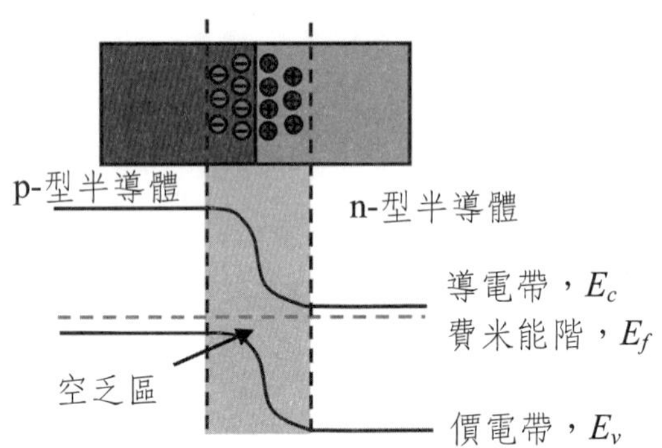

圖 6-8　(a)擴散後，在 p-n 接面附近將有無法移動的正負電荷離子，稱為空間電荷；(b)擴散完成後，接面兩邊的費米能階拉到相等。

當此 p-n 接面接上外部電源時，如果 p 型那一邊接負電壓，n 型那一邊接正電壓，則電洞將持續被 p 型那一邊的負電壓吸引，而電子被 n 型那一邊的正電壓吸引，於是造成電子和電洞更為分離，使得接面附近的離子空間電荷區再擴大，也就是說，空乏區更擴大，這稱為逆向偏壓，會使得可以流過此 p-n 接面的電流很小。另一方面，如果 p 型那一邊接正電壓，n 型那一邊接負電壓，則電洞將被推向中間的空乏區，電子也會被推向中間的空乏區，於是接面附近的離子空間電荷區縮小，這稱為順向偏壓，有人也稱為正向偏壓。假如順向偏壓繼續增加，最後空乏區將會完全消失，於是大量的電子和電洞在中間接面處相遇，有些電子甚至於流到 p 型那一邊，而有些電洞流到 n 型那一邊。在順向偏壓下，此 p-n 接面的電流很大，所以一般稱為 p-n 二極體，其電流電壓關係如下

$$I = I_0\left[\exp\left(\frac{eV}{kT}\right) - 1\right] \tag{6-2}$$

其中 I 為電流；V 為跨在 p-n 接面兩邊的電壓，當 p 型那一邊接正，n 型那一邊接負時，V 為正；k 為波茲曼常數。

平衡時，在多數載子的環境下，還是有少數載子存在。比平衡情況還多的少數載子稱為多餘少數載子，這些多餘少數載子在多數載子那一邊時，將會在相當短的時間消失，例如多餘電子在p-型半導體中時，將會填入少了一個電子的鍵結位置，一般稱為電子和電洞的復合。類似地，多餘電洞在n-型半導體中時，將提供少了一個電子的鍵結位置，於是n-型半導體的電子就可以填入，也就是電子和電洞的復合。在順向偏壓下，中間的接面更是擁入相當多的電子和電洞，兩者都比平衡時多很多，所以在接面附近更是會發生電子和電洞的復合。

6.4　發光二極體

電子和電洞的復合，實際上就是在高能階的自由電子躍遷到低能階，低能階就是少了一個電子的鍵結所對應的能階。如第五章第一節討論過的，當電子從高能階躍遷到低能階時會釋放出一對應的能量，也就是兩者的能量差，在這裡等於導電帶的能量減價電帶的能量，亦即$\Delta E = E_c - E_v$，E_c是導電帶最低能階的能量，E_v是價電帶最高能階的能量。此釋放出的能量可以有不同的型式，其中之一種就是光，因此，所發出光的能量就等於$E_c - E_v = E_g$。所以半導體發光二極體的放光波長和此半導體能隙直接相關，$\Delta E = E_c - E_v = E_g = h\nu = hc/\lambda$，也就是說

$$\lambda = \frac{hc}{E_g} = \frac{1.24}{E_g} \qquad (6\text{-}3)$$

上式中，E_g 是以 eV 為能量單位，而計算的波長是以μm 為單位，各半導體的能隙如表 6-1 所列。實際上的電子和電洞不會全都在導電帶的最低能階和價電帶的最高能階，所以$\Delta E \geq E_g$，因此半導體發光二極體的放光波長會等於或小於 1.24/E_g（μm）。常用於發光二極體的半導體和其對應的波長如下表所示

表 6-2　常用於發光二極體的半導體

顏色	波長（nm）	順向偏壓（V）	半導體	化學符號
紅外線	>760	<1.9	砷化鎵、鋁砷化鎵	GaAs，AlGaAs
紅	760 至 610	1.63-2.03	鋁砷化鎵、砷化鎵、磷化物、磷化銦鎵、鋁磷化鎵（摻雜氧化鋅）	AlGaAs，GaAsP AlGaInP，GaP：ZnO
橙	610 至 590	2.03-2.10	砷化鎵、磷化物、磷化銦鎵、鋁磷化鎵	GaAsP，AlGaInP，GaP
黃	590 至 570	2.10-2.18	砷化鎵、磷化物、磷化銦鎵、鋁磷化鎵（摻雜氮）	GaAsP，AlGaInP，GaP：N
綠	570 至 500	2.18-4	銦氮化鎵/氮化鎵、磷化鎵、磷化銦鎵鋁、鋁磷化鎵	InGaN/GaN，GaPAlGaInP，AlGaP
藍	500 至 450	2.48-3.7	硒化鋅、銦氮化鎵、碳化矽	ZnSe、InGaN、SiC
紫	450 至 380	2.76-4	銦氮化鎵	InGaN
紫外線	<380	3.1-4.4	氮化鋁、鋁鎵氮化物、氮化鋁鎵銦	AlN，AlGaN，AlGaInN

做為發光二極體，我們希望此釋放出的能量是光的型式，然而電子和電洞的復合分為兩大類，輻射性復合和非輻射性復合。輻射性復合就是放光的型式，而非輻射性復合包含有數種可能，如透過雜質能階、缺陷能階、表面能階或歐傑復合（Auger recombination）等。透過雜質能階、缺陷能階、表面能階等復合的過程，電子和電洞可以不需同時到達這些位置，所以其復合機率或復合速率與電子或電洞的濃度成正比，$R_i = An$ 或 $R_i = Ap$，A 為比例常數。在 p-n 接面附近，因為原來的電子和電洞濃度很小，所以在順向偏壓時，有很多的電子和電洞擁入，且電子擁入多少，電洞也會擁入多少，因此 $n \approx p$，所以此類復合機率或復合速率可以寫成

$$R_i = An \tag{6-4}$$

而歐傑復合是電子和電洞復合的能量轉移給另一個電子或電洞，所以此過程牽涉到三個粒子，因此歐傑復合速率和這些粒子濃度的乘積成正比，$R_a = Cn^2p$ 或 $R_a = Cnp^2$，C 為比例常數。在 p-n 接面附近，$n \approx p$，所以歐傑復合速率可以寫成

$$R_a = Cn^3 \tag{6-5}$$

而輻射性復合就是電子和電洞復合後能量給予光子，所以輻射性復合速率和電子與電洞濃度的乘積成正比，$R_r = Bnp$，B 為比例常數。在 p-n 接面附近，$n \approx p$，所以輻射性復合速率可以寫成

$$R_r = Bn^2 \tag{6-6}$$

前面的三個比例常數 A，B，C 依材料而不同。A 和半導體的純度有直接關係，若晶體的品質非常好，則缺陷能階會很少，可使 A 係數變小，但是若半導體有摻雜，則摻雜本身會是雜質的一種，可能導致 A 係數變大，因此在 p-n 接面常再加上一層沒有摻雜的發光區，這於稍後再詳細討論。歐傑復合和能帶特性有關，此過程牽涉到三個粒子，必須同時滿足能量守恆和動量守恆，所以其情形較為複雜，某些能帶特性較會發生此類復合。

根據前面的討論，發光效率和這些復合的比例有關，我們可以定義內部量子效率如下，其代表注入的電子中，會有多少個貢獻於發光

$$\eta_i = \frac{R_r}{R_i + R_r + R_a} \tag{6-7}$$

將方程式（6-4）、（6-5）、（6-6）代入方程式（6-7），我們可以得到

$$\eta_i = \frac{Bn}{A + Bn + Cn^2} \tag{6-8}$$

通常，歐傑復合的部份在載子濃度極高時才較明顯，所以內部量子效率變成為

$$\eta_i = \frac{Bn}{A + Bn} \tag{6-9}$$

方程式（6-9）代表著，載子濃度越高，內部量子效率越大，因為幅射性復合的比例提高了。

6.5　具載子侷限結構之發光二極體

前面討論的 p-n 接面，在順向偏壓下，有許多的電子和電洞匯集在 p-n 接面，所以可以在此處有許多電子電洞復合而發光，然而這樣的發光有幾項缺點：

(1)此類的 p-n 接面處之半導體有摻雜，而摻雜本身會是雜質的一種，可能導致A係數變大，亦即非幅射性發光會增加，因而降低了發光效率。

(2)此類的 p-n 接面和兩邊包夾的半導體相同，具有相同的能隙，所以在此 p-n 接面發出的光會被兩邊包夾的半導體所吸收，因此傳播出來的光將會減少。

(3)這類的結構，電子和電洞可以輕易越過接面區域，到達另一邊的半導體，而成為多餘的少數載子。這些多餘的少數載子也可以和多數載子復合而發光，但因為這裡的少數載子明顯地較少，因而其幅射性復合和非幅射性復合的比例會減少，如方程式（6-9）所示，所以越過接面區域的載子對發光的助益較小，比較理想的是使其留在接面區域。

為了改善上述的缺點，一種常用的方式是在p-型半導體和n-型半導體之間插入一層沒有摻雜的載子侷限結構，此結構的能隙（E_{cg}）比兩邊的半導體能隙（E_g）要小。如圖 6-9(b)所示，在順向偏壓時，能帶結構中，p-型半導體和 n-型半導體的導電帶（E_c）拉成同一水平，而中間的載子侷限結構之導電帶（E_{cc}）略低，所以當電子從n-型半導體注入此區域時，將被陷在這當中；同樣地，p-型半導體和 n-型半導體的價電帶（E_v）也拉成同一水平，而中間的載子侷限結構之價電帶（E_{cv}）略高，對電洞而言，中間的能階是較低的，所以當電洞從p-型半導體注入此區域時，也將被陷在這當中；因此，在此載子侷限結構中，有許多的電子和電洞可在此區域復合而發光。而因為此載子侷限結構的能隙比兩邊的半導體小，所以其發出的光波長較長，不會被兩邊的半導體吸收，整體的出光效率較高。但是因為電子和電洞分別由兩邊的半導體注入，電子會從n-型半導體的導電帶掉到載子侷限結構的導電帶，將損失一部份能量，而電洞會從p-型半導體的價電帶掉到載子侷限結構的價電帶，也將損失一部份能量，因此其發光效率一定不會大於以下的比例

$$\eta = \frac{E_c - E_v}{E_{cc} - E_{cv}} \times 100\% = \frac{E_g}{E_{cg}} \times 100\% \qquad （6\text{-}10）$$

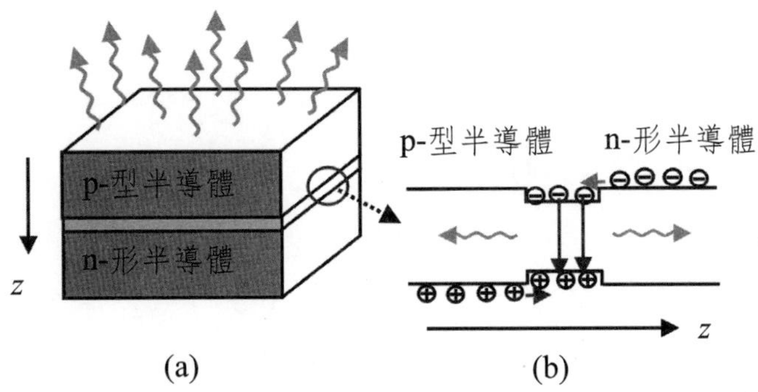

圖 6-9　(a)具載子侷限結構之發光二極體實體結構示意圖；(b)其對應之能帶結構示意圖。

所以在此有一個必須折衷的作法，如果 E_{cc} 比 E_c 小很多以及 E_{cv} 比 E_v 大很多，則可以有較好的載子侷限效果，但如此一來，E_{cg} 就會比 E_g 小很多，則方程式（6-10）的發光效率將會減少。若是要此發光效率提高，則載子侷限效果會變差，那麼溫度一旦上升，電子和電洞的熱能將很容易使其脫離載子侷限結構之範圍，這也會使發光效率變差。要達到好的載子侷限結構，外面半導體和載子侷限結構內半導體之導電帶約需差異 0.1eV 以上，價電帶也類似，所以能隙之能量差異會在 0.2eV 以上，對於 GaN 發光二極體而言，方程式（6-10）的發光效率將大約限制在 $\eta = \frac{3.2}{3.4} \times 100\% = 94\%$ 以內，比起螢光燈和白熾燈，還是相當好的效率。

6.6 白光二極體

前面談的發光二極體，如方程式（6-3）所述，其發光波長對應於半導體的能隙，所以是某些特定顏色，不會是涵蓋大光譜範圍的白光。要能發出白光，有兩類做法，第一類是使用三原色的發光二極體，即紅、綠、藍，所以要將三種不同半導體的晶粒封裝在一起，並適當調整各自的發光強度，使三個顏色合起來成為白光。理論上，三種顏色的發光二極體可以各自調整其能帶結構，使得各自的發光效率可以如方程式（6-10）所示，所以都可以達 90%以上，但此種做法的成本相當高，因為每一個白光光源都需要用到三種發光二極體。

第二類做法的成本較低，因為只使用一種發光二極體。其原理和日光燈或省電燈泡一樣，使用短波長的藍光或紫外光發光二極體，此短波長光子被螢光物質中的電子吸收後，將其電子激發到較高能量、不穩定的激發狀態能階，之後電子躍遷回較低能階，而發出黃、綠、紅等顏色的光，和藍光結合，因而發出白光。由於放出的光子能量比激發的藍光或紫外光小，所以波長較長。如方程式（5-5）所述，其發光效率一定不會大於此比例 $\eta = \dfrac{E_3 - E_2}{E_4 - E_1} \times 100\%$，此處的 $E_4 - E_1 = hc/\lambda_s$，λ_s 為藍光或紫外光波長，$E_3 - E_2 = hc/\lambda_l$，λ_l 為螢光波長。所以發光效率一定不會大於以下比例

$$\eta = \frac{\lambda_s}{\lambda_l} \times 100\% \qquad (6\text{-}11)$$

目前此類白光二極體又分為兩大類，一類以日亞化工（Nichia Corporation）開發的為代表，其採用藍光二極體作為激發光源，波長在450nm至470nm之間，螢光物質是摻雜了鈰的釔-鋁-鎵（Ce^{3+}：YAG）或稱為摻雜了鈰的鐿鋁石榴石晶體粉末。藍光二極體發出的部份藍光由螢光物質轉換成以黃光為主的寬帶光譜，其光譜中心約為580nm，由於人眼中的紅光和綠光受體可以同時感受黃光，加上原有餘下的藍光可以由人眼中的藍光受體所感受到，所以看起來像白色光，然事實上，其所呈現的色澤常被稱作「月光的白色」。

另一種是使用紫外光二極體作為激發光源，外面包著兩種螢光物質之混合物，一種是發紅光和藍光的銪，另一種是摻雜了銅和鋁的硫化鋅，可以發綠光。紫外光二極體發出的紫外光被螢光物質轉換成紅、藍、綠三色光，混合後就成了白光。與前面日亞化工的第一種方法比較，因為紫外光轉為可見光比藍光轉為黃光的能量損失大，所以日亞化工的方法會有較高的發光效率，但兩者的亮度接近，而第二種方法的光譜特性較佳，發出的白光比較好看。

目前最佳照明效能的白光二極體有日亞化工宣稱的160lm/W 和Cree宣稱的208lm/W。而藍光和白光二極體的共同問題是，電流增加後其效率將降低，為何會發生此現象的真正物理機制還在探討中。因為實際產品之照明效能已可達100lm/W，比日光燈或省電燈泡好，所以在節能照明方面，白光二極體具有相當大的潛力。

6.7 量子效率不等於發光效率

一般討論發光二極體時，常使用內部量子效率來評估其元件特性。內部量子效率是指注入的電子數目中，有多少比例轉換為光子。理想的內部量子效率可以達 100%，意指每一個注入的電子都可以透過能階躍遷產生一個光子。但是產生的光子不見得可以全部都傳播出來成為照明用的光，而且產生的光子能量大多比注入的電子能量小，所以即使內部量子效率達 100%，其發光效率也無法達到 100%。特別是使用螢光物質的情形，如 5-6 節所討論的，其發光效率一定不會大於以下比例 $\eta=\frac{\lambda_s}{\lambda_l}\times 100\%$（方程式（6-11）），例如日亞化工採用的，激發光源波長在 450nm 至 470nm，轉換成以黃光（580nm）為主的白光，所以此部份的發光效率大約被限制在 80%以內，而再加上 6-5 節所討論的載子侷限結構，其效率再損失一部份，而難以超過 94%，因此整體的發光效率大約被限制在 75%以內。要使白光發光效率超過 90%，必須採用混合不同顏色發光二極體的方式，運用螢光物質的話，其能量損失將較大。

習題

1.能隙為 3eV 的半導電，與能隙為 2eV 的半導電相比，其導電帶中的電子數是否比較多？ 為什麼？

2.請解釋為什麼摻雜半導體的導電度比非摻雜半導體好？

3.請解釋為什麼 p-型半導體與 n-型半導體接在一起時，接面會有空間電荷（space charge）？

4.請畫出 p-型半導體與 n-型半導體接在一起時，其導電帶、價電帶、費米能階從 p-型半導體到 n-型半導體會如何變化？

5.發光二極體中，電子和電洞的復合可能有那些途徑？其復合機率分別和電子濃度的關係為何？

6.載子侷限結構對發光二極體而言，可以有什麼好處？ 會有什麼負面影響？

7.白光二極體有那幾種做法？

8.請說明為何 100%的量子效率不等於 100%的電光轉換效率？

第 7 章

雷射原理

1 受激性放光或吸光
2 居量反轉（population inversion）
3 雷射的基本架構
4 自發性放光的變率方程式（rate equation）
5 受激性放光
6 受激性放光或吸收
7 含受激性放光之變率方程式
8 N_2 和 N_1 之變率方程式的穩態解
9 雷射的條件

第五章和第六章討論的是一般性的發光原理和光源，這一章將分析雷射原理，廣義來說，雖然雷射也是光源的一種，但其光的特性和一般光源大不相同，所以我們在此單獨討論。

前面討論到，電子從高能階躍遷到低能階時，可以放出光子，嚴格說來，這還有兩種情況，第一種稱為自發性放光（spontaneous emission），這類放光就如第五章所說的，因為高能階的電子並不穩定，在某個時間內一定會自動地從高能階躍遷到低能階。這個時間依材料而定，若是半導體材料，約在奈秒左右（nanosecond）；若是固體材料，約在數微秒（microsecond）到百微秒之間；若是氣體材料，則約在數毫秒（mini-second）到百毫秒之間。

第二種稱為受激性放光（stimulated emission），這也是發生在電子位於高能階時，在其未發生自發性放光前，若有另一個光子入射到此材料，這個入射光子將刺激此位於高能階的電子躍遷到低能階，而其重要的條件是，此入射光子的能量剛好是電子躍遷前後之能階的能量差。自發性放光和受激性放光的差異就如圖 7-1 所示，兩者都是電子從高能階躍遷到低能階，但受激性放光需要有入射光子的刺激，所以稱為受激性放光。這種因電子因為受激而躍遷所放出的光子，其能量和相位，以及傳播的方向都和入射光子一模一樣。這種透過入射光子的刺激而造成的躍遷，所需的時間非常短，可能在飛秒內（femtosecond），目前還沒有辦法仔細測量。因為受激性放光的發生速度極快，比自發性放光快上許多倍，所以當電子在高能階，而且有對應能量的光子照射時，比較會發生受激性放光。

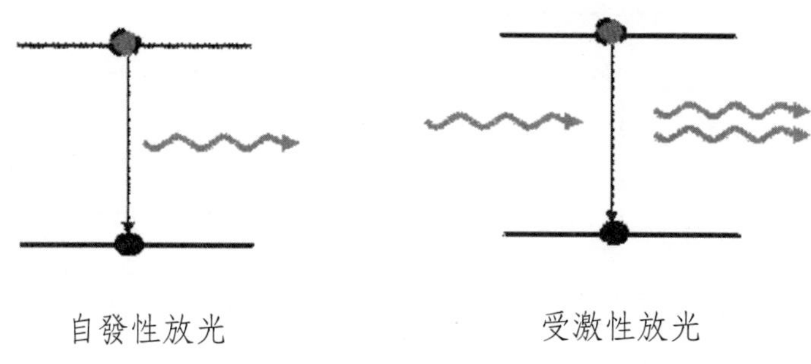

圖 7-1 自發性放光和受激性放光的差異之示意圖

7.1 受激性放光或吸光

與自發性放光相比較，我們很容易判斷是否會發生受激性放光，其差別就在於是否有入射光子。但是，當一個材料被光照射時，還會發生光子吸收的情形，這種因光子而往高能階躍遷也算是受激性躍遷的一種。例如，若高能階的能量為E_2，低能階的能量為E_1，若光子的能量$h\nu = \Delta E = E_2 - E_1$，則到底此光子會刺激在高能階$E_2$的電子進行受激性放光而躍遷到低能階的$E_1$？或是被位於低能階$E_1$的電子吸收，而躍遷到高能階的$E_2$？此命題的疑惑性如圖 7-2 所示。

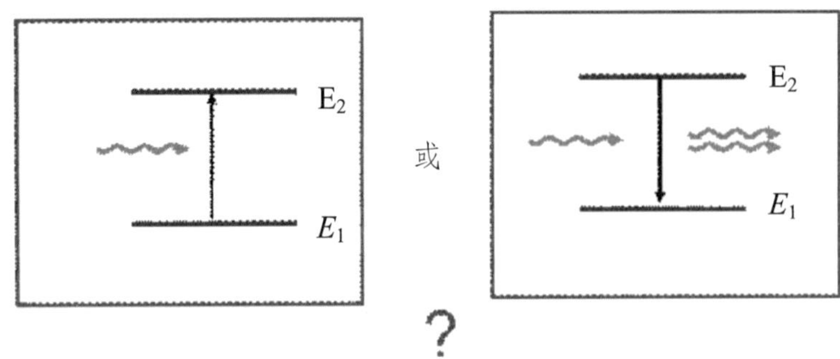

圖 7-2　入射光子的能量 $h\nu = \Delta E = E_2 - E_1$，則此光子會刺激在高能階 E_2 的電子躍遷到低能階的 E_1，進行受激性放光？或是被低能階 E_1 的電子吸收，而此電子躍遷到高能階 E_2？

實際的情形是，兩種情形都可能發生，端視在高能階的電子數較多或低能階的電子數較多。不管是吸光而往高能階躍遷，或是受光刺激而往低能階躍遷，凡是因光子入射而發生的躍遷，都稱為受激性躍遷，而其發生的機率和躍遷前之該能階的電子數目成正比。

但是，處於高能階的電子數和處於低能階的電子數相比較，到底那一個多呢？在熱平衡時，依據熱力學，兩者的比例如以下式子所示

$$\frac{N_2}{N_1} = \exp\left[-(E_2 - E_1)/kT\right] \tag{7-1}$$

其中 N_2 代表處於高能階 E_2 的電子濃度（單位體積內的電子數），N_1 代表處於低能階 E_1 的電子濃度。

方程式（7-1）表示著處於高能階 E_2 的電子數比低能階 E_1 的電子少，其情形如圖 7-3 所示，圖(a)為各能階之電子數隨能量大小之分佈圖；圖(b)為高能階 E_2 的電子數與低能階 E_1 的電子數之比較示意圖。因為受激性躍遷發生的機率和躍遷前之該能階的電子數目成正比，所

以若發生圖 7-2 左邊的吸光情形，則其機率正比於低能階 E_1 的電子濃度 N_1；而若發生圖 7-2 右邊的受激性放光之情形，則其機率正比於高能階 E_2 的電子濃度 N_2。然而，因為 $N_2 < N_1$，所以發生受激性放光的機率小於吸光的機率，所以其總體效果為吸光。因此，我們瞭解到，在正常的材料中，因為熱力學告訴我們，高能階的電子數比低能階的電子少，於是將光射入到材料中，只會被其吸收，不會產生受激性放光。

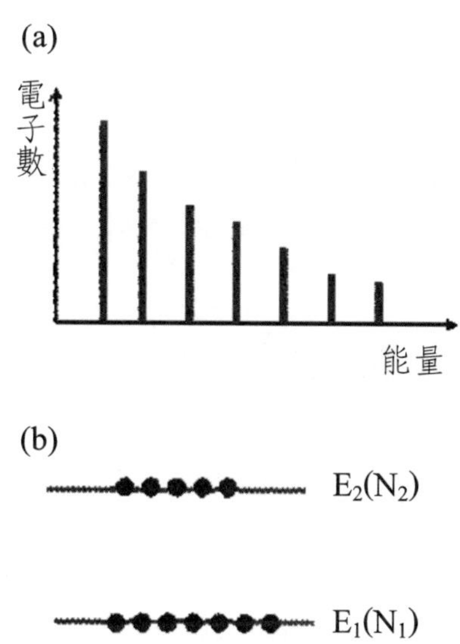

圖 7-3　(a)各能階之電子數隨能量大小之分佈圖；(b)高能階 E_2 的電子數與低能階 E_1 的電子數之比較示意圖。

7.2　居量反轉（population inversion）

另一方面，假如我們可以以人為的方式製作出此條件：$N_2 > N_1$，也就是高能階的電子數比低能階的電子多，那麼將光入射於該材料，就可能發生受激性放光的機率大於吸光的機率，其總效果就是可以讓此材料放光，而且因為是受激性放光，所以其光之特性與入射光一樣，亦即，波長、相位、傳播方向等都一樣。這種讓受激性放光發生的條件 $N_2 > N_1$ 稱為居量反轉（population inversion）。而且這種條件發生時，入射於該材料的光會被放大，因為受激性放光產生的光特性和入射光一模一樣，也就是說，放出來的同性質光比入射光還強，這稱為「藉由受激性放射之光放大」，也就是雷射（Laser: Light amplification by stimulated emission of radiation），台灣為音譯，中國大陸則採意譯，稱之為激光。

7.3 雷射的基本架構

但實際上，僅僅具有可以將光放大的材料，還無法形成雷射，因為若沒有入射的光，也無法將光放大，而一開始的光如何形成的？這就牽涉到整個雷射的架構，其必須有以下三個主要的部份：

(1)可以將光放大的材料，也就是具有居量反轉的物質。

(2)可以讓材料達到居量反轉的激發系統，也就是說能將電子由低能階幫浦到高能階，而且要讓高能階的電子數維持在比低能階的電子數還要多。

(3)一個共振腔，讓光可以在腔內來回振盪，通常是由鏡面構成。

雷射之架構示意圖如圖 7-4 所示。

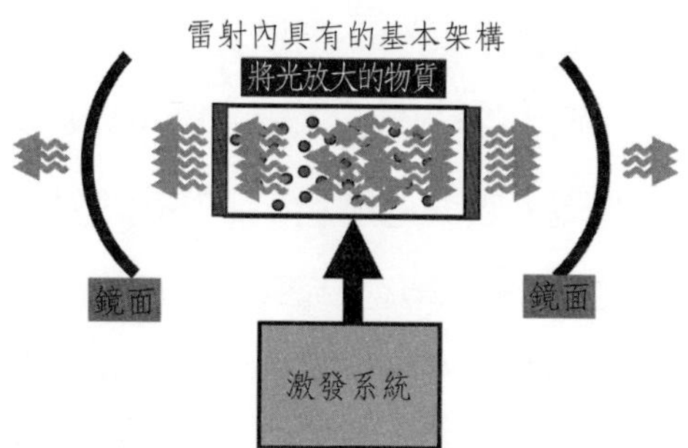

圖 7-4 雷射之架構示意圖，具有三個主要部份：(1)可以將光放大的材料；(2)可以讓材料達到居量反轉的激發系統；(3)一個共振腔，讓光可以在腔內來回振盪。

從前面的說明，可以瞭解到讓受激性放光發生的條件 $N_2 > N_1$，居量反轉（population inversion）是最關鍵的，但是如何能達到居量反轉？我們以下先從兩個能階的系統討論起，高能階為 E_2，低能階為 E_1，如圖 7-5 所示。

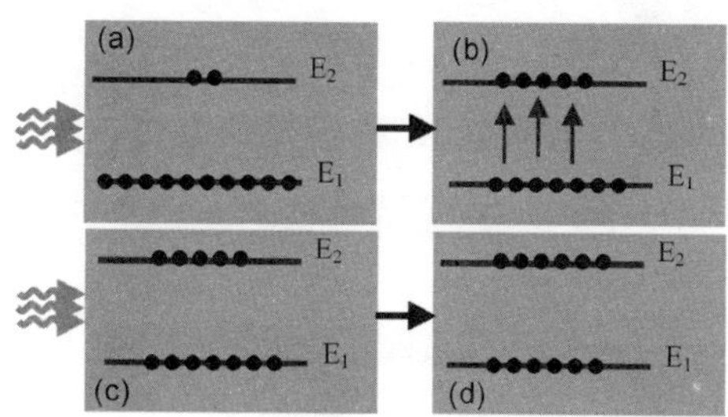

圖 7-5 兩個能階（E_2 & E_1）的系統，照光之後，雖然高能階 E_2 的電子數增加，但最終仍無法使得高能階 E_2 的電子數多於低能階 E_1 的電子數。

在熱平衡時，高能階的電子數少於低能階的電子數，如圖 7-5(a) 所示；將光照射在此系統，因為低能階的電子數比較多，所以其往上躍遷的總機率高於往下躍遷的總機率，所以可能讓高能階的電子數增加，於是變成圖 7-5(b)的情形，雖然高能階 E_2 的電子數增加了，但還是比低能階 E_1 的電子數少。接著我們繼續照光，因為高能階 E_2 的電

子數仍是比低能階 E_1 的電子數少，所以其往上躍遷的總機率依然高於往下躍遷的總機率，所以高能階 E_2 的電子數可以再繼續增加，而頂多就是最後高能階 E_2 的電子數與低能階 E_1 的電子數相等，如圖 7-5(d)所示。這時我們若再繼續照光，但因為高能階 E_2 的電子數等於低能階 E_1 的電子數，所以其往上躍遷的總機率和往下躍遷的總機率相等，結果是高能階 E_2 的電子數和低能階 E_1 的電子數都維持不變。無論我們照多強的光，頂多也就只能讓高能階 E_2 的電子數和低能階 E_1 的電子數相等，無法使得高能階 E_2 的電子數比低能階 E_1 的電子數多。

那應該如何做，才能使得高能階的電子數多於低能階 E_1 的電子數？也就是說，如何能達到居量反轉？至少要有三個能階，比較常用的是四個能階的材料系統，如圖 7-6 所示。

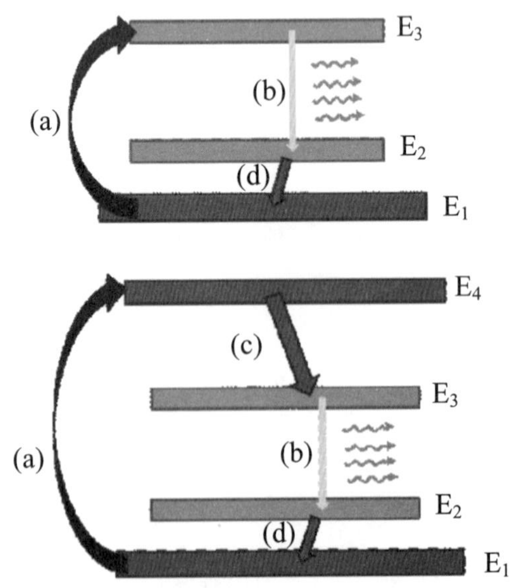

圖 7-6　三個能階和四個能階的材料系統：(a)途徑將低能階 E_1 的電子幫浦到高能階 E_3 或 E_4，(b)可以有居量反轉的兩個能階---E_2 和 E_3，以產生主要的雷射光，(c)途徑和(d)途徑是快速的過程。

圖 7-6 的上圖是一個三個能階的系統，產生雷射光的能階是藉由電子從能階 E_3 躍遷到能階 E_2 的過程(b)，而從能階 E_2 躍遷到基態能階 E_1 的(d)途徑則是一個相當快速的的過程，所以當電子從能階 E_3 躍遷到能階 E_2 之後，會很快地躍遷到基態能階 E_1，所以能階 E_2 可以維持在非常少電子的情形，因而維持能階 E_3 和能階 E_2 之間可以有居量反轉，也就是說，高能階 E_3 的電子數比低能階 E_2 的電子多。

圖 7-6 的下圖是一個四個能階的系統，產生雷射光的能階也是藉由電子從能階 E_3 躍遷到能階 E_2 的過程(b)，而同樣地，能階 E_2 躍遷到基態能階 E_1 的(d)途徑是一個相當快速的的過程，這裡多了從能階 E_4 躍遷到能階 E_3 的途徑(c)，這也是非常快速的過程，所以被(a)途徑幫浦到能階 E_4 的電子會很快地落到能階 E_3，這使得此四個能階的系統和前面的三個能階系統很類似，可以維持能階 E_3 和能階 E_2 之間可以有居量反轉。

7.4 自發性放光的變率方程式（rate equation）

這些狀況除了前面的定性說明外，還可以定量地分析，到底什麼條件會有居量反轉？我們以四個能階的系統做為分析的例子，常用來進行分析雷射系統的是變率方程式（rate equation），此能階系統如圖 7-7 所示，我們先將焦點放在和雷射有關的 E_2 能階。

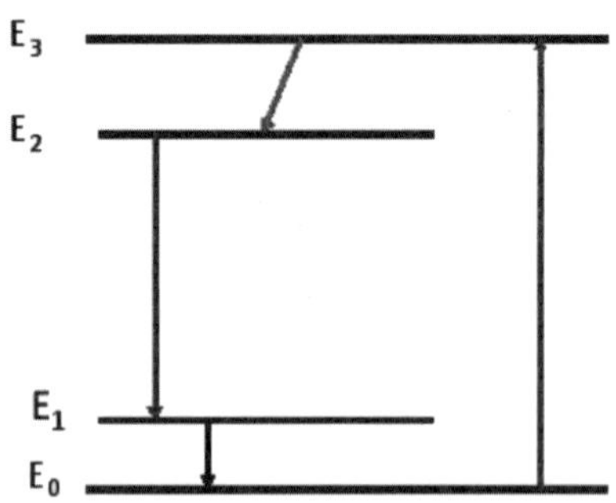

圖 7-7　比率方程式中用來分析之四個能階的雷射系統。

假設 E_2 能階的電子濃度（單位體積的電子數目）為 N_2，因為此能階並非基態，所以電子不會一直停留在此能階，有幾個因素會使得電子從 E_2 能階往下躍遷，其中之一為自發性放光。對 E_2 能階的電子而言，其可以往下躍遷的能階有 E_1 能階和 E_0 能階，因此單單就自發性放光而言，就有兩個途徑會使得 N_2 的數目隨著時間減少，我們先看 E_2 能階往下躍遷到 E_1 能階的部份

$$-\frac{dN_2}{dt} = A_{21} N_2 = \frac{N_2}{\tau_{sp}(2\rightarrow 1)} \qquad (6\text{-}2)$$

其中 $\tau_{sp}(2\rightarrow 1)$代表 E_2 能階往下躍遷到 E_1 能階的自發性放光生命期。

若是再包括 E_2 能階往下躍遷到 E_0 能階的自發性放光，則 N_2 的變率方程式如下

$$-\frac{dN_2}{dt} = \frac{N_2}{\tau_{sp}(2\rightarrow 1)} + \frac{N_2}{\tau_{sp}(2\rightarrow 0)} \qquad (7\text{-}3)$$

其中 τ_{sp}（$2 \to 0$）代表 E_2 能階往下躍遷到 E_0 能階的自發性放光生命期。這兩個生命期的綜合影響可以用另一個生命期來表示

$$\frac{1}{\tau_{sp2}} = \frac{1}{\tau_{sp}(2 \to 1)} + \frac{1}{\tau_{sp}(2 \to 0)} \tag{7-4}$$

τ_{sp2} 可以看成是 E_2 能階的自發性放光生命期。

而其實還可能有其他機制，讓 E_2 能階往下躍遷，使得 N_2 的數目隨著時間減少，這些機制包括有聲子散射、電子散射、分子或原子碰撞等等，所以總體效應的生命期可以描述如下

$$\frac{1}{\tau_2} = \frac{1}{\tau_{sp2}} + \frac{1}{\tau_c} + \frac{1}{\tau_p} + \cdots \tag{7-5}$$

τ_c 和 τ_p 代表其他機制導致的相關生命期，τ_2 可以看成是所有機制總合效果之 E_2 能階的生命期。因此方程式（7-5）變成

$$\frac{dN_2}{dt} = -\frac{N_2}{\tau_2} \tag{7-6}$$

而其解為

$$N_2 = N_{20} \exp\left(-\frac{t}{\tau_2}\right) \tag{7-7}$$

因為此電子濃度隨時間呈指數函數之衰減，所以我們得到對應之自發性放光的強度也會隨時間呈指數函數之衰減，其電場將具有如下的數學變化

$$e(t) = E_o \cos \omega_o t \cdot e^{-t/\tau_2} \tag{7-8}$$

將此時間函數取傅氏轉換，可得到頻率變化之頻譜如下式

$$|E(\omega)|^2 \propto \frac{1}{(\omega-\omega_o)^2+\left(\frac{1}{\tau_2}\right)^2} \tag{7-9}$$

其變化為一勞倫斯譜線（Lorentzian lineshape），半高寬Δv

$$\Delta v=\frac{1}{\pi\tau_2} \tag{7-10}$$

此勞倫斯譜線具有的物理意義如后所述，從能階E_2能階往下躍遷所產生的自發性放光，雖然其頻率似乎對應於兩個能階間的能量差，這應該是一個定值，但由於處於高能階的電子並不穩定，所以具有特定的生命期，而此生命期卻會讓其光譜之頻率不是一個定值，而是具有頻寬的譜線，如方程式（7-10）所示，生命期越短，其頻寬越大。

7.5 受激性放光

前面討論到自發性放光之定量方程式，再來我們進行受激性放光的定量分析。我們對受激性放光有個基本假設，是當初愛因斯坦所提出的，此基本假設是，受激性放光和吸光（兩者都稱為受激性導致之躍遷）和入射光之強度成正比，而入射光之強度和能量密度成正比，所以受激性導致之躍遷（受激性放光和吸光）和能量密度成正比，其數學關係式如下

$$W_{21}' = B_{21}\rho(v) \quad (2\rightarrow 1) \tag{7-11a}$$

$$W_{12}' = B_{12}\rho(v) \quad (1\rightarrow 2) \tag{7-11b}$$

其中 W_{21}' 代表單位時間內，因為入射光產生的受激性躍遷，每個電子從 E_2 能階往下躍遷到 E_1 能階的機率；W_{12}' 則是同樣的情形下，每個電子從 E_1 能階往上躍遷到 E_2 能階的機率；$\rho(v)$ 是每個單位頻率範圍內的能量密度；B_{21} 和 B_{12} 是比例常數。光強度（I）和能量密度的關係式為 $I=c\rho(v)/n$；c 為光速，n 為折射率。

於是與發光相關，從 E_2 能階往下躍遷到 E_1 能階之全部電子總數為自發性放光和受激性放光的總和 $=N_2(B_{21}\rho(v)+A_{21})$；而從 E_1 能階往上躍遷到 E_2 能階的部份只有受激性躍遷，沒有自發性躍遷，所以等於 $N_1B_{12}\rho(v)$。平衡時，從 E_2 能階往下躍遷到 E_1 能階的總數和從 E_1 能階往上躍遷到 E_2 能階的總數應該相等，所以我們得到以下關係式

$$N_2(B_{21}\rho(v)+A_{21}) = N_1B_{12}\rho(v) \tag{7-12}$$

運用熱平衡時，方程式（7-1）所描述之 N_2/N_1 比例，以及 $E_2-E_1=hv$，則由上面的關係可以推導出單位頻率範圍內的能量密度如下

$$\rho(v) = \frac{A_{21}}{B_{12}e^{hv/kT} - B_{21}} \tag{7-13}$$

而在熱平衡時，黑體幅射之單位頻率範圍內的能量密度為

$$\rho(v) = \frac{8\pi n^3/hv^3}{c^3}\frac{1}{e^{hv/kT}-1} \tag{7-14}$$

比較方程式（7-12）和方程式（7-13），我們得到以下的重要結果

$$(1)B_{12}=B_{21} \qquad (7\text{-}15a)$$

$$(2)\frac{A_{21}}{B_{21}}=\frac{8\pi n^3/hv^3}{c^3} \qquad (7\text{-}15b)$$

方程式（7-15a）告訴我們，對於單一電子而言，受激性放光和受激性導致之吸光機率相等，這也和前面討論的一致，因為受激性導致之躍遷，不管是往上或往下都一樣，所以在只有兩個能階的系統中，不可能發生居量反轉。

在複雜的原子分子系統中，通常 E_2 不會是只有一個能階，而是許多極接近之能階組成一個寬的能帶，而各個能階間的間距也不盡相同，所以較合適的處理方式是用一頻譜分佈 $g(v)$（lineshape）來描述，$\int_0^\infty g(v)dv=1$。另一方面，如果入射光之光譜範圍極窄，也就是說 $\rho(v)$ 的頻寬遠比 $g(v)$ 的頻寬小，則我們可以把 $\rho(v)$ 當成是單一頻率處理，$\rho(v)=nI/c$，所以單位時間內，因為照光，導致電子從 E_2 能階往下躍遷到 E_1 能階的總數為 $R_{st.em.}=N_2B_{21}g(v)\rho(v)=N_2B_{21}g(v)(nI/c)=W_iN_2$，而

$$W_i=B_{21}g(v)(nI/c)=\frac{\lambda^2 IA_{21}}{8\pi n^2 hv}g(v)=\frac{\lambda^2 I}{8\pi n^2 hv\tau_{sp}(2\rightarrow 1)}g(v) \qquad (7\text{-}16)$$

7.6 受激性放光或吸收

根據前面之討論，照光也會讓電子吸收，單位時間內，因為照光，使得電子從 E_1 能階往上躍遷到 E_2 能階的總數為 W_iN_1，於是總合效果為兩者相減，所以若 E_2 能階的電子數較多，我們可以讓射出來的光比入射光強，而增加的光功率如下

$$\Delta P = V(N_2 - N_1) W_i h\nu \tag{7-17}$$

嚴格說來，上式還需考慮光的強度會隨著行進距離增加，所以 W_i 並非常數。若考慮行進一個非常短的距離 dz，則變化很小，所以可以把 W_i 當成常數，而增加的光功率也是很小，寫為 dP；若光束的截面積為 A，則 $dP = AdI$，dI 為光強度在此距離 dz 內的增加量；另一方面，在此非常短的距離 dz 內，光所經過的體積 $V = Adz$，將這些量以及方程式（7-16）的 W_i 代入方程式（7-17），我們可以得到

$$\frac{dI}{dz} = (N2 - N1)\frac{c^2}{8\pi n^2 \nu^2 \tau_{sp}(2\rightarrow 1)} g(\nu) I = \gamma(\nu) I \tag{7-18}$$

此方程式的解為 $I(z) = I_0\, e^{\gamma(\nu)z}$，而係數 $\gamma(\nu) = (N2 - N1)W_i h\nu = (N2 - N1)\frac{c^2}{8\pi n^2 \nu^2 \tau_{sp}(2\rightarrow 1)} g(\nu)$。

此係數 $\gamma(\nu)$ 的大小和 $(N_2 - N_1)$ 成正比，我們有以下的幾個主要情

況

(1)若$(N_2-N_1)<0$，則光強度將隨行進距離而減少，一般我們將此係數寫為$\gamma(\nu)=-\alpha$，α稱為吸收係數，其單位通常寫為 cm^{-1}，而光強度變化為$I(z)=I_0\,e^{-\alpha z}$。

(2)若$(N_2-N_1)>0$，則光強度將隨行進距離而增加，此情況就是居量反轉。一般我們將此係數寫為$\gamma(\nu)=g$，g稱為增益係數，其單位也是常寫為 cm^{-1}，而光強度變化為$I(z)=I_0\,e^{gz}$。所以在居量反轉下，材料可以將光放大。

(3)若$(N_2-N_1)=0$，則光強度將不隨行進距離而改變。

而在熱平衡下，因為$(N_2-N_1)<0$，所以無法將光放大，而如何達到$(N_2-N_1)>0$的居量反轉，下一節將仔細分析。

7.7 含受激性放光之變率方程式

因為要討論受激性放光，所以我們將焦點放在E_2能階和E_1能階。而四個能階和三個能階的系統在這個情況下，其實沒有差異。所以包含自發性放光和受激性放光下，N_2和N_1之變率方程式如下

$$\frac{dN_2}{dt}=R_2-\frac{N_2}{\tau_2}-(N_2-N_1)\,W_i(\nu) \quad (7\text{-}19a)$$

$$\frac{dN_1}{dt}=R_1-\frac{N_1}{\tau_1}+\frac{N_2}{\tau_{sp}}+(N_2-N_1)\,W_i(\nu) \quad (7\text{-}19b)$$

因為τ_{sp}（2→1）會常用到，所以簡寫為τ_{sp}。方程式（7-19a）右邊

的第一項 R_2 為幫浦速率，是單位時間內將電子從基態能階 E_0 幫浦到能階 E_2 的電子數目，第二項就是代表方程式（7-6）所描述的所有與自發性發光類似的機制，第三項就是前一節所討論的受激性放光，若 $(N_2-N_1)>0$，則會發生受激性放光而使得能階 E_2 的電子數目隨時間而減少，反之若 $(N_2-N_1)<0$，則會發生吸光使得能階 E_2 的電子數目隨時間而增加。

方程式（7-19b）右邊的第一項 R_1 也是幫浦速率，是單位時間內將電子從基態能階 E_0 幫浦到能階 E_1 的電子數目，第二項代表和方程式（7-6）類似的機制，但是作用於能階 E_1。第三項則是能階 E_2 因為自發性放光，於是躍遷到能階 E_1，因此會使得能階 E_1 的電子數目增加，第四項也是和受激性放光有關，若 $(N_2-N_1)>0$，則會發生受激性放光而使得能階 E_2 的電子躍遷到能階 E_1，所以會讓能階 E_1 的電子數目隨時間而增加。反之若 $(N_2-N_1)<0$，則會發生吸光使得能階 E_1 的電子往上躍遷而使其電子數目隨時間而減少。

方程式（7-19a）和方程式（7-19b）的情形如圖 7-8 所示。

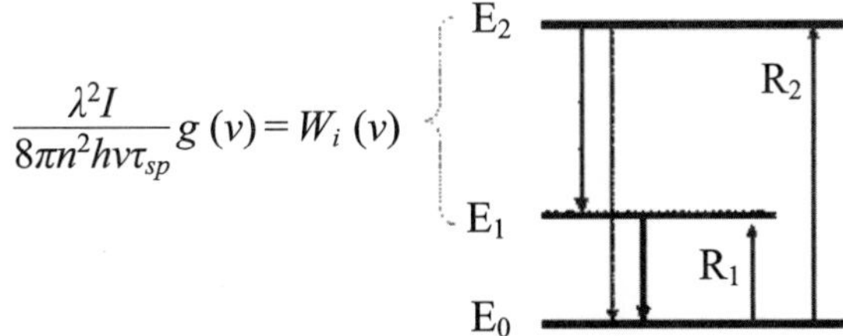

圖 7-8　E_2 能階和 E_1 能階之電子因各種機制而往上或往下躍遷之情形。

7.8 N_2和N_1之變率方程式的穩態解

要完全解出方程式（7-19a）和方程式（7-19b）並不容易，因為其包含了光的強度I（隱含在W_i之中），但要得到穩態解就容易的多，也就是$d/dt=0$，於是方程式（7-19a）和方程式（7-19b）變成

$$R_2 - \frac{N_2}{\tau_2} - (N_2 - N_1)\,W_i(v) = 0 \tag{7-20a}$$

$$R_1 - \frac{N_1}{\tau_1} + \frac{N_1}{\tau_{sp}} + (N_2 - N_1)\,W_i(v) = 0 \tag{7-20b}$$

由方程式（7-20a）和方程式（7-20b）可以解得穩態的N_2和N_1，所以居量反轉之大小，也就是$(N_2 - N_1)$的量，經過一些處理之後，可以簡化如下

$$N_2 - N_1 = \frac{\Delta N^0}{1 + I/I_s} \tag{7-21}$$

其中

$$\Delta N^0 = R_2\tau_2 - \left(R_1 + \frac{\tau_2}{\tau_{sp}} R_2\right)\tau_1 \tag{7-22}$$

$$I_s = \frac{8\pi n^2 h v \tau_{sp}}{\left[\tau_2 + \left(1 - \frac{\tau_2}{\tau_{sp}}\right)\tau_1\right] g(v)} \tag{7-23}$$

方程式（7-21）表示居量反轉隨光的強度之增加而減少，這合乎

受激性放光的特性，因為光的強度越強，受激性放光越多，所以從 E_2 能階往下躍遷到 E_1 能階的電子數量增加，這使得 N_2 的數目變少，因此居量反轉 $(N_2 - N_1)$ 的量較小。而居量反轉 $(N_2 - N_1)$ 的量也正比於 ΔN_0，ΔN_0 稱為未飽和居量反轉，其大小如方程式（7-22）所述，在 $R_2\tau_2$ 比 $\left(R_1 + \frac{\tau_2}{\tau_{sp}} R_2\right)\tau_1$ 大之下，可以有居量反轉，而這代表了以下幾個情況

(1)R_2 代表的幫浦速率要大，但 R_1 代表的幫浦速率要小。

(2)生命期 τ_2 比生命期 τ_1 大，對於維持居量反轉有幫助。

方程式（7-23）的 I_s 稱為飽和強度。

因為增益係數正比於居量反轉 $(N_2 - N_1)$ 的量，所以方程式（7-21）可以推導出增益係數也隨光的強度之增加而減少

$$\gamma(v) = \frac{\gamma_o(v)}{1 + I / I_s} \tag{7-24}$$

其中之 $\gamma_0(v)$ 為未飽和增益係數，其大小和幫浦速率有直接關係。這種增益隨光的強度而減少的情形稱為增益飽和，其變化如圖 7-9 所示，當光強度到達 I_s 之值時，增益係數降至最大值的二分之一。若是 $\Delta N_0 < 0$，將變成是吸收，而吸收係數也會隨光的強度之增加而減少，稱為吸收飽和，其變化也如圖 7-9 所示。

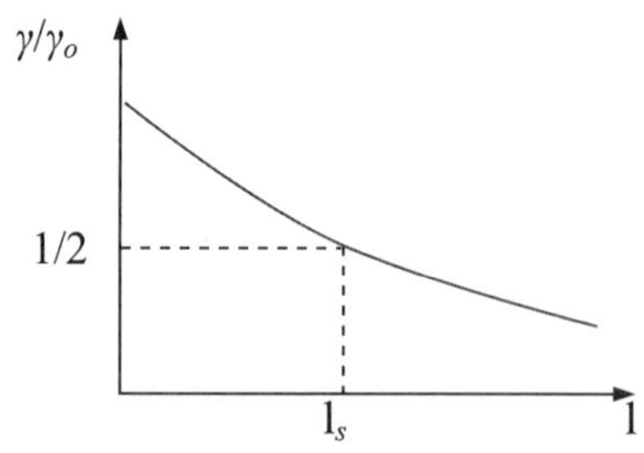

圖 7-9　增益係數隨光的強度而減少的情形。

7.9　雷射的條件

如前面所提，雷射還必須有共振腔，讓光可以來回振盪。在雷射中，並沒有入射光，但雷射光如何產生？原因是，一旦材料因為激發而達到居量反轉時，代表著高能階的電子數一定比熱平衡時要大，所以必定會產生自發性放光，而因為有共振腔，所以一部份的自發性放光產生的光可以被共振腔來回反射而經過居量反轉的材料，此居量反轉就能夠讓光獲得放大。剛開始時，光還非常的弱，所以增益尚未被飽和，所以此來回振盪的光所看到的增益係數相當大，約等於 $\gamma_0(\nu)$。

$$\gamma_0(\nu) = \Delta N^o \frac{c^2}{8\pi n^2 \nu^2 \tau_{sp}} g(\nu) \tag{7-25}$$

當光逐漸放大時，如前一節所討論，因為增益飽和，所以增益係數將變小，但會小到那一個數值？要探討此問題，我們從實際的共振腔討論起。圖 7-10 為一共振腔之示意圖，由兩個平行的平面鏡所構成，這種結構稱為法布立－培若特（Fabry-Perot）共振腔。

圖 7-10　一法布立－培若特（Fabry-Perot）雷射共振腔之示意圖

設鏡面的反射率各為r_1和r_2，雷射共振腔內之增益係數為γ，損耗係數為α，共振腔長度為l。在穩態共振之下，光在雷射共振腔內來回一趟，其增益和損耗剛好相等，在此損耗包含了共振腔內的各種損耗（如吸收、散射等）和鏡面損耗，所以經過這樣一趟之後，光的強度不變，$I = r_1 r_2 e^{2(\gamma - \alpha)l} I$，亦即

$$r_1 r_2 e^{2(\gamma - \alpha)l} = 1 \tag{7-26}$$

由方程式（7-26）我們可以得到雷射共振條件之一，即增益係數必須等於以下的臨界值

$$\gamma_t = \alpha - \frac{1}{2l}\ln(r_1 r_2) \tag{7-27}$$

也就是說，方程式（7-24）的增益係數必須等於方程式（7-27）之γ_t。我們可以藉由此條件得到穩態共振之腔內雷射光強度

$$I = I_s\left(\frac{\gamma_0}{\gamma_t} - 1\right) \tag{7-28}$$

也可以由以下的圖解法得到，當幫浦速率R_2大，則g_0變大，於是共振時，腔內雷射光強度也跟著變大，如圖 7-11 所示。

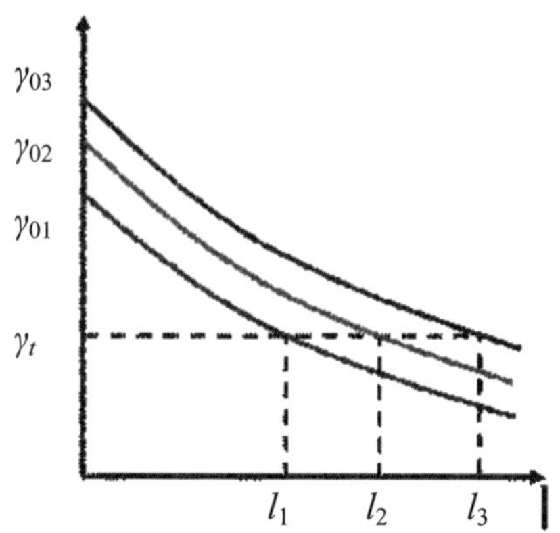

圖 7-11　不同未飽和係數下，共振時其所對應的穩態共振之腔內雷射光強度。

除此之外，第二個條件是，光在雷射共振腔內來回一趟，其相位差必須是（2π）的整數倍，這將要求共振波長滿足以下的式子

$$\lambda_m = \frac{2nl}{m} \tag{7-28}$$

其中m為正整數，通常雷射共振腔比共振波長大很多，所以比較少真正計算絕對波長，而是計算相鄰共振波長的差距，或是相鄰共振頻率的差距

$$\Delta\lambda = \frac{\lambda^2}{2nl} \tag{7-28a}$$

$$\Delta\nu = \frac{c}{2nl} \tag{7-28b}$$

由雷射產生的光和一般光源不同，因為受激性放光的特性，射出的雷射光會有很好的方向性，而相位及頻率也都有很好的一致性。

範例 1　一氣體雷射，其增益材料的折射率約等於 1，如果雷射共振腔之長度為 30cm，則此雷射光之相鄰共振頻率的差距多少？

根據方程式（7-28b），$\Delta v = \frac{c}{2nl} = \frac{3 \times 10^{10}}{2 \times 30} = 5 \times 10^{8}$（Hz）

習題

1.電子從高能階躍遷到低能階時，可以放出光子，這種放光情況可分類為那幾種？

2.什麼是居量反轉（population inversion）？

3.在熱平衡時能否有居量反轉？為什麼？

4.請說明雷射必須包含那三個主要的部份。

5.可以將光放大的最重要條件是什麼？

6.在一個雙能階的系統，能否產生居量反轉？為什麼？

7.請寫下沒有受激性放光之高能階的電子數隨時間變化的方程式，並解釋此方程式的時間參數受那些因素影響？

8.請證明自發性放光之對應光譜為勞倫斯譜線（Lorentzian lineshape），即 $|E(\omega)|^2 \propto \frac{1}{(\omega-\omega_o)^2+(\frac{1}{\tau})^2}$，$\tau$是所對應之高能階的生命期。

9.請定量解釋在材料具有居量反轉下，光在該材料中行進時，其強度會隨距離而呈指數函數增加。

10.一半導體雷射，其增益材料的折射率約等於 3.5，如果雷射共振腔之長度為 500 μm，則此雷射光之相鄰共振波長的差距多少？

第 8 章

雷射光之特徵和應用

1 高斯光束（Gaussian beam）
2 光學元件對高斯光束之影響
3 短脈衝雷射光
4 雷射種類與應用
5 非線性光學

8.1 高斯光束（Gaussian beam）

由雷射產生的光通常會是高斯光束，其電場分佈如以下的數學式所示

$$E\,(r,z) = E_0\,\frac{w_0}{w(z)}\exp\left(\frac{-r^2}{w^2(z)}\right)\exp\left(-jkz - jk\frac{r^2}{2R(z)} + j\zeta(z)\right) \qquad (8\text{-}1)$$

$$\text{其中 } w(z) = w_0\left[1 + \left(\frac{z}{z_0}\right)^2\right]^{1/2} \qquad (8\text{-}2)$$

$$R(z) = z\left[1 + \left(\frac{z}{z_0}\right)^2\right] \qquad (8\text{-}3)$$

$$\zeta\,(z) = \tan^{-1}\left(\frac{z}{z_0}\right) \qquad (8\text{-}4)$$

$$w_0 = \left(\frac{\lambda z_0}{\pi}\right)^{1/2} \qquad (8\text{-}5)$$

方程式（8-1）代表此光束沿著 z 軸傳播，r 代表與 z 軸之距離，而起始點之位置為 $z=0$，從方程式（8-1），我們可以得到光強度之變化如以下的數學式所示

$$I\,(r,z) = \frac{|E(r,z)|^2}{2\eta} = I_0\left(\frac{w_0}{w(z)}\right)^2\exp\left(\frac{-2r^2}{w^2(z)}\right) \qquad (8\text{-}6)$$

其中 $\eta = \eta_0 = \sqrt{\dfrac{\mu_0}{\varepsilon_0}}$

從方程式（8-1）可以看出在與 z 軸垂直之剖面上，此光強度是一高斯分佈的函數，所以稱為高斯光束，如圖 8-1 所示。

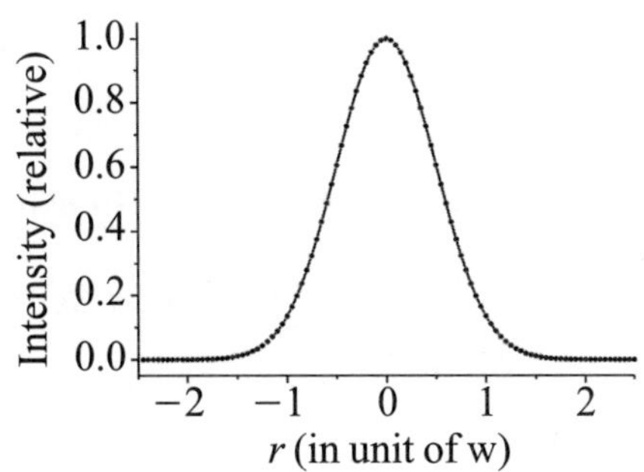

圖 8-1　高斯光束在與z軸垂直之剖面上的分佈，其變化為高斯分佈的函數。

此高斯光束的大小通常以光強度從位於 z 軸的最大值，往剖面方向逐漸減少到最大值的$(1/e)^{-2}$，此位置的半徑剛好是$r=w(z)$，所以$w(z)$可視為此高斯光束的半徑。由方程式（8-2）看出，在$z=0$ 時，半徑最小，$w(z)=w_0$，這個位置稱為高斯光束之腰部，所以其腰部的半徑為w_0；隨著光束沿著z軸傳播，此半徑逐漸變大，其變化如圖 8-2 所示。此外，方程式（8-3）描述另一個函數$R(z)$，其代表著高斯光束之波前為一球面形狀，對應於半徑為$R(z)$的球。此半徑函數$R(z)$隨著z軸之變化也畫在圖 8-2 之中。方程式（8-4）之函數$\zeta(z)$代表一隨z軸變化之額外相位項。

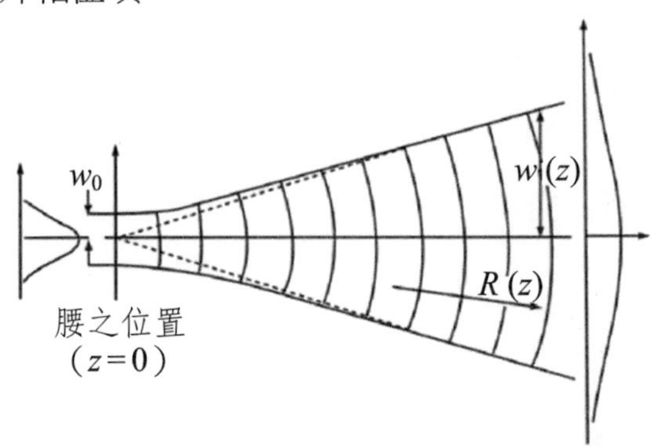

圖 8-2　高斯光束之半徑$w(z)$與球面波前隨z軸變化之情形。

方程式（8-2）到（8-4）都有一個參數 z_0，其大小與腰之半徑有直接之關係，如方程式（8-5）所述，此參數實際上代表著，當高斯光束的半徑從腰的最小值增加到 $\sqrt{2}$ 倍時，其所行進的距離，亦即半徑為 $\sqrt{2}\,w_0$ 時之 z 軸座標，也常用另一個符號 z_R 表示，稱為芮雷範圍（Rayleigh range），其情形如圖 8-3 所示。

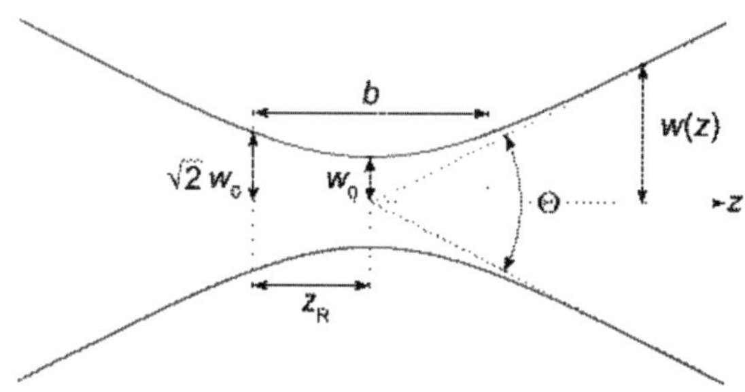

圖 8-3　高斯光束往左右兩邊擴散，其半徑從腰的最小值增加到 $\sqrt{2}$ 倍時，行進的距離為 z_R。

從腰的位置往左右兩邊看去，此高斯光束是左右對稱的，所以從腰的位置往左或往右行進 z_R 距離時，高斯光束的半徑都會增加到 $\sqrt{2}\,w_0$，在半徑小於 $\sqrt{2}\,w_0$ 的這整個範圍（$2z_R=b$）稱為此高斯光束的共焦參數（confocal parameter）或是聚集深度（depth of focus）。

沿著 z 方向，將所有半徑點 $w(z)$ 連成一條線，將會形成雙曲線，此雙曲線有漸近線，會經過 $z=0$ 和 $r=0$ 之位置，此漸近線代表著高斯光束往外擴散的幅度，如圖 8-3 所示之擴散角為Θ

$$\Theta=\frac{2\lambda}{\pi w_0} \tag{8-7}$$

因此高斯光束的腰越細，其擴散角越大；反之，高斯光束的腰越粗，其擴散角越小，也就是說，高斯光束的尺寸越沒有變化。

範例 1　若雷射光波長為 633nm，請計算其高斯光束的腰在 2.25mm、2.25cm、22.5cm 時，其半徑維持在 $\sqrt{2}$ 倍以內之距離為多少？

由方程式（8-5），我們可以得到 $b=2z_R=2z_0=\dfrac{2\pi w_0^2}{\lambda}$，將 w_0 $=2.25$mm、2.25cm、22.5cm 分別代入，可得到 b 分別為 45m、5km、500km。我們可以看出高斯光束在腰之半徑為 22.5cm 時，可以傳播 500km 之遠，而其半徑還維持在 32cm 以內，此距離幾乎是台灣北部的鼻頭角到台灣南部的鵝鑾鼻。

8.2　光學元件對高斯光束之影響

方程式（8-1）之指數項當中，與 r^2 相關的部份常併在一起，於是型式如下：

$$\begin{aligned} E(r,z) &= E_0\frac{w_0}{w(z)}\exp\left(-\frac{jkr^2}{2}\left(\frac{1}{R(z)}-j\frac{\lambda}{\pi w^2(z)}\right)\right)\exp(-jkz+j\zeta(z)) \\ &= E_0\frac{w_0}{w(z)}\exp\left(-\frac{jkr^2}{2}\frac{1}{q(z)}\right)\exp(-jkz+j\zeta(z)) \end{aligned}$$

其中 $k=2\pi/\lambda$ 以及

$$\frac{1}{q(z)}=\frac{1}{R(z)}-j\frac{\lambda}{\pi w^2(z)} \tag{8-8}$$

重新整理，可以得到

$$q(z) = z + q_0 = z + jz_0 \tag{8-9}$$

$q(z)$ 稱為高斯光束之光束參數或 q 參數，此參數代表著高斯光束與腰的位置之距離為 z，而腰的位置所對應的 z 軸座標為 0。運用此 q 參數，光學元件對高斯光束之影響可以很容易計算出來。

第二章當中，光學元件對光線的作用可以用 $ABCD$ 矩陣來表示，這裡的 q 參數也可以透過 $ABCD$ 矩陣元素來處理，如圖 8-4 所示，在光學元件之前，其 q 參數為 q_1，在光學元件之後，其 q 參數為 q_2，設對應此光學元件之矩陣為 $\begin{pmatrix} A & B \\ C & D \end{pmatrix}$，則 q_1 和 q_2 間的數學關係式如下

$$q_2 = \frac{Aq_1 + B}{Cq_1 + D} \tag{8-10}$$

而 $ABCD$ 矩陣之元素就如第二章所分析討論的，我們接著將用幾個例子驗證方程式（8-10）的真實性。

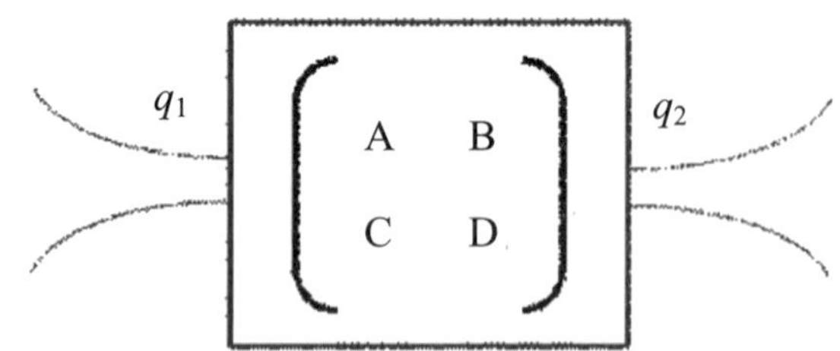

圖 8-4　高斯光束進出由 $ABCD$ 矩陣表示之光學元件。

範例 2　空間中一段距離 d，則其對應之矩陣元素分別為 $A=1$，$B=d$，$C=0$，$D=1$，則高斯光束行進這一段距離 d 後，其 q 參數將如何變化？

設在進入此空間前之q參數為$q_1=z+jz_0$，則根據方程式（8-10），

$$q_2=\frac{Aq_1+B}{Cq_1+D}=\frac{q_1+d}{0\times q_1+1}=q_1+d=z+jz_0+d=z+d+jz_0$$

由$q_1=z+jz_0$，我們知道的z軸座標位置為z，再行進一段距離d之後，z軸座標位置為$z+d$，所以$q_2=z+d+jz_0$，因此與使用方程式（8-10）所得結果一致。

範例 3　一薄透鏡之$ABCD$矩陣$\begin{pmatrix}A & B\\ C & D\end{pmatrix}=\begin{pmatrix}1 & 0\\ -\frac{1}{f} & 1\end{pmatrix}$，則高斯光束經過此透鏡前後，其$q$參數將如何變化？

設在進入此透鏡前之q參數為$q_1=z+jz_0$，則根據方程式（8-10），

$$q_2=\frac{Aq_1+B}{Cq_1+D}=\frac{q_1}{\left(-\frac{1}{f}\right)\times q_1+1}$$

$$\frac{1}{q_2}=-\frac{1}{f}+\frac{1}{q_1}$$

再將方程式（8-7）代入，可得以下式子

$$\frac{1}{q_2(z')}=\frac{1}{R_2(z')}-j\frac{\lambda}{\pi w_2^2(z')}=-\frac{1}{f}+\frac{1}{R_1(z)}-j\frac{\lambda}{\pi w_1^2(z)}$$

所以我們得到

$$\frac{1}{R_2(z')}=\frac{1}{R_1(z)}-\frac{1}{f}\qquad(8\text{-}11)$$

$$w_2(z') = w_1(z) \tag{8-12}$$

再來我們直接將透鏡對相位的影響代入方程式（8-1），則相位的項變成以下的式子

$$\exp\left(-jk\frac{r^2}{2R_1} + jk\frac{r^2}{2f}\right) = \exp\left(-jk\frac{r^2}{2R_2}\right)$$

所以得到 $\frac{1}{R_2} = \frac{1}{R_1} - \frac{1}{f}$，而因為是薄透鏡，因此高斯光束在透鏡前後的剖面半徑相等，$w_2 = w_1$。此結果和使用方程式（8-10）之結果相同。

解方程式（8-11）和（8-12）可以得到高斯光束在此透鏡前後的變化如下

光束之腰的半徑：$w_{02} = Mw_{01}$ （8-13a）

光束之腰的位置：$(z' - f) = M^2(z - f)$ （8-13b）

聚焦深度：$2z_0' = M^2(2z_0)$ （8-13c）

擴散角：$\Theta_2 = \Theta_1/M$ （8-13d）

$$M = \frac{\left|\dfrac{f}{z-f}\right|}{\left[1 + \left(\dfrac{z_0}{z-f}\right)^2\right]^{1/2}} \tag{8-13e}$$

範例4　如果入射到薄透鏡的雷射光（高斯光束）具有大的尺寸，而在入射到薄透鏡時，此雷射光剛好是在腰的位置，則此雷射光可能被聚到多小的尺寸，以及其聚焦位置在何處？

因為入射到薄透鏡時，此雷射光剛好是在腰的位置，所以 $z = 0$，

根據方程式（8-13e），$M=\dfrac{1}{\left[1+\left(\dfrac{z_{01}}{f}\right)^2\right]^{1/2}}$。又因為入射的雷射光具有大的尺寸，$z_{01}$將遠大於透鏡焦距$f$，所以$z_{01}/f\gg 1$，$M\approx\dfrac{f}{z_{01}}\ll 1$。

由方程式（8-13a），我們可得

$$w_{02}=\frac{f}{z_{01}}w_{01}=\frac{\lambda}{\pi w_{01}}f \tag{8-14}$$

再由方程式（8-7），可得$w_{02}=\dfrac{\Theta}{2}f$。

再根據方程式（8-13b），可得到$z'=f-M^2f=f(1-M^2)\approx f$，因此雷射光被聚焦在透鏡的焦點位置，而最小的聚焦尺寸與入射光的尺寸成反比，和透鏡焦距成正比，在最佳的情況下，我們希望將入射光調整為其尺寸與透鏡孔徑一樣，可得到最小的聚焦尺寸。

我們把雷射光之剖面尺寸定義為$D=2w_0$，則方程式（8-14）可改寫為

$$D_2=\frac{4}{\pi}\lambda\frac{f}{D_1}=\frac{4}{\pi}\lambda F_{\#} \tag{8-15}$$

$F_{\#}$ 稱為透鏡的 F-number，$F_{\#}=(f/D_1)$，D_1是入射光的直徑或是透鏡的直徑，取其較小的數值。因此聚焦後的尺寸與透鏡的F-number成正比，焦距越小，以及透鏡直徑越大，可以讓聚焦尺寸越小，而另一方面，波長越短，聚焦尺寸也會越小。

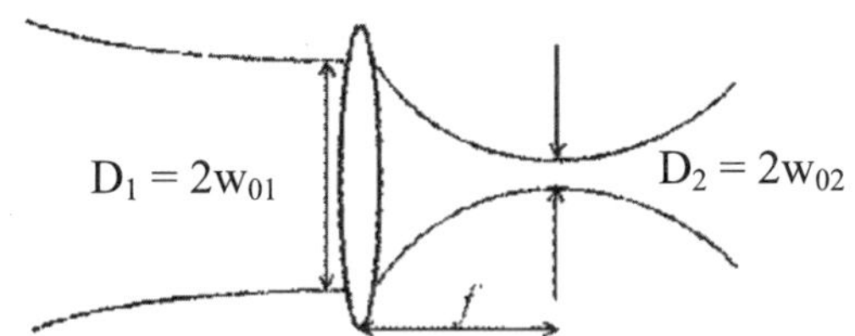

圖 8-5　雷射光從左邊入射到小 F-number 之透鏡後被聚焦的情形。

8.3　短脈衝雷射光

雷射光的另一個重要且有用的特性是，在時間上，雷射光的能量可以集中在某一瞬間射出，這類的雷射稱為短脈衝雷射。產生短脈衝雷射的方式有數種，最普遍的有以下三種：

(1)Q-switching

(2)Gain-switching

(3)鎖模（mode-locking）

8.3.1　Q-switching

Q-switching是將雷射腔的損耗維持在大的數值，所以共振腔具有小的Q值，因為增益比整體的損耗小，因此無法產生雷射光，而增益材料可以維持在高的居量反轉；然後在某瞬間，將損耗突然降低，所以共振腔的Q值突然升高，也就是說，增益突然間高於損耗，因此居量反轉可以在極短時間內產生大量的受激性放光，其情形如圖 8-6 所示。

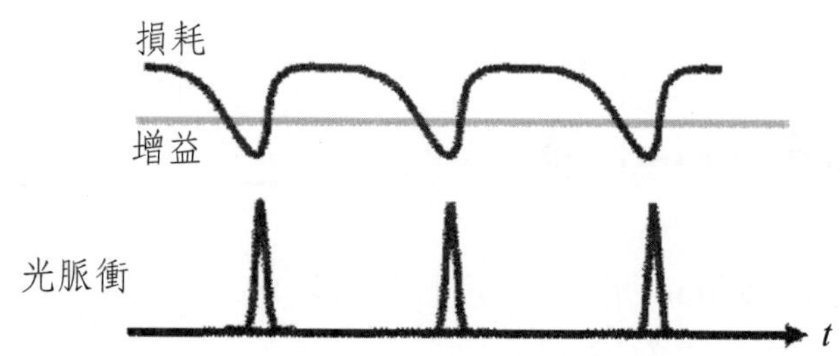

圖 8-6　Q-switching 產生短脈衝的運作原理示意圖。

8.3.2　Gain-switching

Gain-switching 和 Q-switching 類似，只是差異是改為調製增益。也是將雷射腔的損耗維持在大的數值，所以共振腔具有小的Q值，因為增益比整體的損耗小，因此無法產生雷射光，然後在某瞬間，將增益突然升高，所以增益突然間高於損耗，因此可以在極短時間內產生大量的受激性放光，其情形如圖 8-7 所示。這類的做法必須要雷射材料的增益可以急速提高，大部份是應用在能夠快速注入電流的半導體雷射。

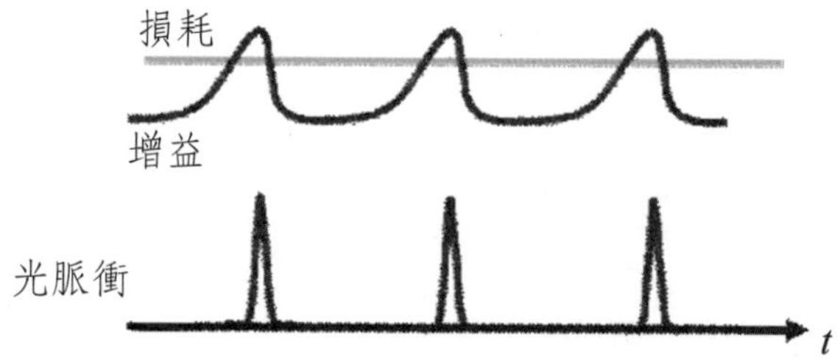

圖 8-7　Gain-switching 產生短脈衝的運作原理示意圖。

8.3.3 鎖模（Mode-locking）

前面Q-switching所產生的短脈衝雷射光，其脈衝的時域寬度約在100ps-50ns之間，半導體雷射之gain switching，其脈衝的時域寬度則在 10ps-100ps 之間。若要產生更短的雷射光脈衝，必須使用鎖模（Mode-locking）的原理和技術。

鎖模是指雷射腔中，同時共振的各個模態被鎖在相同的相位，其數學模型如下之推導，在共振腔當中，雷射光之電場就是所有模態之電場疊加起來，而相鄰共振頻率的差距如方程式（7-28b）所述$\Delta v = \frac{c}{2nl}$，所以電場如以下的式子所述

$$e(t) = \sum_{n} E_n \, e^{j[(\omega_0 + n\Delta\omega)t + \phi_n]} \quad (8\text{-}16)$$

其中ϕ_n是各模態的相位，$(\omega_0 + n\Delta\omega)$是各模態的頻率，$\Delta\omega = 2\pi\Delta v$。鎖模時，各個模態的相位相同，所以$\phi_n$＝常數＝$\phi_0$。為了簡化數學處理的過程，我們假設每個模態的電場之振幅相等，及總共有N個模態，則方程式（8-16）可能寫成

$$e(t) = E_o \, e^{j(\omega_0 t + \phi_0)} \sum_{-(N-1)/2}^{(N+1)} e^{jn\Delta\omega t}$$

將這級數加起來，可得

$$e(t) = E_o \, e^{j(\omega_0 t + \phi_0)} \frac{\sin(N\omega t/2)}{\sin(\omega t/2)} \quad (8\text{-}17)$$

光的強度與電場平方成正比，所以得到以下的式子

$$I(t) \propto |e(t)|^2 \propto \frac{\sin^2(N\omega t/2)}{\sin^2(\omega t/2)} \qquad (8\text{-}18)$$

此強度隨時間之變化如圖 8-8(a)-(c)所示，(a)為 5 個模態之結果，(b)為 10 個模態之結果，(c)為 20 個模態之結果。我們可以看到，被鎖住的模態數目越多，脈衝之寬度越窄，而且脈衝尖峰的雷射光強度越大。圖 8-8(a)-(c)所示只是為了說明，真正的雷射，其被鎖住的模態有成千上萬。

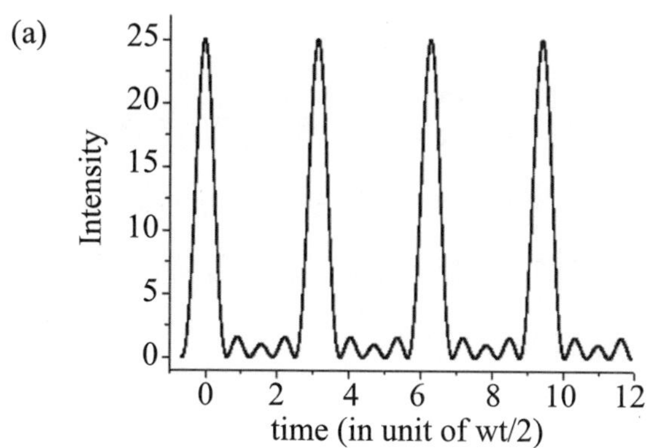

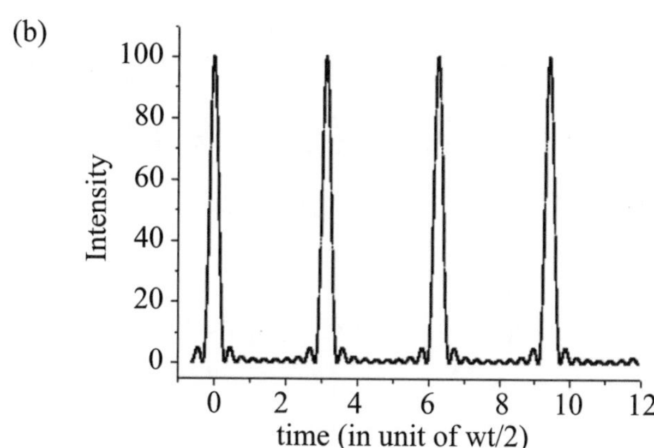

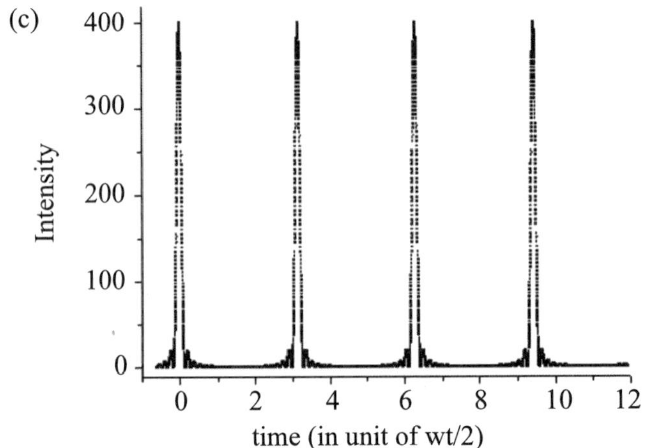

圖 8-8　鎖模雷射之光脈衝：(a)鎖住 5 個模態之結果，(b)鎖住 10 個模態之結果，(c)鎖住 20 個模態之結果。

方程式（8-18）之鎖模公式有三個重要的特徵：

(1)在時間軸上，此光是一週期性的脈衝序列，週期 $T=2nl/c$，代表著光在共振腔中來回一趟所需的時間，因為每來回一趟，就會重覆雷射光之特徵，所以週期 $T=2nl/c$。

(2)脈衝寬度 $\Delta T=T/N$，T 為前述的週期，N 為鎖住的模態總數。因為相鄰模態之頻率差異為 $\Delta v=\dfrac{c}{2nl}$，所以 N 個模態的總頻寬為 $N\Delta v=\dfrac{Nc}{2nl}$，而 $T=2nl/c$，所以總頻寬 $=N/T$，也就是說，脈衝寬度 $\Delta\tau$ 等於總頻寬的倒數。以上結果是因為假設每一模態都有相同的振幅，實際上，其頻譜會有某種分佈，所以脈衝寬度 $\Delta\tau$ 不會剛好等於總頻寬的倒數，但還是會與總頻寬成反比。

(3)脈衝尖峰的雷射光功率為平均功率的 N 倍，這意謂著雷射光的能量集中在脈衝處發出。

鎖模雷射可以產生相當短的光脈衝，但如前面所討論的，脈衝寬度$\Delta\tau$會與總頻寬成反比，因此，當脈衝寬度極短時，總頻寬將會相當大，這表示此雷射光涵蓋了相當大的波長範圍，而再如前面的章節所分析過的，材料會有色散，所以這些不同波長的光譜會經歷不同的折射率，而其傳播速度也會不同，這使得短脈衝雷射光的整體光譜很容易受到色散的影響，於是脈衝將因不同波長光譜的傳播速度不同而拉長了脈衝寬度。所以必須要解決此色散之影響，才可能真正得到極短的鎖模雷射光脈衝，這種技巧稱為色散補償。目前的鎖模雷射光脈衝可得到只有幾個 fs 的脈衝寬度。

8.4 雷射種類與應用

雷射的種類和名稱通常是根據雷射的增益材料而定，也就是可以達到居量反轉的材料，簡單分類為氣體雷射、染料雷射、固態雷射、和半導體雷射，更細微的分類，就直接以使用的雷射材料命名。以下是數種雷射和其可能的應用。

8-4-1 氣體雷射

氣體雷射包括有以下數種，將分別說明。

(1)氦氖雷射：發光波長以 632.8nm 為主，但也可以有 543.5nm, 593.9nm, 611.8nm, 1.1523μm, 1.52μm, 3.3913μm，其激發方式（也就是

讓氦氖氣體達到居量反轉的條件）是透過氣體放電。其應用有干涉儀、全像片、光譜量測、方向調整、雷射教學等，早期也曾做為條碼掃瞄器的雷射光源，但現在已大多被更輕薄短小半導體雷射所取代。

(2)氬離子雷射：發光波長有 454.6nm, 488.0nm, 514.5nm（351nm, 363.8, 457.9nm, 465.8nm, 476.5nm, 472.7nm, 528.7nm，也可以透過非線性光學的技術將頻率加倍而產生 244nm 和 257nm，非線性光學將在下一節中討論。其激發方式也是透過氣體放電，而應用有視網膜光線療法（Retinal phototherapy），光學顯影術（photolithography），共焦顯微鏡（confocal microscope），光譜量測，幫浦其他類型雷射等。

(3)氪雷射：發光波長有 416nm, 530.9nm, 568.2nm, 647.1nm, 676.4nm, 752.5nm, 799.3nm，激發方式也是透過氣體放電，而應用有科學研究，常與氬離子雷射配搭而產生白光，做為高階產品初期之概念展示。

(4)氙離子雷射：發光波長非常多，涵蓋有紫外光、可見光、和紅外光。激發方式也是透過氣體放電，而應用主要是科學研究。

(5)氮氣雷射：發光波長在 337.1nm，激發方式也是透過氣體放電，而應用有科學研究，激發染料雷射之光源，其增益相當大，甚至於不需共振腔也可產生雷射光。

(6)二氧化碳雷射：發光波長主要是 10.6μm，也有 9.4μm。激發方式也是透過氣體放電，而應用有材料切割和加工，醫學手術等。

(7)一氧化碳雷射：發光波長有 2.6 到 4μm 以及 4.8 到 8.3μm。激發方式也是透過氣體放電，而應用有材料切割和加工，聲光光譜等。

(8)激子雷射：這包含了數種惰性氣體和鹵素之不穩定化合物，而波長也和這些化合物有關，有氟化氬（ArF）的 193nm，氟化氪

（KrF）的 248nm（KrF），氯化氙（XeCl）的 308nm，氟化氙（XeF）的 353nm 等。激發方式也是透過氣體放電，而應用有半導體製程之光學顯影術和雷射手術（如雷射眼科手術 LASIK）等。

8-4-2 金屬蒸氣雷射

金屬蒸氣雷射主要分為幾個大類，一類是金屬蒸氣混在氦氣中，激發方式是透過氣體放電，以氦氣做為緩衝氣體；另一類是金屬蒸氣混在氖氣中，激發方式也是透過氣體放電，以氖氣做為緩衝氣體；第三類是金屬蒸氣單獨存在，激發方式也是透過氣體放電。

(1)氦鎘（HeCd）雷射：發光波長主要是 325nm，也有 441.563nm，其應用有半導體材料螢光光譜的激發光源，印刷之螢光檢查，如美鈔之螢光辨識等。

(2)氦汞（HeHg）雷射：發光波長有 567nm 和 615nm，其應用主要是科學研究。

(3)氦硒（HeSe）雷射：發光波長在紫外光到紅光之間，有多個譜線，其應用主要是科學研究。

(4)氦銀（HeAg）雷射：發光波長在 224.3nm，其應用主要是科學研究。

(5)氖銅（NeCu）雷射：發光波長在 248.6nm，其應用主要是科學研究。

(6)鍶蒸氣雷射：發光波長在 430.5nm，其應用主要是科學研究。

(7)銅蒸氣雷射：發光波長在 510.6nm 和 578.2nm，其應用有皮膚病診治，高速照相，和做為染料雷射的幫浦光源等。

(8)金蒸氣雷射：發光波長在 627nm，其應用有皮膚病診治和光力學的療法等。

8-4-3 染料雷射

染料雷射的增益材料為染料，而染料的種類相當多，包括有 rhodamine, fluorescein, coumarin, stilbene, umbelliferone, tetracene, malachite green 等等，而對應的波長從紫光到紅光都有，例如 390-435nm（stilbene），460-515nm（coumarin 102），570-640nm（rhodamine 6G）等，是早期主要產生可見光之光譜範圍的雷射。其激發方式是光學激發，利用另一個雷射或閃光燈源（flashlamp），應用有科學研究，雷射醫療、光譜量測、胎記移除、同位素分離，因為染料的種類很多，而且染料的螢光光譜範圍大，早期是可調波長雷射的主要光源，現在則大多被固態雷射之光摻振盪器（Optical Parametric Oscillator，OPO）所取代。

8-4-4 固態雷射

固態雷射的增益材料為摻雜有特殊離子的玻璃或固態晶體，包括有以下幾種

(1)紅寶石雷射：發光波長在 694.3nm，激發方式是利用閃光燈源（flashlamp），其應用有全像術、紋身之去除，是第一個做出來的雷

射。

(2)摻釹鐿石榴石雷射（Nd：YAG）：發光波長在 1.064μm，激發方式是利用閃光燈源（flashlamp）或半導體雷射光來激發，其應用有材料加工、測量距離、醫學手術、科學研究、激發其他雷射等，透過 Q-switching，可以產生 ns 的光脈衝，也可以透過非線性光學的技術將頻率加倍而產生 532nm 和 266nm 的波長。

(3)摻鉺鐿石榴石雷射（Er：YAG）：發光波長在 2.94μm，激發方式是利用閃光燈源（flashlamp）或半導體雷射光來激發，其應用主要是在清除牙周結垢等牙科方面。

(4)摻鈥鐿石榴石雷射（Ho：YAG）：發光波長在 2.1μm，激發方式是利用半導體雷射光來激發，其應用主要是牙科方面，組織移除，腎結石移除等。

(5)摻釹原釩酸鹽雷射（Neodymium doped Yttrium orthovanadate，Nd：YVO_4）：發光波長在 1.064μm，激發方式是利用半導體雷射光來激發，其應用有激發鈦藍寶石雷射（Ti：sapphire）或染料雷射，以及標記和微型切割等，也常用非線性光學的技術將頻率加倍而產生 532nm 的波長，做為綠光雷射指示筆。

(6)摻釹玻璃雷射：發光波長在 1.062μm 或 1.054μm，激發方式是利用閃光燈源（flashlamp）或半導體雷射光來激發，是目前功率最高的雷射，功率可達 TW，每一雷射脈衝之能量可達百萬焦耳，通常是進行三倍頻到波長 351nm，而應用在核融合。

(7)鈦藍寶石雷射（Ti：sapphire）：發光波長在 650-1100nm，通常是用氬離子雷射激發。因為頻寬相當大，常用來產生極短的鎖模雷射光，雷射脈衝寬度可短至幾個 fs，而且可以透過放大過程，將雷射脈衝的瞬間功率提高，常用來做為光摻振盪器（Optical Parametric Oscillator，OPO）或光摻放大器（Optical Parametric Amplifier，OPA）之幫浦光源，而形成極寬頻可調的雷射光源，而進一步用在光譜量測，空氣污染監測（Lidar），科學研究等。

(8)摻鐿玻璃雷射或光纖雷射：發光波長在 1.064μm，激發方式是利用半導體雷射光來激發，其應用有材料加工、切割、標記、非線性光學；而光纖型態的固態雷射更受到矚目，因為光纖可以彎曲，使得其體積可以非常小，而且電光轉換效率可達 25%，輸出功率也可達 kW 級。

8.4.5 半導體雷射

半導體雷射和前述的雷射有個最大的不同，是其激發方式是藉由電流注入。其操作原理和發光二極體相當類似，需要有 p-n 接面，所以也稱為雷射二極體，但和發光二極體不同之處有三點，第一是注入的電子和電洞需要更多，以達到居量反轉，通常是在載子侷限結構中再加上量子井結構，如圖 8-9 所示，當中有三個量子井，而在量子井之外是載子侷限結構。量子井的寬度通常小於 10nm，而載子侷限結構則在 30nm 到 300nm 之間，因為量子井內的載子濃度可以相當高而且又集中在量子化能階，所以很容易就能達到極大的增益係數（$>100cm^{-1}$）。

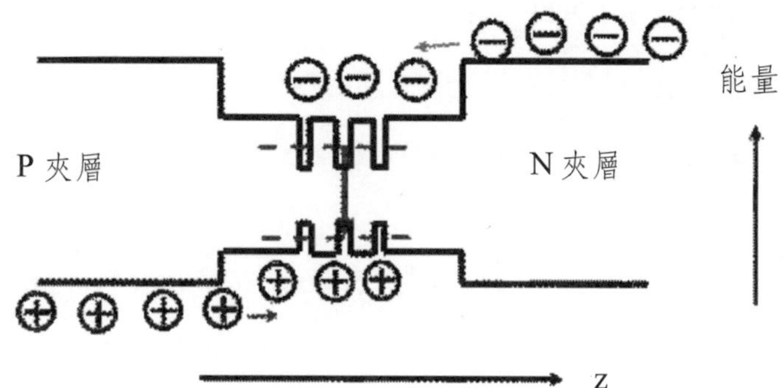

圖 8-9　半導體雷射：在載子侷限結構中再加上量子井結構。

半導體雷射和發光二極體不同之處的第二點是需要共振腔，但其共振腔和前面的雷射也極不相同。前面的雷射大多需要在雷射增益材料之外加上凹面鏡，但半導體雷射並不需要額外的面鏡，半導體材料本身和空氣的折射率差異極大，所以兩者間的界面會有約 30%的反射率，因此此界面就可能做為共振腔的鏡面，而且半導體雷射之晶體，其自然劈切面非常平滑，比任何研磨的鏡面還平，表面粗糙度可在一兩層原子高度以內。另一方面，如前面談過的，半導體雷射的增益係數 $> 100\text{cm}^{-1}$，當半導體雷射的長度大於 300μm，則單趟光之放大率就可達 $e^{0.03\times 100} = e^3 = 20$，於是 30%的反射已足以讓半導體雷射的整體增益超過損耗。

半導體雷射和發光二極體不同的第三點是，半導體雷射的輸出光是同調的雷射光，而發光二極體的輸出光是不同調的一般光。

整體而言，半導體雷射有以下之特徵

(1)半導體材料製成，可以導電。

(2)由半導體製程所製造，所以可以大量生產，因此單價很低。

(3)其發光波長與發光二極體類似，由半導體的能隙 E_g 決定，波長

（λ, 以μm 為單位）= 1.24/E_g(eV)。

(4)半導體雷射的輸出光是同調的雷射光。

(5)由外加電流激發，所以也可以由交流電來調製，調製頻率可超過 30GHz。

(6)其體積通常很小，長寬高約在 500μm×250μm×100μm。

(7)其輸出光之功率比其他雷射小，大多在 1mW-100mW 之間，但也有特殊設計的高功率半導體雷射，功率可達 1W 以上。

半導體雷射的應用範圍很廣，用在光纖通訊的是 InGaAsP 雷射，其波長在 1.0-2.1μm 之間，依這四元元素的比例而定，在光纖通訊使用的波段在 1.3μm 到 1.6μm。另一普遍運用在雷射光碟（包括 DVD 和 CD）的是 AlGaInP 和 AlGaAs 雷射，波長 780nm 是用在 Compact Disc，而波長 650nm 和 635nm 是用在 DVD。最近用在藍光光碟的是波長在 400nm 的 GaN 雷射。而波長 808nm 之 AlGaAs 雷射則普遍用在幫浦前述的固態雷射。

8.5 非線性光學

在第三章討論到材料與光的交互作用中討論到，因光是電磁波，具有電場和磁場，電偶極 $\vec{P}$ 和電場的關係為 $\vec{P}=\varepsilon_0\chi_e\vec{E}$，這是在光不強的情況之下，電偶極 $\vec{P}$ 和電場之間是正比例的線性光學。而電偶極是指電子和正電荷間具有間距，此間距是因外加電場所引起的。當電場很強時，其引起的間距將不僅是與電場成線性比例，還會有非線性的比例，於是電偶極$\vec{P}$和電場的關係也會有非線性的成份，整體的變化將如以下的式子：

$$\vec{P} = \varepsilon_0 [\chi_e \vec{E} + \chi_2 \vec{E}\vec{E} + \chi_3 \vec{E}\vec{E}\vec{E} + \cdots] \tag{8-19}$$

其中第一項是過去討論的線性光學，第二項和之後就是非線性光學，比例係數χ_2和χ_3的數值很小，所以在電場小的時候，第二項和之後的項太小，看不出其影響。當電場很大時，其平方和立方就難以忽略，因此相對容易看到其特性，尤其是在雷射發明以後，雷射光相當強，所以這類的非線性光學現象就相當受到矚目。

大多數的非線性光學現象就是由方程式（8-19）的第二項和第三項造成的。這些現象包括以下的幾個重要項目

(1)二倍頻（Second harmonic generation，SHG）：目前的綠光雷射指示筆就是由波長在 1064nm 的雷射透過二倍頻的非線性晶體而產生。

(2)三倍頻（Third harmonic generation，THG）：波長在 1064nm 的雷射光也常被三倍頻到紫外光的波長。

(3)高倍頻（High harmonic generation，HHG）：可以產生到 100 倍，甚至於到 1000 倍頻率的光，可以產生深紫外光或 X 光。

(4)和頻產生（Sum frequency generation，SFG）&差頻產生（Difference frequency generation，DFG）：將兩個不同波長的雷射光混合，可以產生兩個頻率之和或差的另一道光。

(5)參數振盪（Optical parametric oscillation，OPO）和參數放大（Optical parametric amplification，OPA）：入射的雷射光被分成另外

兩道光，而原雷射光的光子能量等於分解後的兩個光子能量之和。

(6)自我相位調變（self-phase modulation）：折射率隨光的強度而改變，造成光行進時，在光強與光弱之部份，經歷不同的相位變化。

(7)自我聚焦效果（self focusing）：折射率隨光的強度而增加，所以雷射光在經過此材料時，中心看到的折射率較大，所以產生自我聚焦效果。

(8)拉曼散射（Raman scattering）：光波與材料中的晶體反應，而使得光的波長變短或變長，其改變量和材料特性有關，所以拉曼光譜也常用來檢測材料成份。

習題

1.若雷射光波長為 633nm，請計算其高斯光束的腰在 2.25mm、2.25 cm、22.5cm 時，其擴散角分別是多少？

2.前述之雷射光，在腰的位置穿過一焦距為 10cm 的凸透鏡，請問穿過透鏡後之高斯光束，其擴散角分別變成多少？

3.一透鏡之焦距為 15cm，其孔徑（直徑）為 30cm，則此透鏡可將波長為 420nm 的光聚到多小的尺寸？

4.一鎖模雷射，其中心波長為 830nm，有一千個模態同時在共振腔共振，若相鄰的模態之頻率差為 100MHz，則此鎖模雷射的光脈衝寬度多少？

5.半導體雷射和其他類雷射最大的不同點是什麼？

6.雷射二極體和發光二極體主要不同之處有那三點？

第 9 章

光偵測器與數位相機

1 光電效應
2 光電二極體（photodiode）
3 PIN 二極體
4 數位相機

前面數章討論和分析了光源和雷射等發光元件，其原理都是電子從高能階躍遷到低能階，以光子的形式釋出能量，其必要的程序是，電子必須先被激發到高能階。現在我們將討論相反的機制，光子的能量被材料吸收，使得電子從低能階躍遷到高能階，然後我們設法將此躍遷的電子移動出來，成為我們可以測量的訊號，而這也是光偵測器、數位相機和太陽能電池運作的基本機制，從某個角度而言，因為電子大多在低能階，所以要使其吸光是較容易的，但關鍵點在於，如何使得躍遷到高能階的電子在躍遷到低能階前就被移出來？此概念由圖 9-1 所示。

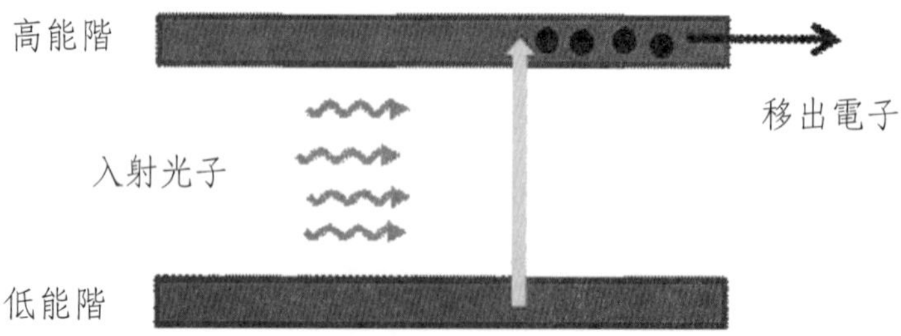

圖 9-1　光偵測機制：光子的能量被材料吸收，使得電子從低能階躍遷到高能階，然後將躍遷到高能階的電子移出來。

9.1　光電效應

最早發現光被物質吸收後會釋放出電子的是德國物理學家赫茲，但他無法解釋此現象，因為他採用古典物理的電磁理論，這是波動的角度，無法說明光電效應的一些特性，如光的波長比某一臨界值還小時方能發射電子，此臨界值和金屬材質有關；而且發射電子的能量由光的波長所決定而非光的強度；此外，光電效應的瞬時性也是古典物理的電磁理論所無法解釋，就是不管光的強弱如何，電子幾乎都是瞬時產生的，時間上不超過十的負九次方秒。一直到愛因斯坦用光子的觀點，才解釋了光電效應。此實驗架構如第一章之圖 1-9 所示，光子照射到陰極時，被金屬吸收而放出電子，在陰極和陽極之間有一電壓，因此釋放出的電子被正電的陽極吸引，在與外電路連接時，電子就被帶到外電路而形成電流。

在光電效應中，愛因斯坦把光子看成具有能量的粒子，其與電子碰撞後，能量被電子吸收，於是電子能夠克服金屬原子的束縛能，離開金屬表面，金屬原子的束縛能稱為功函數。所以此電子的動能 E_k

$$E_k = h\nu - \phi \tag{9-1}$$

其中 ν 是入射光子的頻率，ϕ 是功函數，也是電子從原子鍵結中移出所需的最小能量。

現在使用的光電倍增管（Photomultiplier tube）還是採用光電效應，光照射到陰極，被金屬吸收而放出電子，然後用大的電壓將此電子加速去撞擊第一階段的陽極板，而撞出更多電子，再來用另一級大的電壓再加速撞出之電子，每一級都可撞出約十倍的電子數，所以在經過 7-10 級放大後，單顆光子可產生超過百萬個電子，因此可以偵測極微弱的光。然而因為經過多級放大，其反應速度慢，不適合快速反應的量測。

9.2 光電二極體（photodiode）

現在比較常用來做為光偵測目的的是光電二極體，其操作原理剛好和發光二極體相反。發光二極體是將電轉為光，光電二極體則是將光轉為電。

9.2.1 PN 二極體

如第六章討論的，將 p-型半導體和 n-型半導體接在一起後，在接面附近將有無法移動的正負電荷離子，稱為空間電荷（space charge），此區域稱為空乏區（depletion region），在 p-型半導體那一邊的空間電荷是帶負電荷的離子，而在 n-型半導體那一邊的空間電荷是帶正電荷的離子，這些鄰近的帶電離子會建立一個內建電場，如圖 9-2 所示。

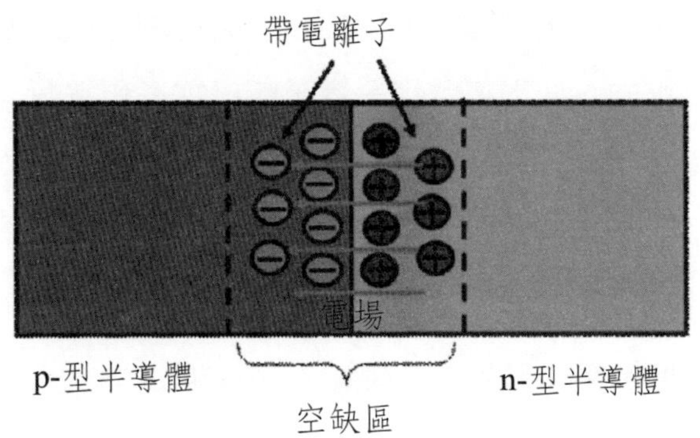

圖 9-2 p-型半導體和n-型半導體接在一起後，在接面附近將有無法移動的正負電荷離子，以及建立一個內建電場。

此內建電場一方面阻止電洞繼續從 p-型半導體擴散到 n-型半導體，以及阻止電子繼續從n-型半導體擴散到p-型半導體；另一方面，此電場會將電子推向n-型半導體，最後此因電場產生的電子流動與因擴散產生的電子流動相抵消，對電洞也是如此，所以在平衡時，沒有電流，也就是第六章所討論的，接面兩邊的費米能階將會相等。由電場產生的電流，稱為漂移電流，而由濃度不均產生的電流，稱為擴散電流，在平衡時，兩者大小相等，方向相反，所以沒有靜電流。

此時，若此 PN 二極體有光照射，而光子的能量若剛好是大於半導體的能隙，將可以被吸收，於是電子從價電帶躍遷到導電帶，因而產生電子和電洞對。而再來這些電子和電洞對會發生什麼呢？這要看產生電子和電洞對的位置。如果是在空乏區，如圖 9-3 所示，因為有內建電場，會將電子推向n-型半導體，以及將電洞推向p-型半導體，所以電子和電洞將分離。若電子和電洞對產生在p-型半導體中，離空乏區在電子擴散距離以內，那麼電子將可以進入空乏區，而被內建電場推向n-型半導體那一邊；類似地，若電子和電洞對產生在n-型半導體中，離空乏區在電洞擴散距離以內，那麼電洞將可以進入空乏區，而被內建電場推向p-型半導體那一邊，所以電子和電洞也將分離。若電子和電洞對產生在p-型半導體中，離空乏區在電子擴散距離以外，則電子在還未進入空乏區之前，就被電洞捕捉而消失，於是此電子和電洞對無法分離。同樣地，若電子和電洞對產生在n-型半導體中，離空乏區在電洞擴散距離以外，則電洞在還未進入空乏區之前，就被電子捕捉而消失，此電子和電洞對也是無法分離。

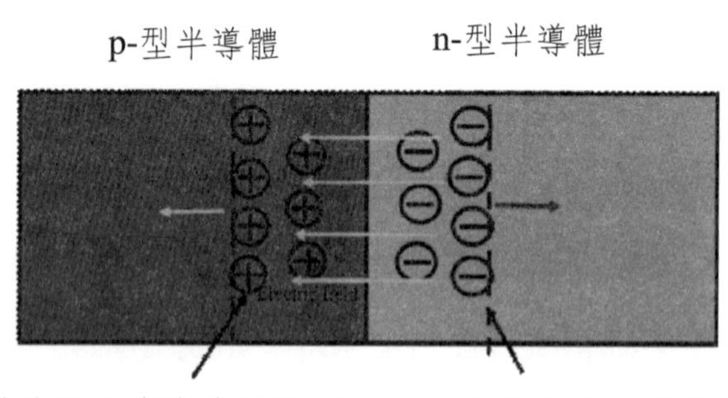

圖 9-3　**在空乏區內產生的電子電洞對，因為有內建電場，會將電子推向n-型半導體，以及將電洞推向 p-型半導體。**

當此 PN 二極體接上外電路時，如圖 9-4 所示，被內建電場推向n-型半導體那一邊的電子可以透過外電路，流向在 p-型半導體，於是和在 p-型半導體的電洞復合，而構成一個電流迴路。

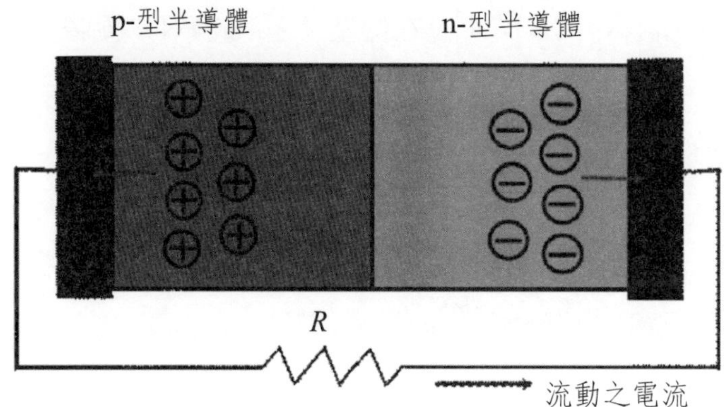

圖 9-4　PN 二極體接上外電路，構成一個電流迴路。

9.2.2　在開路情況下的 PN 二極體

在開路的情況下，沒有外接電路，於是在照光之下，被推往 n-型半導體那一邊的電子無法透過外電路流到 p-型半導體，因此將累積在 n-型半導體那一邊，同樣地，被推往 p-型半導體那一邊的電洞，也將累積在 p-型半導體那一邊。這些累積的電子和電洞將會建立另一個電場，剛好和空乏區內的內建電場反向，相當於在此 PN 二極體上另加順向偏壓。假如所照的光夠強，將能產生夠多的電子和電洞，分別累積在 n-型半導體和 p-型半導體的兩端，因而能夠使其對應的電場和內建電場相等，因為彼此反向，所以互相抵消。在這樣的情形之下，空乏區內將沒有電流，而 n-型半導體和 p-型半導體兩端之電壓 V 多少呢？此電壓可由以下的關係式求得

$$I = I_0\left[\exp\left(\frac{eV}{kT}\right) - 1\right] - I_{pc} = 0 \qquad (9\text{-}2)$$

其中$I=I_0\left[\exp\left(\frac{eV}{kT}\right)-1\right]$是在偏壓V之下的PN二極體電流，而$I_0$是逆向偏壓下的電流，$I_{pc}$是光電流。光電流是因此 PN 二極體照光而產生的電流，其大小和光的功率成正比

$$I_{pc}=\eta_{qe}\cdot e\cdot\frac{P_{abs}}{hv} \qquad (9\text{-}3)$$

方程式（9-3）中，P_{abs}是光的功率，hv是光子的能量，e是電子的電量，η_{qe}是量子效率，代表光子能夠轉換為電子的比例。$\frac{P_{abs}}{hv}$是每單位時間內PN二極體接收到的光子數，乘上η_{qe}後，就是單位時間內產生的電子數，再乘上電子的電量e，就是單位時間內產生的電量，也就是電流。

從方程式（9-2），我們可以得到在開路情況下，n-型半導體和p-型半導體兩端之電壓，我們稱為開路電壓V_{oc}。

$$V_{oc}=\frac{kT}{e}\ln\left(\frac{e\eta_{qe}P_{abs}}{hvI_0}+1\right) \qquad (9\text{-}4)$$

此種沒有連接到外電路的模式，我們稱為光伏（Photovoltaic）模式，在太陽能電池中，我們將討論的更詳細。方程式（9-4）的電壓我們也稱為光伏電壓，其大小不會超過內建電壓V_{bi}。

9.2.3 在逆向偏壓下的 PN 二極體

要將 PN 二極體做為光偵測之用途，大多是在逆向偏壓之下，如

圖 9-5 所示，n-型半導體接上正極，p-型半導體接上負極，若外電路的電流為 I，則外電路之電阻將造成 IR 的壓降，因此跨在整體 PN 二極體兩端的電壓為 $IR-V_a$，所以 PN 二極體的電流為 $I_0\left\{\exp\left[\frac{e(IR-V_a)}{kT}\right]-1\right\}$，而整個迴路的電流為此 PN 二極體的電流和光電流相減

$$I=I_{pc}-I_0\left\{\exp\left[\frac{e(IR-V_a)}{kT}\right]-1\right\} \tag{9-5}$$

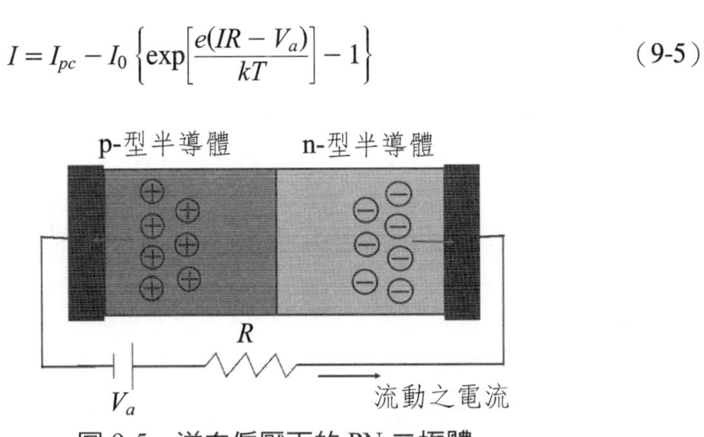

圖 9-5 逆向偏壓下的 PN 二極體

在逆向偏壓相當大的情況下，$IR<eV_a$，所以此 PN 二極體為逆向偏壓之操作，於是 PN 二極體的電流很小而可忽略，因此方程式（9-5）的電流只有光電流，也就是說，此迴路的電流為光電流，其大小如方程式（9-3）所示，$I_{pc}=\eta_{qe}\cdot e\cdot\frac{P_{abs}}{hv}$。

此外，在逆向偏壓之下，n-型半導體被接上正極，這會使電子更被吸引到 n-型半導體那一邊；類似地，電洞也更被吸引到 p-型半導體那一邊，這造成中間接面的空乏區附近更少電子和電洞，於是空乏區的範圍擴大，而且空間電荷的數目也增加，因而電場更強，更容易造成電子和電洞的分離，這也是所以要將 PN 二極體置於逆向偏壓之下

的原因，可以讓光之偵測特性更好。

9.2.4 PN 二極體的光譜反應

和發光二極體類似，要和光產生交互作用，不管是吸光或放光，光子的能量一定不能小於半導體的能隙，$h\nu \geqq E_g$，亦即$hc/\lambda \geqq E_g$，因此其波長必須滿足以下的式子

$$\text{波長（}\lambda\text{，以μm 爲單位）} \leq 1.24/E_g(\text{eV}) \qquad (9\text{-}6)$$

在半導體的能隙以上之能量，大多可以被半導體吸收，但能量太大的話，可能也找不到對應的能階，所以每類半導體各有其吸光範圍。根據（9-6）之關係式，矽半導體的光譜反應為 0.3μm和 1.1μm之間，鍺的光譜反應為 0.5μm和 1.8μm之間，InGaAs的光譜反應為 1.0μm和 1.8μm之間；InGaAs是光通訊系統中最常來製作光偵測器的半導體。

在光偵測器中，我們常用反應度（responsivity）R_0 來表示其特性，反應度的定義是產生的光電流與入射光之功率的比值，其單位為（A/W），如下式所示

$$R_0 = \frac{I_{pc}}{P_{abs}} = \frac{e\eta_{qe}}{h\nu} = \frac{\eta_{qe}}{1.24}\lambda \qquad (9\text{-}7)$$

上式之波長是以μm 為單位。各材料之反應度（responsivity）R_0 與波長的關係如圖 9-6 示。一般而言，短波長的光子因為能量較高，即使產生的電子數相同，其對應的反應度還是會比長波長的光子小，

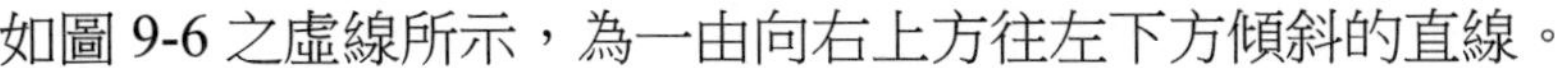

如圖 9-6 之虛線所示，為一由向右上方往左下方傾斜的直線。

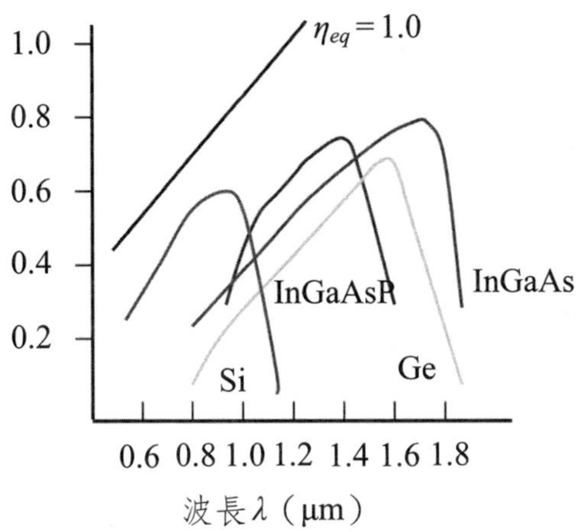

圖 9-6　各材料之反應度（responsivity）R_0 與波長的關係。

PN 二極體的的實體架構圖則如圖 9-7 所示，光由上方照射入二極體，在此架構中，p+區極薄，所以光可以照到p+和n之間的空乏區，於是其產生的電子電洞對可以分離而成為光電流。

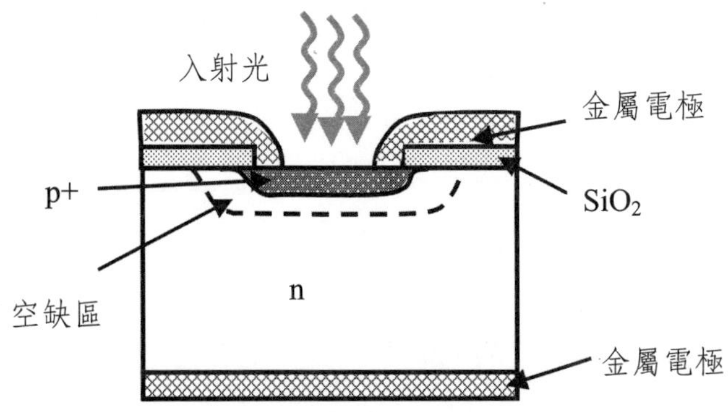

圖 9-7　PN 二極體的的實體架構示意圖。

9.3 PIN 二極體

前面討論的 PN 二極體有個嚴重的缺點，就是 n-型半導體和 p-型半導體之間的空乏區太窄，往往在 50nm 以內，所以其吸收的光不多，造成其量子效率和反應度不佳。要改進此缺點相當容易，就是在 n-型半導體和 p-型半導體之間再插入一層沒有摻雜的本質半導體（intrinsic，以 i 代表此層半導體）。在未加上偏壓之下，此三層半導體（p-i-n）的能帶結構圖如圖 9-8 所示，在 p-i 接面以及 i-n 接面，能帶僅有輕微彎曲。在大的逆向偏壓之下，整個 i 層半導體內的電子和電洞都會被吸引到兩端的 n-型半導體和 p-型半導體，所以空乏區變得很寬，如圖 9-9 所示。能帶彎曲，並且傾斜的相當大，跨過整個 i 層半導體；圖 9-9 也顯示了對應的電場，整個 i 層半導體都有極強的電場，所以在這個區域內產生的電子和電洞都會被電場驅離到兩端的 n-型半導體和 p-型半導體。

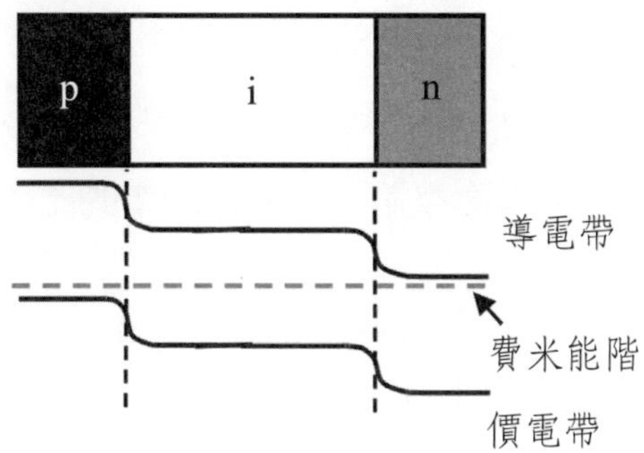

圖 9-8 未加上偏壓之下，三層半導體（p-i-n）的能帶結構圖。

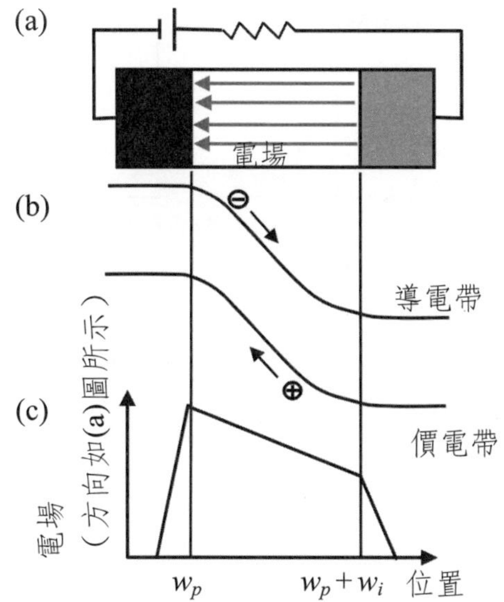

圖 9-9 三層半導體（p-i-n）加上逆向偏壓之情形，(a)電路圖；(b)能帶結構，顯示能帶彎曲之情形；(c)電場大小之變化。

當 i 層半導體夠厚時，此層可以吸收到超過 80%的入射光能量。實際所需要之 i 層半導體的厚度可以估計，如圖 9-10 所示，光從 p-型半導體入射，逐漸被半導體吸收，其強度呈指數函數衰減。p-型半導體的厚度以 w_p 表示，所以光在 w_p 處進入 i 層半導體，此時得光功率為 $P_{in}\exp(-\alpha w_p)$，其中 P_{in} 為入射光功率，α 為半導體的吸收係數。若 i

層半導體的厚度以 w_i 表示，則光在離開 i 層半導體時，其功率降到 P_{in} $\exp[-\alpha(w_p+w_i)]$，因此 i 層半導體吸收的光功率為 $\{P_{in}\exp(-\alpha w_p)-P_{in}\exp[-\alpha(w_p+w_i)]\}$，其與整體入射光之功率的比值為

$$\text{吸收比例} = \{P_{in}\exp(-\alpha w_p) - P_{in}\exp[-\alpha(w_p+w_i)]\}/P_{in}$$
$$= \exp(-\alpha w_p) - \exp[-\alpha(w_p+w_i)] \quad (9\text{-}8)$$

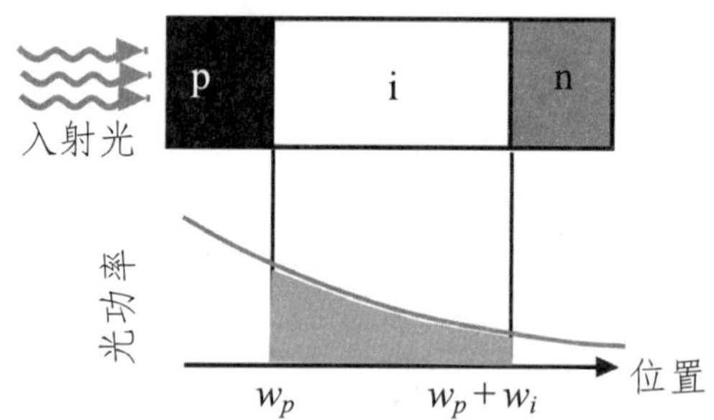

圖 9-10　光從 p-型半導體入射，其強度（功率）呈指數函數衰減。

假如 i 層半導體的厚度 $w_i=2\alpha^{-1}$，則超過 80%的光功率會被 i 層半導體所吸收。以 $In_{0.53}Ga_{0.47}As$ 為例，其在 1.55μm 的吸收係數 $\alpha=0.7\times10^4\,cm^{-1}$，所以 i 層半導體的厚度 $w_i=2\alpha^{-1}$，其大小等於 2.86μm。若是矽半導體，其在 0.9μm 的吸收係數小於 $10^3\,cm^{-1}$，則 i 層半導體的厚度 $w_i=2\alpha^{-1}$ 必須大於 20μm。

就三五族半導體類之光偵測器而言，此 PIN 二極體的三層半導體可以是不同的材料，透過長晶的方式，只要晶格常數接近，就可以成長不同的半導體來構成 PIN 二極體。例如 $In_{0.53}Ga_{0.47}As$ 與 InP 晶格匹配，$In_{0.53}Ga_{0.47}As$ 的能隙是 0.74eV，而 InP 的能隙是 1.35eV，所以光通訊波段（1.3-1.6μm）的光可以被 $In_{0.53}Ga_{0.47}As$ 吸收，但不會被 InP 吸收。若 PIN 二極體的三層半導體中，i 層半導體是 $In_{0.53}Ga_{0.47}As$， n-型半導體和 p-型半導體是 InP，則波長在 1.3-1.6μm 的入射光只會被 i 層半導體吸收，只要將 i 層半導體的 $In_{0.53}Ga_{0.47}As$ 長得夠厚，光將可幾乎全被光偵測器吸收，而達到極高的量子效率和反應度，而且光可從上方的 p-型半導體或下方的 n-型半導體射入，如圖 9-11 所示。

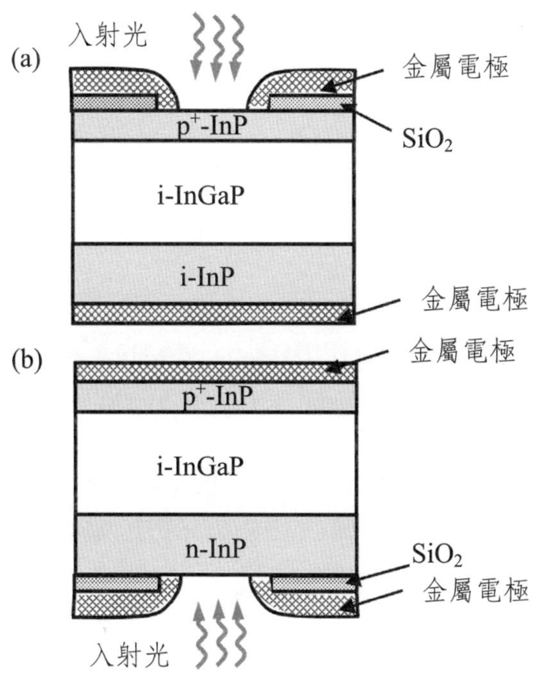

圖 9-11　InGaAs PIN 二極體：(a)光從上方的 p-型半導體射入；(b)光從下方的 n-型半導體射入。

這類使用不同半導體以構成接面的情形，稱為異質接面。使用異質接面 PIN 二極體有以下的好處：

(1)兩端的n-型半導體和p-型半導體可以是能隙較大的材料，因此不會吸收光，讓 i 層半導體能夠吸收大部份的光。

(2)因為n-型半導體和p-型半導體不會吸收光，所以沒有電子或電洞擴散到空乏區的情形，這可以加速光偵測器的反應。

(3)因為光從n-型半導體或p-型半導體的一邊射入，另一邊可以用金屬電極完全遮住，因此穿過i層半導體的入射光將再被反射回i層，這可以使光的吸收增加，讓量子效率和反應度更為提高。

9.4 數位相機

半導體的光電轉換特性，除了前述的光偵測器以外，還可以做為數位相機的影像感測功用。

數位相機的構造和傳統相機類似，主要的差別是傳統相機使用感光底片擷取影像，而數位相機使用影像感測元件（image sensor）擷取影像。相機的前端有光學鏡頭，將外面的景色或人物成像於底片或影像感測元件上。傳統相機的底片透過感光將影像留存，之後經過沖洗而成為相片；數位相機則透過影像感測元件，將影像之光學訊號轉換為電子訊號，之後可以儲存起來，再傳送到螢幕觀賞或由印表機印出，因為電子訊號之處理和電腦之電子訊號處理類似，是數位的形式，所以稱為數位相機。因此，數位相機最關鍵的部份就是影像感測元件。影像感測元件分為兩大類，一是電荷耦合元件（CCD），另一是互補式金屬氧化物半導體感測元件（CMOS sensor）。

9.4.1 電荷耦合元件（CCD）

電荷耦合元件（CCD）的英文全名是 Charge-Coupled Device，其操作原理如圖 9-12 所示。在圖 9-12(a)中，光被相機鏡頭聚焦於左邊的透明電極之下，於是產生了電子電洞對，此時左邊的電極加上正電壓，於是電子被吸引到左邊電極之下，而電極和 p 型半導體之間有絕緣層二氧化矽，所以只會累積在左邊電極下，不會跑到電極。接著中間的電極也加上正電壓，於是如圖 9-12(b)所示，電子就分散到左邊和中間電極之間。

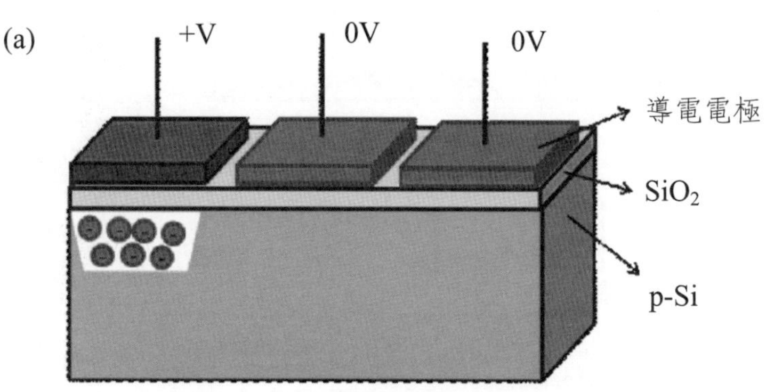

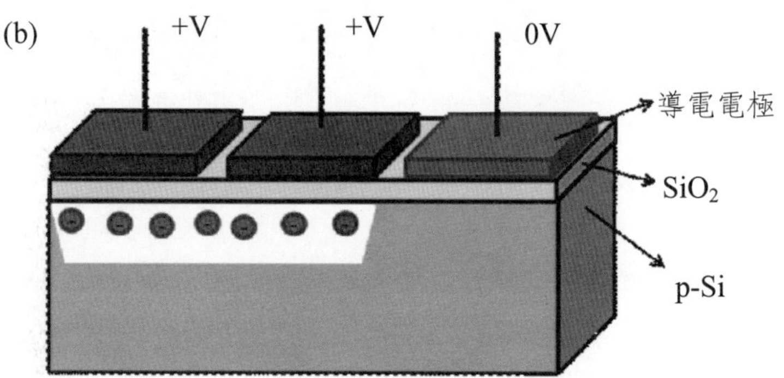

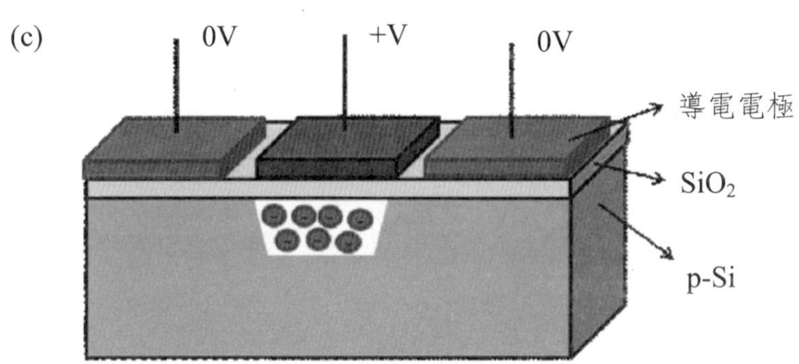

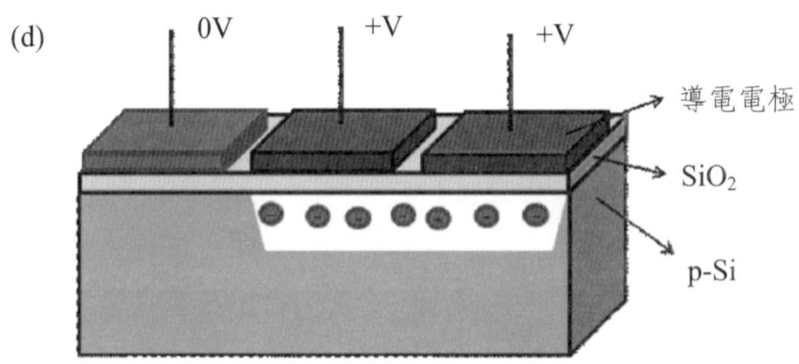

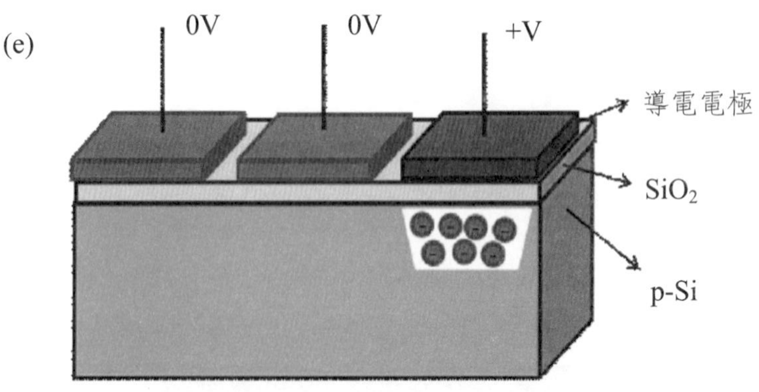

圖 9-12　電荷耦合元件（CCD）的操作步驟

再來左邊電極的電壓恢復為零，於是電子就累積在左邊電極下，如圖 9-12(c)所示；同樣的動作繼續在中間電極和右邊電極之間，因此，透過圖 9-12(d)-(e)的步驟，電子就被轉移到右邊電極之下。這樣的程序為電荷耦合的動作，所以稱為電荷耦合元件。

每一電極隔著絕緣層和底下的p-型矽形成一電容，通常有很多個這樣的電容排列成電容陣列，外界的景物透過光學鏡頭成像於CCD的電容陣列上，每一個電容下的電子數目和其對應影像位置的光強度成正比，因此影像特徵成像在這些電容陣列上。之後再透過圖 9-12(a)-(e)的步驟將每一個電容之電荷轉移到外面的電路，外部電路將電荷數目轉換為電壓訊號而存於記憶體中。

9.4.2 互補式金屬氧化物半導體感測元件（CMOS sensor）

互補式金屬氧化物半導體感測元件是主動式像素感測元件（Active-pixel sensor）之一種，於 1968 年就被提出，其概念是將一光偵測器（如前述的 PN 二極體或 PIN 二極體）與一電子放大器結合，每一個像素都有一個光偵測器和一電子放大器，後來CMOS的製程技術越來越成熟，成為電子積體電路的主流，於是主動式像素感測元件就由標準的CMOS製程技術來製造，因此普及的就是互補式金屬氧化物半導體感測元件。

此光偵測器和電子放大器結合的互補式金屬氧化物半導體感測元件如以下的等效電路所示，其包含了一光偵測器，一重設電晶體 M_{rst}，一讀取電晶體 M_{sf}，一選取電晶體 M_{sel}，即所謂的3T單元（3T cell），也有 4T 單元或 5T、6T 單元。重設電晶體 M_{rst} 是 n 型的場效電晶體，當其導通時，光偵測器將直接接到電源電壓 V_{RST}，這會使得光偵測二極體上的電荷直接接到外電路而被清除掉，讓其重設，也就是重新開始。讀取電晶體 M_{sf} 是做為放大器的功能，只要光偵測器照光而有電荷在其上累積，就會被此讀取電晶體放大，而且該電荷被讀取後也不會消失；而選取電晶體 M_{sel} 一旦有列（ROW）電壓加之其上時，光偵測器之訊號就可以被讀取。

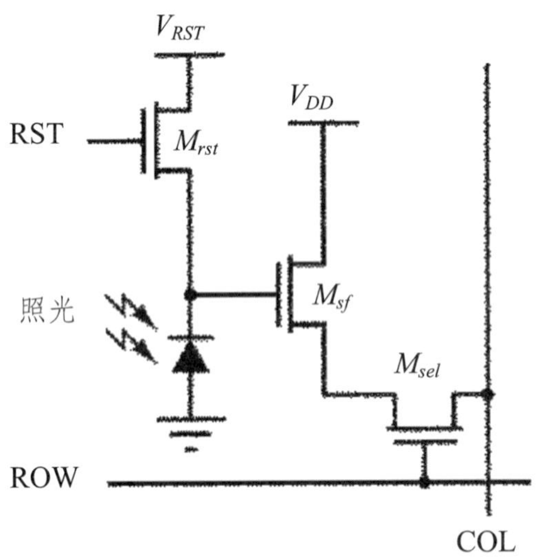

圖 9-13　互補式金屬氧化物半導體感測元件的等效電路。

一般而言，互補式金屬氧化物半導體感測元件比電荷耦合元件便宜，因為其可以透過標準的 CMOS 製程技術製造，因為量產規模較大，所以成本較低，但是互補式金屬氧化物半導體感測元件的感光度較差，所以要有極好的弱光影像品質需使用電荷耦合元件。

9.4.3 影像解析度

如前面所述，在電荷耦合元件感測器中，每一個電極下的電容為一個像素的單元，因為電子在此電容中可以到處移動，無法再區分是某一點產生的電子或另一點產生的電子，所以整個電容是感光的最小單位，無法更小，這稱為像素（pixel）。類似地，互補式金屬氧化物半導體感測元件中，每一個光偵測器和其附屬的電子放大器，讀取電晶體，選取電晶體和重設電晶體等構成一個最小單元的感光元件，也稱為是一個像素（pixel）。完整的影像感測器（image sensor）是由許多的上述像素整齊地排列而成，一般而言是形成二維的陣列形式。這些像素的數目被當做是數位相機的重要規格之一，例如二維的陣列 680×480 代表有 307,200 像素，或簡稱為 0.3M 像素；1024×768 代表有 786,432 像素，或簡稱為 0.8M 像素；3872×2592 代表有 10,036,224 像素，或簡稱為 10M 像素。截至 2012 三月為止，最大的像素為 80 M。

通常像素就被當做是數位相機的解析度，總像素越多，解析度也就越高，但這並不完全，因為也和影像感測器二維陣列的尺寸（面積）有關。同樣的面積，若總像素越多，則每一像素的尺寸越小，但其能接收到的光也就越弱，造成其產生電子數越少，因此訊號和雜訊比值跟著變小，影像品質就變差，所以在解析度和單一像素影像品質間有所折衷。除了總像素多寡影響到解析度以外，整體影像感測器的面積，數位相機之光學鏡頭的品質，以及像素之安排也會有影響，例如，在相同的影像感測器二維陣列，若做為單色使用，其解析度會比做為彩色為高，像素之安排在後面會討論。

數位產品一般都規格化，影像感測器的尺寸也是如此，其規格如表 9-1 所示。其中 35mm 的影像感測器和傳統相機之底片是相同的尺寸，所以光學鏡頭可以共用。35mm 代表外界的景物透過光學鏡頭後，將投影在 35mm 的範圍，超過此範圍的影像不會被影像感測器或底片所攫取。

表 9-1　影像感測器的規格

種類	寬（mm）	長（mm）	面積（mm^2）
1/3.6"	4.00	3.00	12.0
1/3.2"	4.54	3.42	15.5
1/3"	4.80	3.60	17.3
1/2.7"	5.37	4.04	21.7
1/2.5"	5.76	4.29	24.7
1/2.3"	6.16	4.62	28.5
1/2"	6.40	4.80	30.7
1/1.8"	7.18	5.32	38.2
1/1.7"	7.60	5.70	43.3
2/3"	8.80	6.60	58.1
1"	12.8	9.6	123
4/3"	18.0	13.5	243
APS-C	25.1	16.7	419
35mm	36	24	864
Back	48	36	1728

9.4.4 像素之安排

一般生活用的數位相機是彩色的，因為景物的光是彩色的。不同顏色的光各有其強度，要處理此強弱不同的各種顏色光，數位相機的影像資料必須分成三原色（紅綠藍），一種簡單的概念是，將光分成紅綠藍，每一顏色用一片影像感測器紀錄資料，如此一來將需要三片，會使得成本增加，所以大多使用單片的影像感測器。而使用單片的影像感測器，如何將入射光之三原色分開來紀錄？一般而言有三種方法。

第一種方法最為普遍，稱為單攝法（single-shot），意思是單次曝光就能同時捕捉到紅綠藍三個影像資料。其做法是使用四個最小單元的感光元件（image sensor），如四個 CCD 電容單元，將四個像素組成一個彩色像素，在這四個像素上方放置一彩色濾光片，其安置如圖 9-14(a)所示，紅色對應到一個像素，藍色對應到一個像素，綠色對應到兩個像素，將這些彩色像素再排列成二維陣列如圖 9-14(b)所示，綠色所以使用兩個像素的原因是，人的眼睛對綠光最為敏感，所以較弱的綠色光就可以看起來頗明亮，若只用一個像素，其對應的光弱，於是感光元件的電子訊號也較小，訊雜比將較差，所以使用兩個像素以彌補其較弱的訊號。

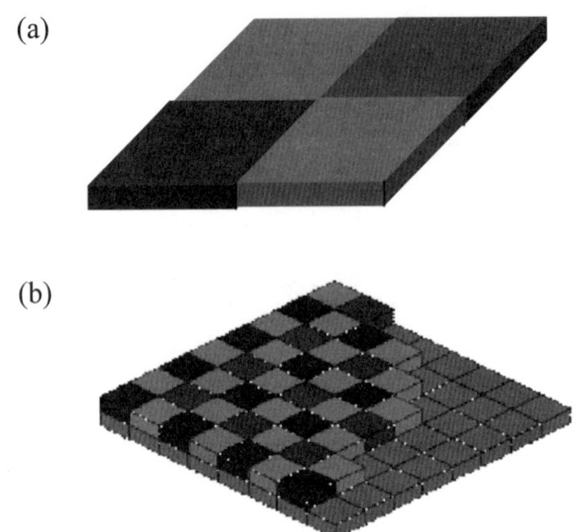

圖 9-14　(a)由四個像素組成一彩色像素，(b)整體彩色像素構成的二維陣列。

第二種做法稱為多攝法（multi-shot），意思是經過三次曝光，每一次曝光時，由一濾光片選擇一種顏色，這又可分為兩種，一種是將濾光片放在鏡頭處，另一種是將濾光片放在影像感測器之前。共有紅綠藍三顏色的濾光片，分別在一系列的不同時間置放在光學路徑上篩選單一顏色。第三種做法是使用一維之線性陣列，透過水平掃瞄過成像面，因此取得二維的影像資料。

上述三種做法中，目前以第一種的單攝法最為普遍，因為其硬體架構最為簡單。

數位相機的流行對照相產業有相當大的衝擊，過去以化學為主的底片和相片產業轉變為以光電和電子為主的產業，使得曾經是照相業中極為成功的柯達公司遭到嚴重衝擊，而搖搖欲墜。

習題

1.在 n-型半導體中，若比平衡時多出一個電洞，則此電洞接下來會發生什麼事情？

2.在 p-n 接面，若因照光而產生電子電洞對，此電子電洞對接下來會發生什麼事情？

3.一 pn 二極體，照射 650 nm 的雷射光，其功率是 5mW，因而產生 1mA 的電流，請問此 pn 二極體的量子效率多少？

4.在光偵測上，請問 PIN 二極體和 PN 二極體相比，有那些優點？

5.使用異質接面 PIN 二極體有那些好處？

6.某異質接面 PIN 二極體，其 i 層半導體的厚度 $w_i = 10\mu m$，考慮其背電極可以反射 98%的光，若此 i 層半導體的吸收係數$\alpha = 2\times10^4 cm^{-1}$，請問光功率會被 i 層半導體所吸收的比例是多少？

7.影像感測元件分為那兩大類？

8.在影像感測元件中，四個CCD電容單元組成一個彩色像素，在這四個電容單元上方放置一彩色濾光片，通常紅色對應到一個電容單元，藍色對應到一個電容單元，綠色對應到兩個電容單元。為什麼綠色要對應到比較多的電容單元？

第 10 章

太陽能電池

1 太陽光與地球表面之接收
2 半導體太陽能電池的元件特性
3 影響太陽能電池特性的因素
4 太陽能電池之種類
5 與植物的光合作用比較

上一章討論光偵測的原理，主要是將光轉為電。這一章討論的太陽能電池，就原理而言也類似，將光轉為電，差異是光源不同，這裡特別針對太陽光。而且，光偵測器大多處理小的光訊號，其轉為電的訊號也不大，在這裡，我們要處理的是相當大的光能量，特別是希望能將大量的太陽光轉換為電，才有實際的用途。也因為此差異，所以我們看待太陽能電池和光偵測器不會完全相同。

10.1 太陽光與地球表面之接收

第五章我們討論了幾類的發光機制，其中之一為黑體幅射，太陽光就是黑體幅射，其對應的溫度約在 5500-6000K。如圖 10-1 所示，在大氣層之上量到的光譜與黑體幅射在 5550K 之光譜接近。

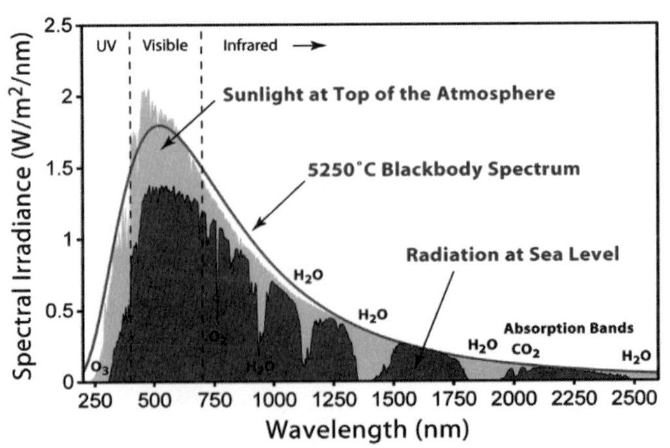

圖 10-1　太陽光與黑體幅射光譜之比較

圖 10-1 之黃色區是太陽光在大氣層上量到的光譜，其尚未被大氣

吸收，紅色區是被大氣吸收和散射後的光譜，一方面其總體強度減弱，另一方面，某些部份被大氣中的特別氣體吸收了，所以光譜呈現一些凹陷，最大部份的吸收都是水氣所造成，例如在波長 760nm、980nm、1100nm、1300-1400nm、1800-1950nm 附近等。

而透過大氣後，其經過不同路徑，吸收量也不相同，因此在地球表面之太陽光強度也有差異，一般以大氣量（air mass）來表示。如圖 10-2 所示，路徑 1 是垂直入射到地表，其經過的路徑最短，只穿過厚度 h_0 的大氣；若是斜向射到地表，其經過的大氣路徑長為 h，所以其與垂直入射的比值為

$$\frac{h}{h_0}=\frac{1}{\cos\theta}=r \qquad (10\text{-}1)$$

其中 θ 為入射方向與垂直方向的夾角。

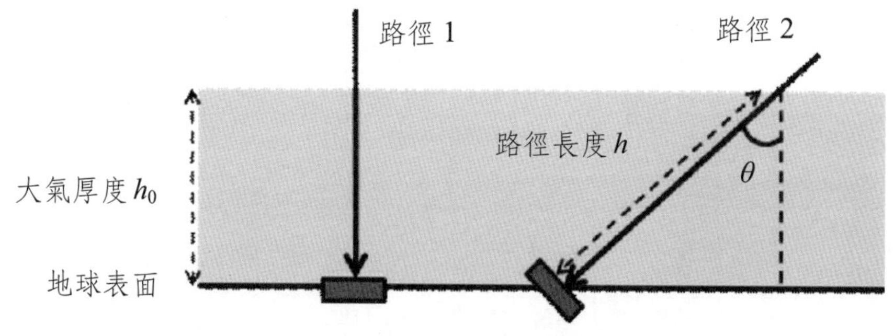

圖 10-2　太陽光透過大氣入射到地表的情形。

通常將垂直入射到地表的情形稱為 AM1.0（air mass 1.0），而將斜向射到地表的情形稱為 AM r（air mass r），r 就是方程式（1.0）的比值；而 AM0 代表在大氣層上量到的情形。r 越大，經過的大氣路徑

越長。常用的數值為 AM0、AM1.0、以及 AM1.5。所以明顯地，AM1.0 的太陽光強度弱於 AM0，AM1.5 的太陽光強度弱於 AM0 和 AM1.0。下表顯示數個入射角度所對應的大氣量和太陽光強度。在大氣層上量到的太陽光強度為 1367W/m^2，經過大氣層後，在晴朗且沒有污染的乾淨大氣下之地表上，太陽光之強度可以由以下公式計算得到

$$I = 1.1 \times I_0 \times 0.76^{(r^{0.618})} \qquad (10\text{-}2)$$

其中 r 為方程式（1.0）的比值，$I_0 = 1353\text{W/m}^2$。

表 10-1　太陽光強度隨著緯度變化之情形

入射光與垂直線的夾角	r	因為污染引起的強度變化範圍（W/m^2）	公式（10-2）之結果（W/m^2）
-	0	1367	---
0°	1	840～1130=990±15%	1131
23°	1.09	800～1110=960±16%	1114
30°	1.15	780～1100=940±17%	1103
45°	1.41	710～1060=880±20%	1060
48.2°	1.5	680～1050=870±21%	1046
60°	2	560～970=770±27%	977
70°	2.9	430～880=650±34%	876
75°	3.8	330～800=560±41%	796
80°	5.6	200～660=430±53%	672
85°	10	85～480=280±70%	477

AM0 就是太陽光原來的光譜，和黑體幅射在 5800K 之光譜很接近，如圖 5-7 之其中一個曲線所示，此光譜適用於人造衛星上之太陽

能電池。而AM1.0到AM1.15之間差異不大，對應於入射光與垂直線的夾角介於 0°和 30°之間；在不考慮空氣污染和雲霧影響之下，從表 10-1 可看出，其強度僅僅從 1131W/m^2 變化到 1103W/m^2，這部份的太陽光強度約在北迴歸線到南迴歸線之間，台灣就屬於此範圍，只有在冬天時，約有一個月的時間，太陽光之入射方向與垂直線的夾角大於 30°，其餘都少於 30°。對於更高緯度的地區，如北緯 45°，其太陽光之入射方向與垂直線的夾角較大，在夏天時小於 45°，冬天時大於 45°，因此其整年的平均太陽光強度約為 AM1.5，對應於 48.2°之前述夾角，如表 10-1 所特別標示之處（棕黃色）。因為大多的人口都集中在溫帶，即北緯 45°左右，如中國中部到北部，歐洲，美國的中北部和印度等，因此未來的太陽能裝設，會有相當大的比例是落在此範圍，所以目前的太陽能電池之測量以AM1.5 做為參考標準，並且取其整數，將標準太陽光強度訂為 1000W/m^2 或是 100mW/cm^2。

太陽光的整體能量相當大，其照射到地球的能量每秒有 174PJ（$=174\times10^{15}$J），以功率表示為174PW（$=174\times10^{15}$W）；而目前全球消耗的能量為每秒 15-16TJ（$1\text{TJ}=1\times10^{12}$J），比較常以功率表示，15-16TW（$1\text{TW}=1\times10^{12}$W），因此太陽光每天供應到地球的能量是人類消耗的一萬倍以上，運用太陽能應該是一個相當好的方式，不像石油天然氣等需擔心其存量將會不夠使用的問題，但目前太陽能電池尚未普及，其主要的原因是成本。

成本的考量可以由以下說明來評估。假如太陽能電池發電廠的建製成本是 C 美元/W，預計使用 N 年，太陽能電池的效率為η，而裝設的地區，其平均日照以前述標準太陽光強度來估算，每天有 x 小時的日照量，則每平方公尺的面積，每天可產生$\eta\times x$ 度的電（1

度=1kWh），二十年內總共可以產生 20×365×η×x 度的電，而此電廠每平方公尺的發電功率為 1000×ηW，其對應之建製成本為 1000×η×C 美元。所以每度電的價格 P 為

$$P=\frac{1000\times\eta\times C}{20\times 365\times\eta\times x}=\frac{1000\times C}{20\times 365\times x}=0.137\frac{C}{x}\text{（美元）} \quad (10\text{-}3)$$

台灣的恆春地區，平均而言，每天有 5 小時的標準太陽光強度之日照量，若建製成本是 4 美元／W，則每度電的價格為 0.1096 美元，和目前的電費接近。台灣的北部地區因為雲霧陰雨天氣較多，每天平均日照量以標準太陽光強度計算，只有 3 小時，因此每度電的價格為 0.183 美元，比台灣的平均電費高，必須要建製成本低到 2 美元／W，太陽能電池發電廠的電費才可能與電費接近。以上的建製成本包括太陽能電池面板模組、土地、安裝、維護、直流交流轉換、輸配電系統等所有相關所需的費用。

10.2 半導體太陽能電池的元件特性

半導體太陽能電池的元件特性包括有開路電壓（open-circuit voltage）、短路電流（short-circuit current）、和填滿因子（fill factor），這些特徵將在這一節討論。

太陽能電池的運作原理和前一章討論的光偵測器類似，主要是 PN 二極體，但和光偵測器不同的是，太陽能電池不會加上逆向偏壓，也

不會有順向偏壓，其電流電壓純粹是因為照光而來。在開路的情況下，沒有外接電路。在照光之下，半導體吸收光而產生電子電洞對，電子被內建電場推往n-型半導體那一邊而累積在n-型半導體那一邊，同樣地，電洞被內建電場推往p-型半導體那一邊，也將累積在p-型半導體那一邊。這些累積的電子和電洞將會建立另一個電場，剛好和空乏區內的內建電場反向，而大小和內建電場相等，所以互相抵消，平衡時電流等於零，$I = I_0\left[\exp\left(\frac{eV}{kT}\right) - 1\right] - I_{pc} = 0$，其中$I = I_0\left[\exp\left(\frac{eV}{kT}\right) - 1\right]$是在PN二極體兩端的偏壓V之下的電流，此偏壓V是累積在n-型和p-型半導體兩端的電子和電洞所產生的，在沒有外接電路之下，就是開路電壓V_{oc}；I_0是逆向偏壓下的電流，I_{pc}是光電流，其大小如方程式（9-3）所示，$I_{pc} = \eta_{qe} \cdot e \cdot \frac{P_{abs}}{h\nu}$；所以我們可以得到開路電壓

$$V_{oc} = \frac{kT}{e}\ln\left(\frac{e\eta_{qe}P_{abs}}{h\nu I_0} + 1\right) = \frac{kT}{e}\ln\left(\frac{I_{pc}}{I_0} + 1\right) \qquad (10\text{-}4)$$

而短路電流則為圖9-4之電路中，其外接電阻$R = 0$，此時累積在n-型和 p-型半導體兩端的電子和電洞所產生的偏壓$V = 0$，帶入$I = I_0\left[\exp\left(\frac{eV}{kT}\right) - 1\right] - I_{pc}$，得到短路電流$I_{sc}$，在不考慮電流方向下，此電流如下

$$I = I_{sc} = I_{pc} \qquad (10\text{-}5)$$

將方程式（10-5）代入方程式（10-4），可得

$$V_{oc}=\frac{kT}{e}\ln\left(\frac{I_{sc}}{I_0}+1\right) \quad （10-6）$$

因此，短路電流 I_{sc} 和開路電壓 V_{oc} 兩者並非完全獨立，彼此是互相關聯。另一個重要的影響因素則是逆向偏壓下的電流 I_0，此電流越小，開路電壓越大。

要瞭解實際的太陽能電池特性，經常透過其電流電壓的測量。此測量有不照光和照光之下的電流電壓特性，而照光也分不同的光強度，比較普遍的是使用標準太陽光強度 1000W/m^2。不照光的條件，我們稱為暗條件，其電流電壓特性（I-V curve）會經過原點，如圖 10-3(a)所示。在照光之下，因為有光電流，所以曲線往下移動，如圖 10-3(b)所示，在電壓為 0 時，曲線與縱軸的交點就是短路電流；在電流為 0 時，曲線與橫軸的交點就是開路電壓。

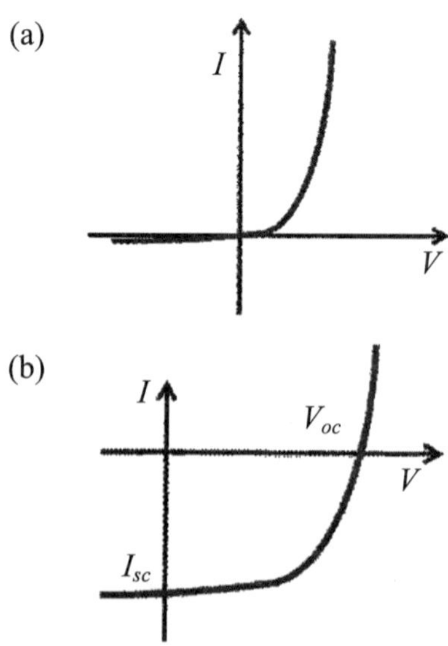

圖 10-3　(a)暗條件下的電流電壓特性（I-V curve）；(b)照光之下的電流電壓特性。

圖 10-3(b)在第四象限的曲線上的任何一點都可以是此太陽能電池的操作點，其所對應的電壓和電流就是所輸出的電壓 V_o 和電流 I_o，如圖 10-4 所示，此電壓和電流之乘積為此太陽能電池的輸出功率，就是在第四象限的矩形面積，$P_{out} = I_o \times V_o$。

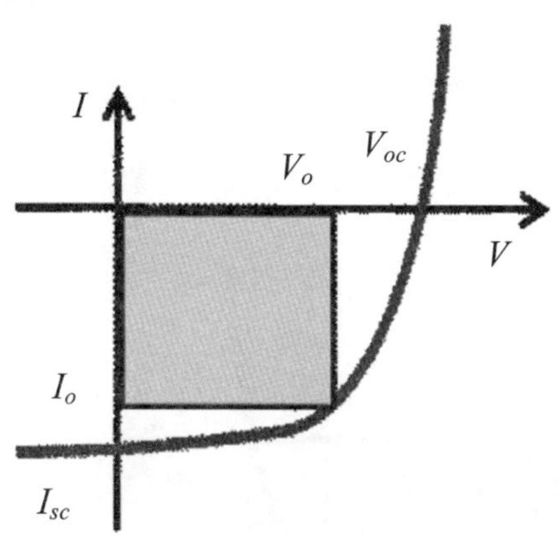

圖 10-4　太陽能電池的輸出電壓 V_o 和電流 I_o。

此操作點的位置如何決定呢？和其外接電路有關，例如圖 10-5 所示是接上一個電阻，則電流電壓之關係既要滿足二極體特性 $I = I_0 \left[\exp\left(\frac{eV}{kT}\right) - 1\right]$ 也要滿足電阻特性 $V = IR$。其解為二極體 I-V 曲線和電阻之 I-V 直線之交點，如圖 10-6 所示。

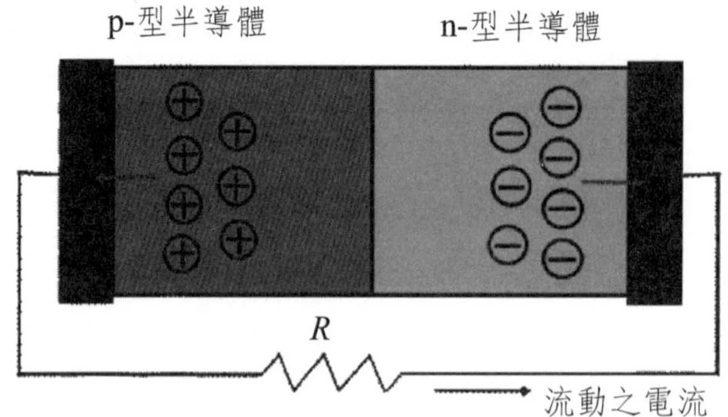

圖 10-5　接上一個外電阻的太陽能電池。

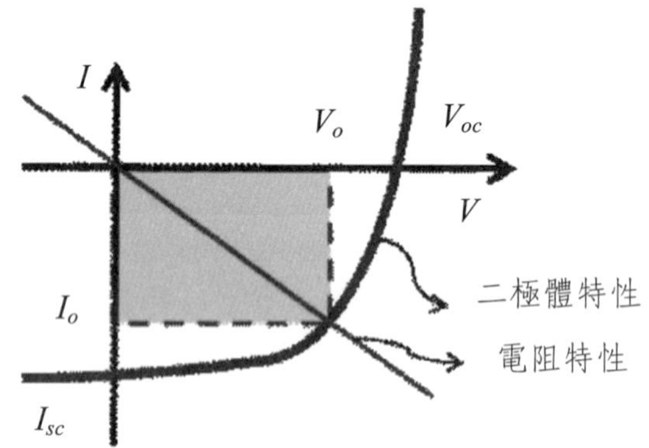

圖 10-6　二極體 I-V 曲線和電阻之 I-V 直線交會一點。

改變外電路的電阻 R，如圖 10-6 所示，則在第四象限就會對應不同的操作點，也因此會對應不同的輸出功率。其中有一個最大的輸出功率 P_m，其所對應的電壓和電流分別是 V_m 和 I_m。

$$P_m = I_m \times V_m \tag{10-7}$$

通常我們將此輸出功率與短路電流和開路電壓之乘積的比值稱為填滿因子（fill factor），以簡寫 FF 表示之，其數學式如下

$$FF = \frac{P_m}{I_{sc}\,V_{oc}} = \frac{I_m\,V_m}{I_{sc}\,V_{oc}} \tag{10-8}$$

若輸入的光功率為 P_{in}，而如前面所述，太陽能電池的最大輸出功率為 P_m，則此太陽能電池的光電轉換效率為

$$\eta = \frac{P_m}{P_{in}} = \frac{I_m\,V_m}{P_{in}}$$

將方程式（10-8）之關係代入上式，我們可得到以下關係式

$$\eta = \frac{I_{sc} \cdot V_{oc} \cdot FF}{P_{in}} \tag{10-9}$$

太陽能電池的開路電壓如方程式（10-4）所示，通常是元件的特性，其大小不會超過內建電壓，也就是說 qV_{oc} 比半導體的能隙小；短路電流就是產生的光電流，如方程式（10-5）所示。則依照方程式（10-9），太陽能電池的光電轉換效率 η 將和填滿因子 FF 成正比，所以提高填滿因子 FF 對製造太陽能電池而言相當重要。

10.3 影響太陽能電池特性的因素

影響太陽能電池效率的第一個重要因素是其吸收的光能量，如圖10-7 所示，光從上方的 n-型半導體射入，然後經過 p-n 接面進入 p-型半導體，只有離空乏區在擴散距離內的部份，其產生的電子電洞對能夠被分離而成為外面電路電流，也就是可以被利用的部份。這個原因

在上一章的光偵測器 PN 二極體已有詳細討論。

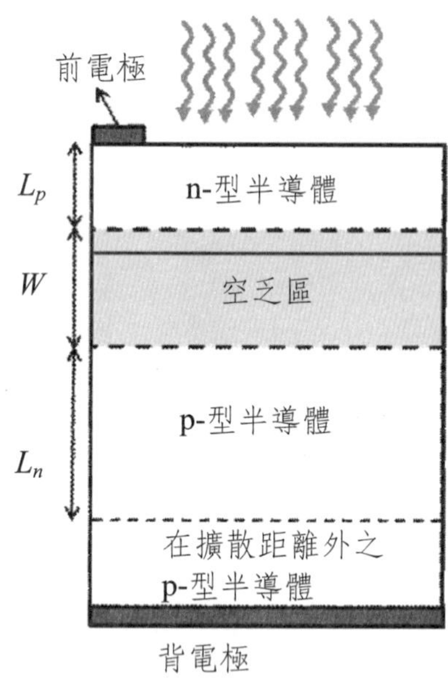

圖 10-7　光從上方的 n-型半導體射入太陽能電池之情形。

在圖 10-7 中，空乏區寬度為 W，在 n-型半導體中，電洞的擴散長度為 L_p，在 p-型半導體中，電子的擴散長度為 L_n，所以在太陽能電池中之 p-型半導體和 n-型半導體中，我們只考慮光在 L_p+W+L_n 之範圍內的吸收。若入射光之強度為 I_{in}，太陽能電池上方表面的反射率為 R，前電極之面積遮蔽比例為 r，被光照射面積為 A，則射入太陽能電池的功率為 $I_{in}\times A\times(1-r)\times(1-R)$。進入半導體後，光會被吸收，對單一波長而言，其吸收係數是固定的，所以光強度會隨以下之指數函數衰減

$$I=I_{in}\,e^{-\alpha x} \tag{10-10}$$

其中 α 為吸收係數。

在行進 dx 距離內，被材料吸收的光功率為 $A\ (-dI) = -A\dfrac{dI}{dx}dx = AI_{in}\,\alpha e^{-\alpha x}$，如果此太陽能電池的 p-型半導體和 n-型半導體是相同的材料，則其吸收係數相同，因此被太陽能電池吸收的全部能量如下

$$\begin{aligned} P_{\lambda,abs} &= \int_0^{L_n+W+L_p} A(1-r)(1-R)\,I_{in}\,\alpha e^{-\alpha x}\,dx \\ &= A(1-r)(1-R)\int_0^{L_n+W+L_p} \alpha e^{-\alpha x}\,dx \end{aligned} \quad (10\text{-}11)$$

上式可以進行積分，所以得到以下的結果

$$P_{\lambda,abs} = A(1-r)(1-R)\,I_{in}[1-e^{-\alpha(L_n+W+L_p)}] \quad (10\text{-}12)$$

如前面所言，此方程式是針對單一波長的吸收，各波長有不同的吸收係數，而且太陽光在不同波長之強度也不同，若單位波長之入射光強度表示為 $I_{in}(\lambda)$，則在波長範圍 λ 到 $\lambda + d\lambda$ 內之光強度為 $I_{in}(\lambda)d\lambda$，此外，半導體表面的反射率也可能隨波長而改變，因此所有被吸收之光功率如下

$$P_{abs} = A(1-r)\int_{\lambda\min}^{\lambda\max} d\lambda I_{in}(\lambda)[1-R(\lambda)][1-e^{-(L_n+W+L_p)\alpha(\lambda)}] \quad (10\text{-}13)$$

因為能量大於能隙的光子都能被吸收，所以方程式（10-13）之積分範圍的下限 $\lambda_{min} = 0$，上限 $\lambda_{max} = 1.24/Eg(\mu m)$。

雖然方程式（10-13）不容易直接算出解析解，但由此方程式可以看出來，影響的因素有電極之面積遮蔽比例 r、半導體表面的反射率、

吸收係數、電洞的擴散長度、電子的擴散長度等。方程式（10-12）也可以用來評估前述因素在單波長反應之影響。

由方程式（10-12）和方程式（10-13）可以看出，電極之面積遮蔽比例 r 越小越好，這可以將前電極做小，以及前電極以指狀方式排列，以減少其遮蔽的面積，但電極太小，則電阻會增加，所以有其下限；在指狀電極的排列中，條狀電極和另一條狀電極的間隔增加也可以減少遮蔽的面積，但同樣地，若間隔太大，則電子需走較遠的距離才能到達電極，這也會使電阻增加，因此前電極的幾何排列有某個範圍，在優化條件下，讓面積遮蔽比例 r 小，且串聯電阻也小。通常面積遮蔽比例 r 約在 5%左右。另一種做法是使用透明電極，既不會有前電極之面積遮蔽問題，也不會造成串聯電阻之增加，但目前的氧化銦錫透明電極，其製作成本較高，所以未來應該會有低成本的透明電極取代。

還有另一個因素，太陽能電池上方表面的反射率 R，其影響也頗為直接了當。反射率越低，進入太陽能電池的光功率越大。一般而言，半導體材料的折射率在 3.0-4.0 之間，因此其表面的反射率在 30%-36%之間，這是相當大的反射，所以其表面常需做抗反射的處理，因此抗反射是太陽能電池的重要技術。目前的矽太陽能電池中，金字塔結構是常用的方式，可以將反射率從超過 30%降到 10%左右，通常還會再進行抗反射鍍膜，使反射率降到 5%以下。最近常用的是奈米結構，因為光射入奈米被結構會有多重反射，每一次的界面反射也伴隨著吸收，於是大多的光最終將被吸收，此效應稱為光侷限效應（light trapping effect）。

光被吸收以後，即使每一個光子都產生一個電子電洞對，其光電轉換效率也不是百分之百。造成半導體太陽能電池之能量損耗有幾個主要因素，如圖 10-8 所示，①的部份為熱效應能量損失，其原因如後，當光子的能量比半導體的能隙大很多時，其產生的電子將會遠高於導電帶之最低能量，此電子會和半導體的晶格碰撞，於是能量轉移到晶格，其反應時間相當快，約在數匹秒（pico-second），此為熱平衡過程，此程序會持續進行到電子的能量降至導電帶之最低能量；同樣地，電洞也會進行類似的碰撞，一直到能量降至價電帶之最高點，因此這樣的程序會損失掉以下的能量：$hv - E_g$。如果是波長在 530nm 的綠光，其能量為 2.34eV，被矽半導體吸收後，於數匹秒（pico-second）後，其產生的電子電洞所對應的能量差只剩 1.12eV，因此損失掉了 2.34eV − 1.12eV = 1.22eV，超過原光子能量的 50%。因為不同波長之光子能量不同，因此所對應的能量損失不同，其全部的熱效應能量損失佔吸收光能量之比例可由以下的數學式計算

$$LOSS_{thermal} = \int_0^{\lambda\max} d\lambda I_{in}(\lambda)[1 - R(\lambda)][1 - e^{-(L_n + W + L_p)\alpha(\lambda)}]\left(\frac{hc}{\lambda} - E_g\right) / \int_0^{\lambda\max} d\lambda I_{in}(\lambda)[1 - R(\lambda)][1 - e^{-(L_n + W + L_p)\alpha(\lambda)}]\left(\frac{hc}{\lambda}\right) \times 100\% \qquad (10\text{-}14)$$

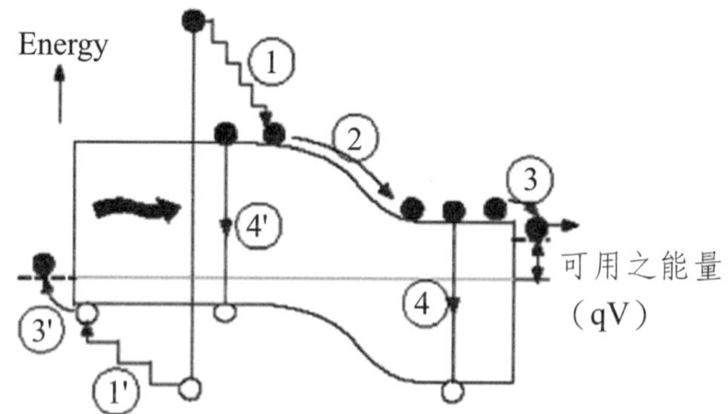

圖 10-8　半導體太陽能電池之能量損耗的幾項主要因素：①為熱效應能量損失；②為 p-n 接面能量損失；③為與金屬接觸損失；④為復合損失。

②為 p-n 接面能量損失，因為在沒有照光之熱平衡時，導電帶和價電帶都會彎曲，使得p-型半導體那一邊的導電帶比n-型半導體那一邊的導電帶高 qV_{bi} 的能量，價電帶的變化亦同。在照光之下，p-型半導體那一邊的導電帶和n-型半導體那一邊的導電帶逐漸拉平；若光不夠強，p-型半導體那一邊的導電帶還是比 n-型半導體那一邊的導電帶高，兩者的能量差為 eV，$V=V_{bi}-V_{oc}$，而 V_{oc} 是方程式（10-4）所示，重寫如后，$V_{oc}=\frac{kT}{e}\ln\left(\frac{I_{pc}}{I_0}+1\right)$，其中之 I_{pc} 大小如方程式（9-3）所示，重寫如后，$I_{pc}=n_{qe}\cdot e\cdot\frac{P_{abs}}{h\nu}$。當電子從p-型半導體那一邊的導電帶移動到 n-型半導體那一邊的導電時，其損失的能量大小為

$$Loss_{junction}=eV=e\,(V_{bi}-V_{oc}) \tag{10-15}$$

但因為前面計算的 $I_{pc}=n_{qe}\cdot e\cdot\frac{P_{abs}}{h\nu}$ 為針對特定波長，嚴格說來應

該寫為$I_{pc} = n_{qe} \cdot e \cdot \frac{P_{\lambda, abs}}{h\nu}$，代入前面的方程式（10-15），並運用方程式（10-4），則得到

$$\begin{aligned} eV &= eV_{bi} - kT\ln\left(\frac{\eta_{qe} \cdot e \cdot P_{\lambda, abs}}{h\nu \cdot I_0} + 1\right) \\ &= eV_{bi} - kT\ln\left(\frac{\eta_{qe} \cdot e \cdot P_{\lambda, abs} \cdot \lambda}{hc \cdot I_0} + 1\right) \end{aligned} \tag{10-16}$$

若包含數個波長，則需考慮光譜分佈，光電流變為

$$I_{pc} = \eta_{qe} eA(1-r)\int_{\lambda \min}^{\lambda \max} d\lambda \frac{I_{in}(\lambda)[1-R(\lambda)][1-e^{-(L_n+W+L_p)\alpha(\lambda)}]\lambda}{hc} \tag{10-17}$$

因此 p-n 接面能量損失為

$$LOSS_{junction} = eV = eV_{bi} - kT\ln\left(\frac{I_{pc}}{I_0} + 1\right) \tag{10-18}$$

其中I_{pc}為方程式（10-17）所得到之數值，在光相當強之下，V_{oc}將和V_{bi}極接近，因此 p-n 接面能量損失約為零。

圖 10-8 之③為與金屬接觸之能耗損失，這和半導體摻雜濃度，以及所選擇的金屬有關。而④為復合損失，這是在空乏區以及擴散距離內的範圍當中，電子電洞尚未被分離就已復合，因此無法貢獻給外部電路。造成此復合損失的原因是因為表面能階、缺陷能階和雜質能階等。

另一方面，由方程式（10-14）可知，若E_g較大，則其對應的熱效應能量損失較小，但是能量小於E_g的光子卻無法被此半導體吸收，

也就無法利用來發電，因此 E_g 有一最佳的選擇，約在 1.1eV 左右，剛好和矽半導體的能隙極接近，其理想的效率大約是 34%，此為單接面太陽能電池，亦即只用一個 PN 接面之二極體。若使用多種半導體，形成多接面太陽能電池，則可以讓每一接面負責特定的太陽光譜，所以高能隙的半導體負責吸收短波長太陽光，低能隙的半導體負責吸收長波長太陽光，這樣可以減少熱效應能量損失，此類多接面太陽能電池的概念如圖 10-9 所示。理論上，若使用無窮多個接面，就可以不再有熱效應能量損失，則太陽能電池可以有 86.8%的效率；而若使用三個接面，就能夠讓太陽能電池的效率達 56%。

目前就實驗而言，單接面太陽能電池之光電轉換效率可達 25%-26%，聚光之下達 29.1%；三個接面之太陽能電池，在聚光之下，光電轉換效率可達 43.5%。多接面太陽能電池多用聚光的情況，一來是因為成本考慮，另外也是因為多接面時，每一接面吸收的光較少，依據方程式（10-18），p-n 接面能量損失變大，在聚光之下，每一接面吸收的光增大，可以減少 p-n 接面能量損失。

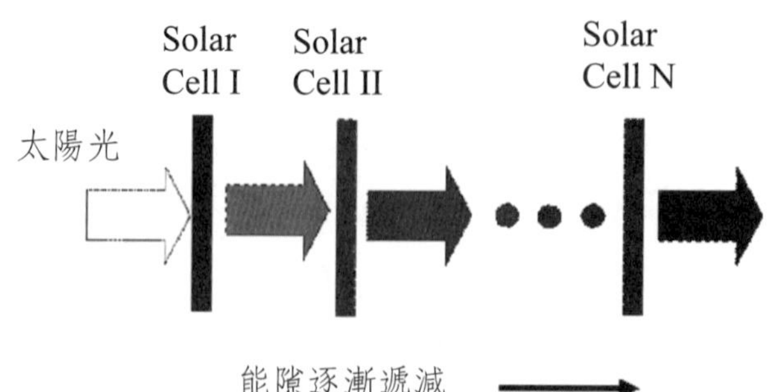

圖 10-9　多接面太陽能電池之光路示意圖，能隙較大的先照射太陽光，能隙較小的後照射太陽光。

10.4 太陽能電池之種類

太陽能電池之種類相當多，從早期到現在，矽晶太陽能電池都是主要的一類，但因為矽晶太陽能電池的製造成本較高，所以其他類的薄膜型太陽能電池先後被開發出來，這一節中將簡要說明這些太陽能電池。

10.4.1 矽晶太陽能電池

矽晶太陽能電池分為單晶矽與多晶矽，其差異是矽半導體材料的製作過程有些不同，半導體的品質也有些不一樣。矽半導體材料的提煉首先是利用碳將二氧化矽還原，此步驟可生成純度約 98%的冶金級矽，再來進一步提煉為純度達 99.99998%的太陽能級矽，目前普遍的做法是所謂的西門子法。接著單晶矽和多晶矽有不同的製作方法，若是單晶矽，將這些高純度的矽原料放入熔爐，透過拉晶的程序而長為單晶之矽晶柱，若是多晶矽，則由石英坩堝鑄錠為多晶矽錠。在這個程序中，單晶之矽晶柱品質較好，但成本較高，多晶矽錠因有較多晶格邊界，品質較差，但成本較低。之後，使用線鋸將單晶矽棒或多晶矽錠切為約 200μm 厚的薄片，這些薄的矽晶片也就是我們熟知的矽基板，透過一系列的製程，形成 p-n 二極體，最後鍍上金屬電極，完成矽晶太陽能電池的元件製作。

矽半導體的吸收係數在波長為 500-600nm 附近約為 $10^4 cm^{-1}$，隨波長增加而逐漸降低，至波長為 800nm 附近約為 $10^3 cm^{-1}$，到了 1000nm 則進一步降至 $10^2 cm^{-1}$，主要的原因是間接能隙之特性，所以吸收係數較低，但這也給予其較長的載子生命週期和大的擴散長度。擴散長度和載子生命週期的關係如下

$$L_{diffusion} = \sqrt{D\tau} \tag{10-19}$$

其中 D 為擴散係數（diffusivity，單位是 cm^2/s），τ 是載子生命週期。矽半導體之電子的擴散係數不大於 $36cm^2/s$，而電洞的擴散係數不大於 $12cm^2/s$。在 p 摻雜不高之下（$<10^{16}cm^{-3}$），電子的生命週期通常大於 1μs，因此其擴散長度可達 60μm，有些甚至於達 300μm。對於 n-型矽，在 n 摻雜不高之下（$<10^{16}cm^{-3}$），電洞的生命週期通常約為 0.5μs，因此其擴散長度約為 20μm。此大的擴散長度可以提供矽半導體大的吸光範圍，其產生的電子和電洞都有機會擴散到空乏區而被分離。但若有較多的表面能階、缺陷能階和雜質能階等，其載子生命週期會降低而縮小前述的範圍。

10.4.2　砷化鎵（GaAs）太陽能電池與聚光系統

砷化鎵（GaAs）半導體是直接能隙，所以其吸收係數較大，於波長短於 600nm 內，吸收係數為 $5\times10^4 cm^{-1}$，即使到接近其能隙對應之波長，還有 $5\times10^3 cm^{-1}$ 以上，就吸收光而言，相當好。但是此材料比矽半導體貴許多，所以比較常用於多接面之太陽能電池，且是聚光之

下，若是採用 500 倍之聚光效果，則其所需面積僅為矽晶太陽能電池的約 1/500，可以節省大量的材料成本，但是需要增加聚光用之透鏡，以及支撐透鏡與此類太陽能電池的硬體架構，而太陽能電池剛好在透鏡的焦點上，所以太陽光將被聚焦在太陽能電池的接收面。因為透鏡也相當大，若使用玻璃透鏡，將會很重，所以採用第三章討論的繞射光學透鏡。

此外，因為一天當中，太陽的位置隨時間而改變，於是透鏡的聚焦位置也將隨之改變，而導致太陽光無法一直聚焦在太陽能電池的接收面，因此需要追日系統，讓透鏡以及支撐透鏡與此類太陽能電池的硬體架構隨著改變角度，讓太陽光可以一直被聚焦在太陽能電池的接收面，這也會增加其成本。

10.4.3 薄膜型太陽能電池

鑑於前兩類太陽能電池的成本較高，於是有不少團隊投入薄膜型太陽能電池的研究，包括有非晶矽（amorphous Si）、碲化鎘（CdTe）、銅銦鎵硒（Copper indium gallium selenide，$CuIn_{1-x}Ga_xSe_2$ 或 CIGS）、有機、有機無機混合型，染料敏化太陽能電池（dye-sensitized solar cells）等。非晶矽、碲化鎘和銅銦鎵硒皆為半導體，所以由這三類材料做成的太陽能電池，其操作原理和矽晶太陽能電池一樣，只是這三類半導體是由薄膜的製作程序鍍在其他基板上，如玻璃或不鏽鋼片等。此類薄膜大多由真空製程鍍上，最近開始有不少研究探討溶液製程的方式，以進一步降低生產、運送和安裝成本。非晶矽太陽能電池目前可達 12.5%之光電轉換效率，碲化鎘太陽能電池可達 17.3%之效率，而銅銦鎵硒太陽能電池之光電轉換效率可達 20.3%。

有機和有機無機混合型之太陽能電池，其運作原理和半導體類之太陽能電池有些差異，主要是在有機材料中，電子電洞對或激子之擴散距離很短，只有 10nm 左右，這使得電子和電洞的分離相當困難，所幸近年來有所謂的區塊異質接面（bulk hetero-junction）的做法，可以有效地分離電子和電洞，目前的最佳效率可達 10%以上。此類太陽能電池可以由塗佈的分式製作，預期未來的生產成本將會極為便宜。過去認為這類太陽能電池的穩定度較差，但近年來之倒置結構（inverted structure）提供了相當好的穩定度，且光電轉換效率超過了 9%，其未來的應用前景逐漸被看好。

染料敏化太陽能電池的運作原理也和前類的太陽能電池非常不同，其利用染料吸光，但因為染料不導電，所以必須極薄，分佈在具許多孔洞之二氧化鈦表面，並藉由電解質傳遞電流，目前使用液態電解質的染料敏化太陽能電池，效率可達 12%以上，其製作成本也是極為便宜，但因為是液態電解質，且含碘，不易維持長時間的優良封裝效果，使用上尚有疑慮，所以有不少團隊致力於固態電解質之研究。

10.5 與植物的光合作用比較

植物的光合作用主要是以下的反應

$$CO_2 + H_2O + \text{光子} \rightarrow CH_2O + O_2 \quad (10\text{-}20)$$

其中 CH_2O 代表碳氫化合物，如糖、澱粉等。可運用於光合作用的太陽光，其波長在400nm-720nm之間，在這範圍內，太陽光的能量佔全部太陽光總能量的45%左右。在此波長範圍內的太陽光，還有約30%的太陽光沒有被葉綠體吸收，原因如葉子表面的反射，葉綠體間存在空隙等，所以被葉綠體吸收的太陽光佔全部太陽光總能量的32%左右。而葉綠體吸收的太陽光，短波長的光子所產生的作用和700nm波長的光子作用一樣，也就是說，短波長光子雖然有較大能量，但能被植物運用的和 700nm 波長的光子一樣，不是所有光子能量都被利用，所以此部份的損失約為24%，於是被葉綠體直接運用的太陽光佔全部太陽光總能量的24%左右。而之後，在轉為d-葡萄糖時，還會造成68%的能量損失，因此，全部太陽光的總能量，只有7-8%被植物轉為醣類之化學能。這部份的能量，還有 35-45%需提供植物本身維生（如夜間的光呼吸等），最後儲存起來的比例是全部太陽光總能量的4-5%。

而大部份的植物，在弱光到約100W/m^2的光強度範圍，其光合作用與光強度成正比，之後逐漸有飽和的情形，所以實際的光合作用，在正常的太陽光強度（1000W/m^2）下，只有前述的10%左右，因此，大部份植物的光合作用，其能源轉換效率不到 1%。其實植物的吸光效率不能太高，因為吸收的光只有一部份會轉成化學能，其餘的有相當比例轉為熱能，若吸收光的量多，轉為熱能的量也會增加，將可能對植物造成傷害。

做為糧食用的作物，其能源轉換效率比一般植物高，可到1-2%，而甘蔗的能源轉換效率是植物中最高的，可達 7-8%。因此，太陽能電池的轉換效率遠比植物的光合作用高出許多，就以普遍在使用的矽太陽能電池而言，其商業運轉的光電轉換效率已達 16%，比光合作用最佳的甘蔗還高出一倍，而實驗室的矽太陽能電池可達 25%；採用多接面的半導體太陽能電池，實驗室的轉換效率更達 43.5%，遠超過任何光合作用。坊間某些傳聞，說是植物的光合作用效率可達 30%以上，而太陽能電池的轉換效率不如植物的光合作用，應是無稽之談。

習題

1. 在北迴歸線上，夏至時，其地表的太陽光強度為 AMr，請問 r = ?
2. 不考慮空氣污染，在北緯 25°的地方，其太陽光強度之終年平均為多少？（提示：使用方程式（10-2））
3. 台北的平均日照為 3 小時，恆春的平均日照為 5 小時，則安裝同樣的太陽能發電系統，其電價成本相比為多少？
4. 請問為什麼開路電壓不會大於 E_g/e？其中 E_g是能隙能量，e 是電子電量。
5. 同一個太陽能電池，當照光強度加倍下，起問其開路電壓將變大或變小，或不變？為什麼？
6. 請問為什麼半導體太陽能電池，其表面需有抗反射的處理？
7. 一光子對應於 550 nm 的波長，被一般的單晶矽太陽能電池吸收而轉為電流輸出，請問其損失的能量至少會是多少？
8. 同樣的太陽能電池，為什麼聚光之下的轉換效率會增加？
9. 有一半導體，其載子生命期為 1μs，擴散係數為 25cm²/s，請問其擴散距離多少？

10.請比較植物的光合作用和單晶矽太陽能電池，那一樣的能量轉換效率較好？ 並探討其轉換過程中之能量損耗的因素。

第 11 章

視覺與顯示技術

眼睛是人類感受到光特性的重要感官，也因為眼睛可以看到光線和影像，促成人類思考「光」是什麼的課題。早期的人類甚至於認為光是由眼睛發出，所以才讓我們看到東西，當然現在已經非常瞭解，眼鏡是光的接收裝置，而且可以精緻地將外在的事物成像在眼睛內，構成我們所認為的影像。在這一章中，我們將先介紹眼睛的功能和視覺原理，再來討論顯示器的特性。

11.1 眼睛與視覺

11.1.1 眼睛的結構

眼睛的主要結構如圖 11-1 所示，其中對視覺影像而言，最重要的有角膜（cornea）、水晶體（lens）、視網膜（retina）等。角膜和水晶體扮演類似凸透鏡的功用，將外面的景物成像在視網膜上，角膜的折射率約為 1.376，其曲率是固定的，水晶體的折射率約為 1.406，其曲率可以改變，因此其焦距可以調整。因為眼球的大小固定，所以視網膜與水晶體之間的距離也大約固定，如果水晶體的焦距無法改變，則遠方和近距離的物體不可能都會成像於視網膜上，所以我們的眼睛藉由纖維帶狀肌（Zonules）控制水晶體的伸縮，以調整其曲率和焦距。當看遠方物體時，成像位置將接近焦距位置，所以水晶體的曲率變小（相當於曲率半徑變大），焦距變大，使之和視網膜位置接近，如圖 11-2(a)所示；若是看近距離的物體，成像位置將較為遠離焦距位置，所以水晶體的曲率變大（相當於曲率半徑變小），焦距變小，使得視網膜位置和焦點距離較大，如圖 11-2(b)所示。因此，我們的眼睛藉由調整水晶體的曲率，讓遠方和近端的景物都可以成像在視網膜上。

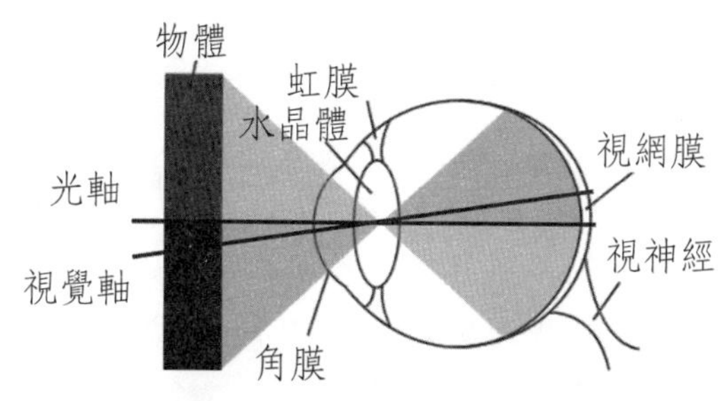

圖 11-1　眼睛的主要結構

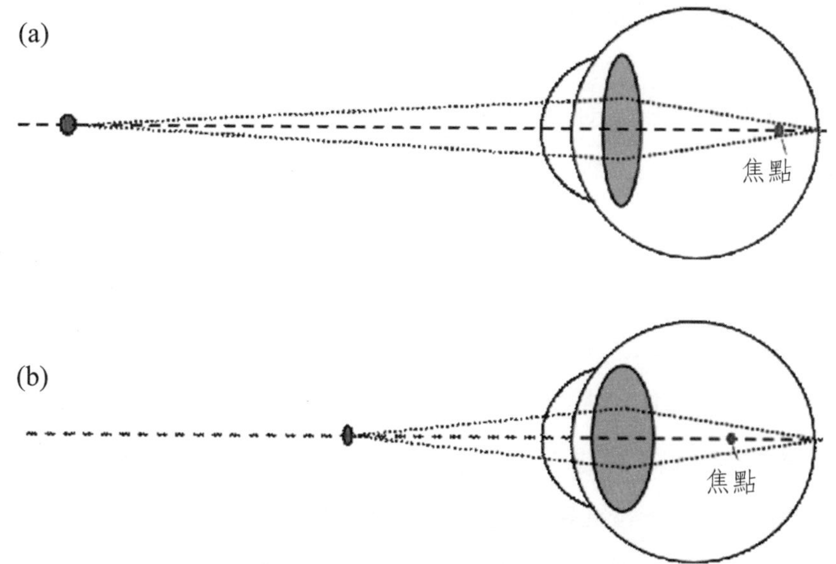

圖 11-2　(a)看遠方物體時，水晶體的曲率變小（相當於曲率半徑變大），焦距變大；(b)看近距離的物體，水晶體的曲率變大（相當於曲率半徑變小），焦距變小。

人眼的視網膜構成一個球面的72%，此球面的直徑約為2.2公分。視網膜分為10層，其中最主要的是感光層，此層有7千五百萬到一億五千萬個視桿細胞及7百萬個視錐細胞。如圖11-1所示，眼睛有一光軸（optic axis），通過水晶體的中心，兩眼的光軸互相平行；除了光軸之外，還有視覺軸，也是通過水晶體的中心，與光軸夾約 5°的角度，兩個視覺軸在眼睛前方交會，交會點通常是在鼻梁的正前方。視覺軸往水晶體的後方延伸，與視網膜交會之位置大約在中央窩（Fovea），這是眼睛感光最靈敏的地方，也是我們視覺最清晰的地方。每當人注視某項物體時，兩個視覺軸會調整於該物體處交會，且眼球常會不自覺地轉動，讓光線盡量聚焦在中央窩，以增強影像的清晰度。

11.1.2　感光細胞的特性

感光細胞相當於前兩章談的光偵測器，但不是將光轉為電訊號，而是轉為神經元可以感應的訊號，其中的視桿細胞感光度較高，在弱光環境時作用。其密度在中央窩附近最高，可以約100個視桿細胞的訊號匯集一起送到神經細胞，所以極敏感，但解析度差，因為許多個視桿細胞才對應到一個像素。在中央窩往鼻梁的方向移一小段距離，視神經匯聚而延伸出眼球的位置，連接到大腦，這裡沒有感光細胞，所以這個點也稱為盲點。

視錐細胞的解析度高，但感光性較差（光之亮度需大於 1lux = 1lm/m^2），有色彩分析能力，如下圖所示，有三種視錐細胞，其感光最強之波長位置分別在430、530及560nm 的波長。此三個頻譜之總和反應稱為適光光譜反應（photopic），其感光最強之波長位置在555nm，在昏暗之弱光下，眼睛的反應主要靠視桿細胞，其感光最強之波長位置在 507nm，視桿細胞之反應稱為暗光譜反應（scotopic）。

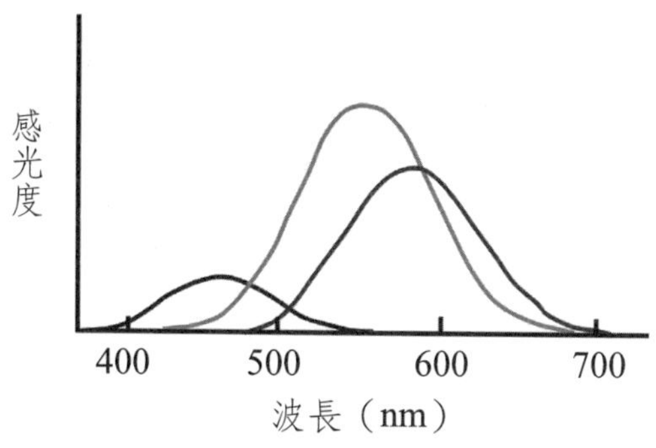

圖 11-3 視錐細胞的感光度特性

每一瓦的光，其給予眼睛的亮度感覺不同，亮度反應就如圖 11-3 所示，而其數值則由下表所示。

表 11-1 在各波長之適光光譜反應與暗光譜反應

Wavelength	Photopic	Scotopic
375	0.00002	---
380	0.00004	0.00059
385	0.00006	0.00111
390	0.00012	0.00221
395	0.00022	0.00453
400	0.00040	0.00929
405	0.00064	0.01852
410	0.00121	0.03484
415	0.00218	0.0604
420	0.00400	0.0966

Wavelength	Photopic	Scotopic
425	0.00730	0.1436
430	0.01160	0.1998
435	0.01680	0.2625
440	0.02300	0.3281
445	0.02980	0.3931
450	0.03800	0.455
455	0.04800	0.513
460	0.06000	0.567
465	0.07390	0.620
470	0.09098	0.676
475	0.11260	0.734
480	0.13902	0.793
485	0.16930	0.851
490	0.20802	0.904
495	0.25860	0.949
500	0.32300	0.982
505	0.40730	0.998
510	0.50300	0.997
515	0.60820	0.975
520	0.71000	0.935
525	0.79320	0.880
530	0.86200	0.811
535	0.91485	0.733
540	0.95400	0.650
545	0.98030	0.564
550	0.99495	0.481
555	1.00000	0.402
560	0.99500	0.3288
565	0.97860	0.2639

Wavelength	Photopic	Scotopic
570	0.95200	0.2076
575	0.91540	0.1602
580	0.87000	0.1212
585	0.81630	0.0899
590	0.75700	0.0655
595	0.69490	0.0469
600	0.63100	0.03315
605	0.56680	0.02312
610	0.50300	0.01593
615	0.44120	0.01088
620	0.38100	0.00737
625	0.32100	0.00497
630	0.26500	0.00334
635	0.21700	0.00224
640	0.17500	0.00150
645	0.13820	0.00101
650	0.10700	0.00068
655	0.08160	0.00046
660	0.06100	0.00031
665	0.04458	0.00021
670	0.03200	0.00015
675	0.02320	0.00010

上表為相對大小，其真正的亮度反應是 683lm/W 乘上該表上的數值，在綠光 555nm 之波長時，一瓦的光最亮，可達 683lm。

11.2 色彩原理與顯示原理

11.2.1 色彩原理

顏色的原因在於視錐細胞有三類，分別感應紅、綠、藍三個顏色的光，也就是圖 11-3 所示的光譜反應。雖說其感光最強之波長位置分別在 430、530 及 560nm，但各自有其反應的光譜頻寬，如圖 11-3 所示，所以即使在波長 560nm 時，除了對應紅色的視錐細胞有反應以外，對應綠色的視錐細胞也有反應，所以其顏色將會是紅和綠的混合。綜合而言，影響顏色的機制有以下幾個因素：

1.眼睛對不同波長的感光度不同，如前面所討論的。

2.物體在各種波長之穿透或反射不同。

3.光源在不同波長的發光強度不同，例如同樣的東西，在日光燈下的色彩和一般燈泡下的色彩不同。

而眼睛所看到的色彩，有可能某單一色光產生的色彩在視覺上和另兩個色光產生的色彩相同，這稱為配色（color match），例如在波長 650nm 的光和波長 515nm 的光，以某種比例混合搭配，在視覺上將會和在波長 570nm的光看來是相同的顏色，其數學關係可以表示如下

$$y\,(I_{570}) = r\,(I_{650}) + g\,(I_{515}) \quad (11\text{-}1)$$

此方程式的意義是，在顏色上，y 強度的 570nm 光和 r 強度的 650nm 光混合 g 強度的 515nm 光相匹配。因此色彩（或色變）可由不同色光經過適當比例混合而成，因為三原光為紅、綠、藍，所以由適當比例的三原光可以組成所需的顏色，再將此三原光加以正規化，可以得到所謂的色座標$(x，y，z)$，其數學關係如下。

$$x = \frac{X}{X+Y+Z} \quad (11\text{-}2a)$$

$$y = \frac{Y}{X+Y+Z} \quad (11\text{-}2b)$$

$$z = \frac{Z}{X+Y+Z} \quad (11\text{-}2c)$$

其中 X，Y，Z 稱為主原色光（primaries），分別為各色光在眼睛中反應的強度。X 代表紅色光，Y 代表綠色光，Z 代表藍色光；X，Y，Z 可由以下的式子計算而得

$$X = \int p\,(\lambda)_x\, E\,(\lambda)_A\, T\,(\lambda) d\lambda \quad (11\text{-}3a)$$

$$Y = \int p\,(\lambda)_y\, E\,(\lambda)_A\, T\,(\lambda) d\lambda \quad (11\text{-}3b)$$

$$Z = \int p\,(\lambda)_z\, E\,(\lambda)_A\, T\,(\lambda) d\lambda \quad (11\text{-}3c)$$

其中 $p\,(\lambda)_x$，$p\,(\lambda)_y$，$p\,(\lambda)_z$ 為眼睛對三原色光的反應光譜，如圖 11-3 所示，$E\,(\lambda)_A$ 為光源之發光光譜，$T\,(\lambda)$ 為物體之反射或穿透光譜。

從方程式（11-2a）-（11-2c）可以看出 $x+y+z=1$，所以一旦知道了 x 和 y，就可以得到 z 的值，所以色座標只需標示$(x，y)$即可，由$(x，$

y)座標可決定色彩位置，如圖 11-4 所示，稱為 CIE 色座標圖。

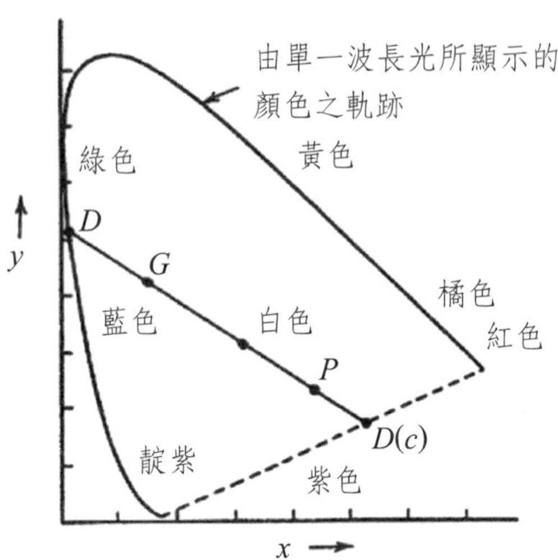

圖 11-4　色座標圖：由(x，y)座標可決定色彩位置。圖中經過 DGPD(c)之線表示，G 點的顏色可以由此線與邊界軌跡交會點 D 和 D(c)所代表的單波長光混合而成。

圖 11-4 中之邊界為單一波長光所顯示的顏色之軌跡，而圖中也顯示一例，由經過 DGPD(c)之線表示，此線中任一點的顏色，可以由此線與邊界軌跡交會點 D 和 D(c)所代表的單波長光，以線性相加混合而成。

各顏色所對應的色座標如圖 11-5 所示，例如白色之色座標約為(0.34，0.33)，因此，$z=0.33$，亦即白色光為三個主原色光以相同的比例混合而成。在此色座標上，當 $x>0.6$，則為紅色，若 $y>0.6$，則為綠色；而 $x<0.2$ 以及 $y<0.2$，（亦即 $z>0.6$），則為藍色。

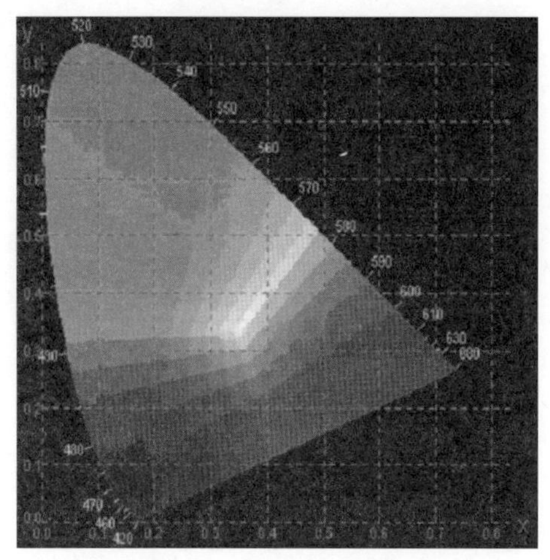

圖 11-5　CIE 色座標圖。

人類的感光細胞（視錐細胞）只有三類，使得視覺可以透過三個主原色光就可以呈現出彩色的情形，可以說是相當幸運，這使得顯示器的彩色特性能夠用簡單的數學計算來模擬。相較之下，人類的味覺和嗅覺就很不一樣，味覺和嗅覺細胞分別都遠超過三類，每一類各自負責一種味道，這使得味覺和嗅覺難以用簡單的方式模擬，所以目前仍然只有視覺可以透過圖畫或顯示螢幕來模擬真實的景物。

11.2.2　顯示原理

從前面的說明我們知道，透過配色，某個顏色可以由其他顏色的光以線性組合來搭配。通常我們選擇三個主原色光，藉由其組合模擬其他顏色，例如圖 11-6 之色座標圖中顯示了 *ABC* 三角形，在 *ABC* 三角形內之顏色都可以用 *A*、*B*、*C* 三種波長之光，由適當比例相加而得到。

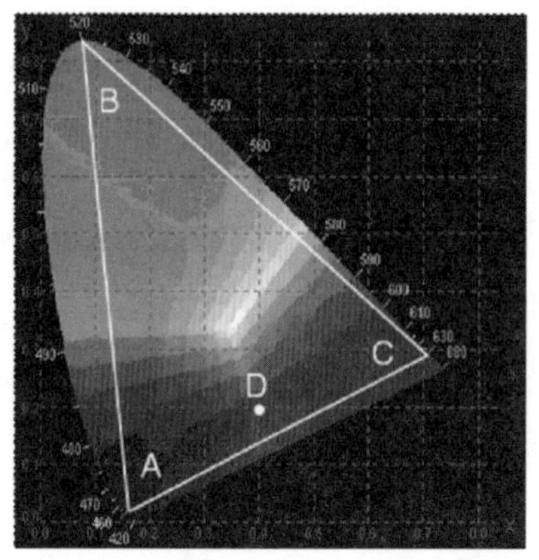

圖 11-6　*ABC*三角形內之顏色可以由配色達到。

圖 11-6 中 A 點的色座標是(0.16，0.02)，是由波長為 440nm 之光所產生；B 點的色座標是(0.075，0.83)，由波長為 520nm 之光所產生；C 點的色座標是(0.705，0.29)，由波長為 630nm 之光所產生。其中的一點 D，其顏色為紫粉紅色，色座標是(0.4，0.2)，D 點可以透過 A、B、C 三種波長之光來組合而成。其關係式如下：

$$(0.4, 0.2) = a(0.16, 0.02) + b(0.075, 0.83) + c(0.705, 0.29)$$

因此

$$0.4 = 0.16a + 0.075b + 0.705c \tag{11-4a}$$

$$0.2 = 0.02a + 0.83b + 0.29c \tag{11-4b}$$

其中色座標只有 x 和 y，但 z 可由 $1-x-y$ 而得到，所以還有第三條方程式

$$(1-0.4-0.2)=a(1-0.16-0.02)+b(1-0.075-0.83)+c(1-0.705-0.29) \qquad (11\text{-}4c)$$

解前面的三條方程式（11-4a）-（11-4c），我們得到 $a=0.496$，$b=0.05$，$c=0.454$，這代表波長為 440nm 之光的亮度和另兩個波長 520nm 和波長為 630nm 之光的亮度，其比例為 0.496：0.05：0.454。

D 點的顏色也可以用另外三種波長之光來配色，如圖 11-7 所示，A 點的色座標是(0.125，0.06)，是由波長為 470nm 之光所產生；B 點的色座標是(0.15，0.8)，由波長為 530nm 之光所產生；C 點的色座標是(0.73，0.27)，由波長為 680nm 之光所產生；透過前面的程序可以重新算得 a，b 和 c。因為 $x+y+z=1$，所以無論用那三種色光來進行配色，這三種色光之比例常數，一定會滿足 $a+b+c=1$。

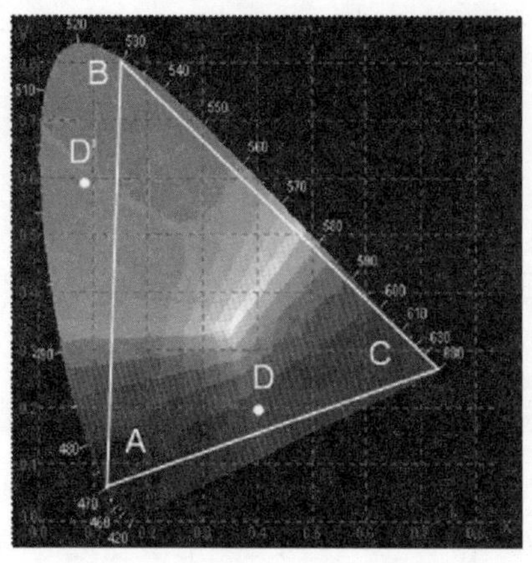

圖 11-7 另一個 *ABC* 三角形，其內之顏色可以由配色達到。

要能顯示各種顏色，這三個比例常數必須能在 0 到 1 之間變化，而三個主原色光也必須要各自獨立變化。要達成此目的，顯示器的每一個像素要能透過電子的方式控制，其做法就是下面所要討論的各式顯示器。

另一方面，圖 11-7 中，D'點之顏色無法由前面的三種波長之光來組合而成。簡單地說，在三角形之外的光，無法由三個顏色色光來合成。要克服此問題，較常使用的方式是增加使用其他波長之光，如圖 11-8 所示。使用六種波長之光，如圖中所示之 A，A'，B，B'，C 和 C' 等六個波長之光合起來的六邊形內之各顏色，都能透過這六個波長的光來組合，比起 ABC 和 $A'B'C'$ 各別三角形能組成的顏色要多，前面的 D'點之顏色就在此六邊形內，也就是說可以用這六個波長之光透過適當比例組合而成。

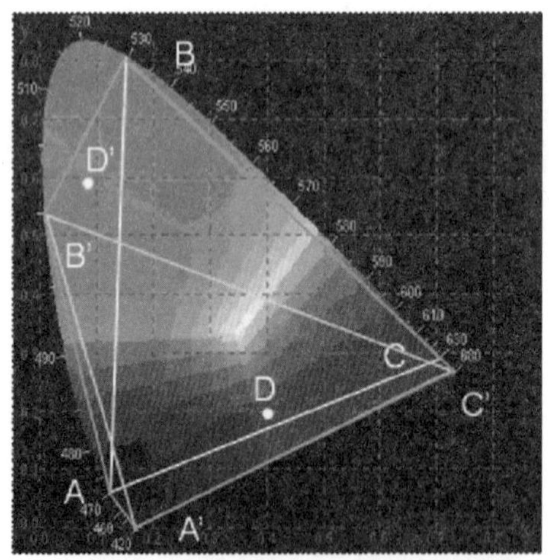

圖 11-8　A，A'，B，B'，C 和 C' 等六個波長之光合起來的六邊形（淺藍色區域，比 ABC 和 $A'B'C'$ 各別三角形能組成的顏色要多。

11.3　液晶平面顯示器（liquid crystal display）

液晶平面顯示器是目前使用最普遍的顯示器，其工作原理是藉由液晶來控制光的穿透量，其簡要的結構如下圖所示。

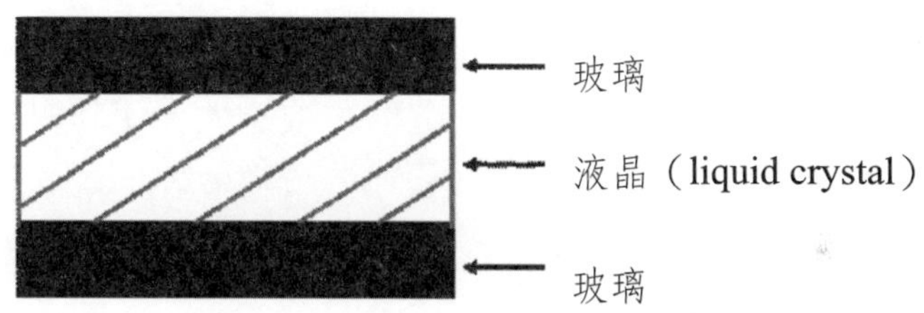

圖 11-9　液晶平面顯示器的結構

液晶平面顯示器的核心是液晶，而什麼是液晶？液晶是一種特別的有機物，在某個溫度範圍，固態和液態並存，比這溫度範圍高的溫度，成為純粹的液態，比這溫度範圍低的溫度，成為液晶結構。在這之間，部分凝結成柱狀結構的分子，懸浮於液體中，這些柱狀結構的分子通常會排列得很有次序，如圖 11-10 所示，這樣的排列是非等向性的，如同前面的章節所討論的，光進入液晶這樣的非等向性材料時，將會看到兩種折射率，這使得其極化方向會受到改變。

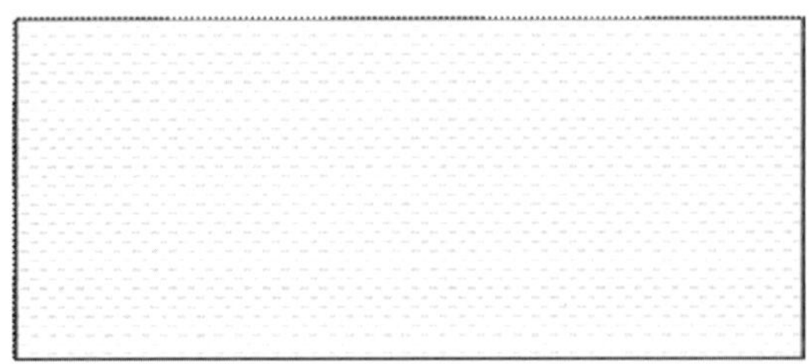

圖 11-10　液晶中柱狀結構的分子有次序的排列。

而在兩片玻璃之間的液晶，其液晶排列如圖 11-11(a)所示，與玻璃面平行，然而在下層的液晶，其排列沿著某一方向，然後逐漸改變，到了上層，其排列沿著與下層垂直的方向。在加上電壓之後，液晶的排列方向如圖 11-11(b)所示，此電壓必須夠大，使其對應電場遠超過臨界電場。

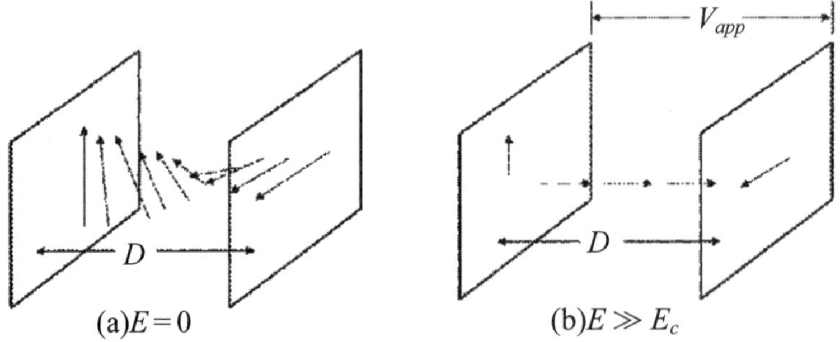

圖 11-11　(a)在兩片玻璃之間，液晶的排列逐漸改變；(b)加上電壓之後，液晶的排列方向變成與玻璃面垂直。

圖 11-11(a)所示的液晶排列，將使得光從玻璃的一端進入，其電場若與液晶方向平行，則電場方向在材料中會隨著液晶的排列逐漸改變，在離開另一邊的玻璃時，其電場方向會旋轉 90°。詳細的變化，必須考慮液晶之雙折射現象，以複雜的數學來處理，在此僅以簡要的

物理觀念說明，因為液晶的長條形狀，電場較易與此方向之液晶反應，因此產生的電偶極比較會和液晶的長條形狀平行，於是產生的電場也跟著會是在這個方向。當液晶逐漸轉向，而非劇烈變化時，因液晶內之電偶極所產生電場也就跟著逐漸轉向。

相對地，加上電壓之後，液晶的排列方向如圖 11-11(b)所示，在與玻璃平行的方向上來看，液晶的方向是對稱的，那麼光從玻璃的一端進入，其電場方向與玻璃平行，也就是說，其看到的液晶的方向是對稱的，所以不會有雙折射的情形，因此電場方向不會被改變。

有了前述之液晶特性的瞭解，再來我們就可以討論完整的單一像素液晶顯示器的工作原理。如圖 11-12 所示，光由左邊射入，沒有特定的極化方向，因此水平極化和垂直極化比例各為二分之一，再來經過垂直方向之極化片，於是只有垂直方向的光經過，此垂直極化光進入封在玻璃間的液晶，電場方向（亦即極化方向）隨著液晶而改變，離開液晶時，變為水平極化光，此時再經過水平方向之極化片，於是光順利通過。

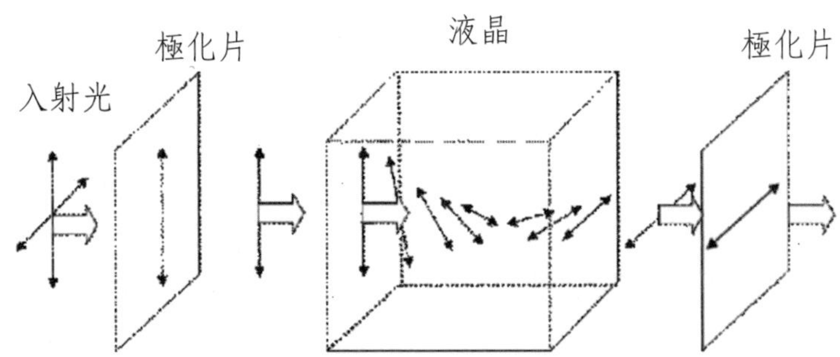

圖 11-12 液晶顯示器的工作原理：垂直極化光進入液晶，電場方向隨著液晶而改變。

前面是液晶沒有加上電壓的情形，若加上電壓，則液晶的排列方向變成與玻璃面垂直，如圖 11-11(b)所示，那麼電場方向不會被改變，也就是說，極化方向不會被改變，因此離開液晶時，還是垂直極化光，此時經過水平方向之極化片，被極化片擋住，於是光無法通過，在右邊看不到光，如下圖所示。

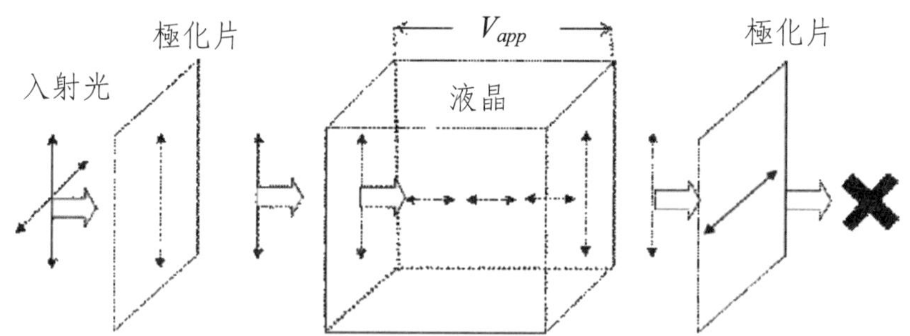

圖 11-13　加上電壓之液晶顯示器的工作原理：垂直極化光進入液晶，電場方向沒有隨著液晶而改變。

一般而言，外加電壓是在圖 11-12 和圖 11-13 之間，所以穿透光的強度可以由液晶改變，如圖 11-14 所示。

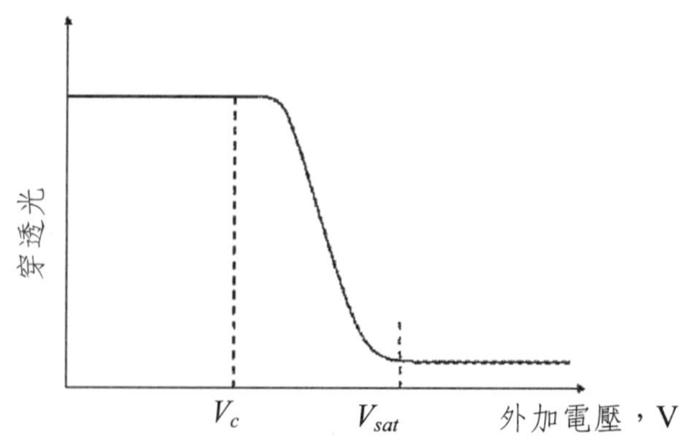

圖 11-14　穿透光的強度隨外加電壓變化之情形。

前面的討論是針對單一像素的工作原理，液晶顯示器由許多的像素組合而成，每一個像素都由一個場效電晶體控制，其部份的排列如圖 11-15 所示，圖中顯示的是 2×2 個液晶像素的排列。在液晶顯示中的場效電晶體和一般IC的不太一樣，是由薄膜半導體所製作，稱為薄膜電晶體（thin-film transistor），因此液晶顯示器通常稱為TFTLCD，其中 TFT 就是薄膜電晶體。整體的顯示器，其像素有 640×480，800×600，1024×768，1280×1024，1280×720，1920×1080 等。

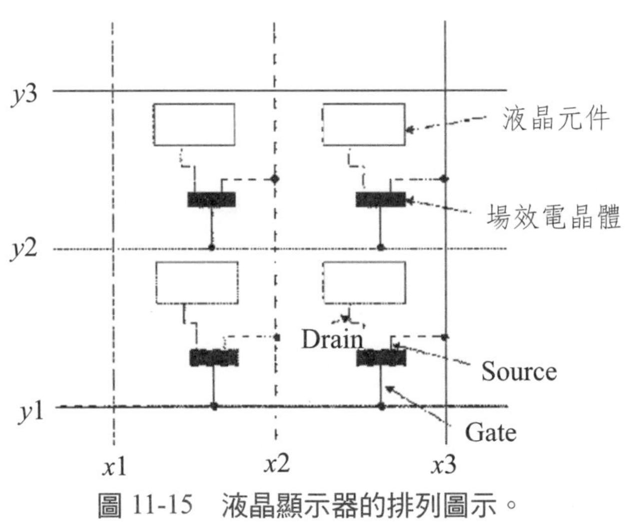

圖 11-15　液晶顯示器的排列圖示。

液晶本身並沒有顏色分辨力，所以要達到彩色的液晶顯示，需要再加上彩色濾光片，其整體結構如圖 11-16 所示，最下面是背光板，中間是液晶元件（含極化片、場效電晶體、封裝玻璃、液晶）等，通過液晶後再經過彩色濾光片。此三個顏色的排列和數位相機不太一樣，是三個顏色平行排列。液晶顯示的能源使用效率不是太好，首先是第一個極化片將光濾掉了 50%，之後的濾光片依據其通過的光量，平均又濾掉了 50%，所以只剩 25%，然後最上層的彩色濾光片，針對每一顏色又只用了三分之一左右的光，總體而言，剩下來的光只約8-10%。而背光光源又依使用的是螢光燈管或是發光二極體，其電光轉換效率約為20%，所以液晶平面顯示器或電視的能源運用效率只有2%左右。

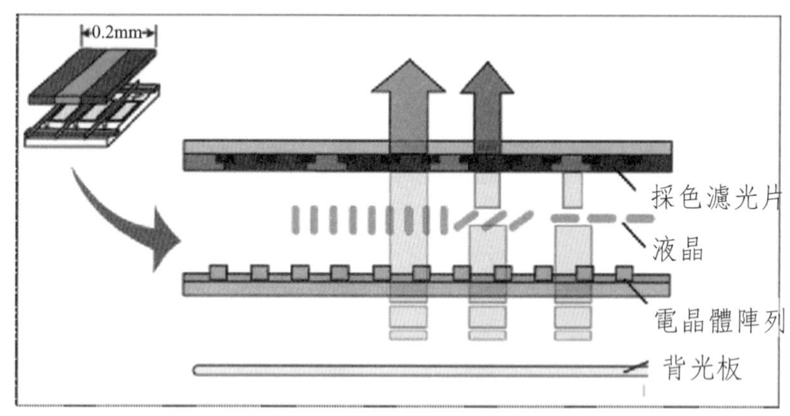

圖 11-16　彩色液晶顯示的結構。

11.4　有機發光二極體顯示器（OLED）

液晶平面顯示器已經比傳統的映像管顯示器要輕薄許多，但還是有人認為不夠輕薄，所以目前還有不少機構研究更為輕薄的有機發光二極體顯示器。

有機發光二極體的操作原理和之前討論的半導體發光二極體相當類似，其差別是，這裡的發光材料和導電材料主要為有機類，而製作方式和一般的鍍膜類似。元件通常製作在透明電極上，整體結構層包括有電洞傳輸層（hole transporting layer，HTL）、發光層（emission layer，EL）和電子傳輸層（electron transporting layer，ETL）。在電洞傳輸層之外還接有陽極，也就是透明電極，在電子傳輸層外則接有陰極，通常是鎂或鈣，再由銀保護。其結構如圖 11-17 所示。

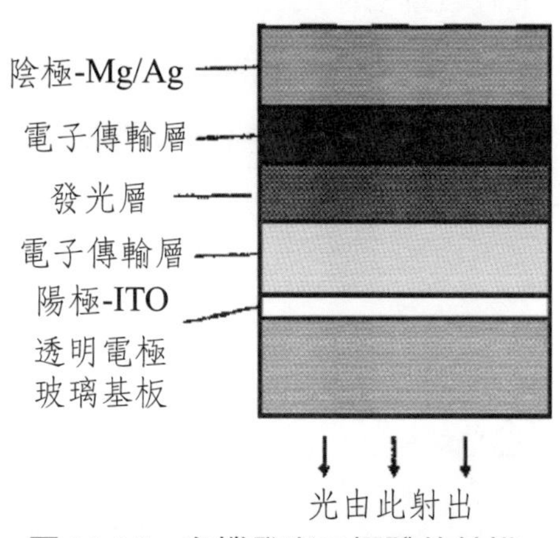

圖 11-17　有機發光二極體的結構。

其中之發光層之發光原理是由電洞傳輸層傳過來的電洞和由電子傳輸層傳過來的電子在此層相遇，復合後產生光子，所以其發光的顏色是由此層材料決定，以做為彩色顯示的功用，通常會使用三類有機材料以產生紅、綠和藍三原色的光，而光的亮度也是透過電路來控制，越來越多產品使用主動驅動方式，也是用薄膜電晶體，和液晶之 TFT LCD 相同，每一個 OLED 單元需要一個薄膜電晶體來控制。

和傳統的無機半導體如矽、砷化鎵相比，有機半導體之載子移動力低了幾個數量級，其載子遷移率（mobility）為 10^{-3}～$10^{-6}cm^2/V \cdot S$。此載子遷移率相當小，所以有機發光二極體需要較高的工作電壓。例如要發強度為 $1000cd/m^2$ 的光，有機發光二極體（OLED）的工作電壓需達 7～8V。目前其量子效率在紅光（625nm）和綠光（530nm）分別可達 20%和 19%，但在藍光只有 4%-6%，所以還需更多努力。

有機發光二極體顯示器是自發光，不需背光模組，所以更為輕薄，且無視角問題，加上反應快、重量輕，構造簡單，成本低等，未來可望應用於可彎曲顯示幕、照明設備、發光衣或裝飾牆壁，從 2004 年以來，小螢幕之手持裝置已使用得越來越多。

過去有機發光二極體顯示器被認為壽命不長，只有液晶顯示器的一半，不過在 2007 年之後，已有長足進步，連藍光都號稱已超過液晶平面顯示器，但良率似乎還是需要再努力的項目。

11.5 觸控螢幕

觸控螢幕是可以感應手指點觸螢幕位置，讓手指和螢幕內容能夠互動的技術，螢幕上的觸覺感應系統根據預先裝設的程式，驅動相關之連結裝置，可用來取代機械式的按鈕面板，並藉由顯示畫面製造出預設的影音效果。按感測器工作原理，觸控螢幕大致上可分為電容式、電阻式、紅外線式和聲波式等。目前應用在手持裝置如i-phone、i-pad、平板電腦等液晶螢幕上的觸控螢幕主要是電容式。

其原理是在液晶面板上覆蓋一層透明電極構成的電容陣列，其對壓力有高敏感度，當手指施壓於其上時，電容的大小會改變，藉此可以定出壓力源位置，並可動態追蹤。透明電極構成的電容陣列做在玻璃上，因為手指也是導體，當其接觸此電容時，造成電場的扭曲，於是測量上相當於電容產生變化，此位置透過內建控制器和程式定出手指之位置。此種做法對於小螢幕相當方便，但是若應用到大螢幕，則反應速度會受到嚴重延遲，無法有即時的視覺效果。此外，因為是藉由手指的導電特性，若是戴上手套，或是天氣寒冷或乾燥，甚至於表皮皮膚過厚都可能造成感應不佳。

11.6 立體顯示

立體顯示的主要特徵是可以看到景深，要達到此效果，除了圖中遠近物體之大小改變以外，要有立體臨場感，就要讓左眼和右眼分別看到不同視角景物，而左眼和右眼的兩種景象，在大腦中重新組合，於是給予大腦立體的幻覺。一個簡單的例子如圖 11-18，觀看時，請旋轉九十度，讓這些正方形和稜形看來是水平排列，中間是兩個完全一樣但旋轉了 45°的正方形。眼睛先注視此圖一兩分鐘，然後讓眼睛放鬆，接著會覺得中間的兩個正方形漸漸靠攏，再來視覺上將覺得中間的兩個正方形合成一個，此時立體特性就會出現，中間的正方形像是凸出來，而兩邊的稜形像是往後延伸。

圖 11-19 是另一個例子，此圖不需旋轉九十度就可觀看，同樣地，眼睛先注視此圖一兩分鐘，然後讓眼睛放鬆，這時本來四組紅綠藍的圓會變成是三組或五組，而紅綠藍的圓將會落於不同景深的位置，綠色圓會最為凸出。

立體顯示常用的方式之一是全像片。全像片紀錄光波的強度和相位，使得光透過全像片後，其波之傳播和真實物體發出之光的傳播特性一樣，所以眼睛看到的，和真實物體完全相同，有完整的立體資訊，但全像片的製作耗時費功，所以目前仍無法普及。

圖 11-18　可以產生立體影像幻覺的圖案。（觀看時，請旋轉九十度，讓這些圖看來是水平排列。）

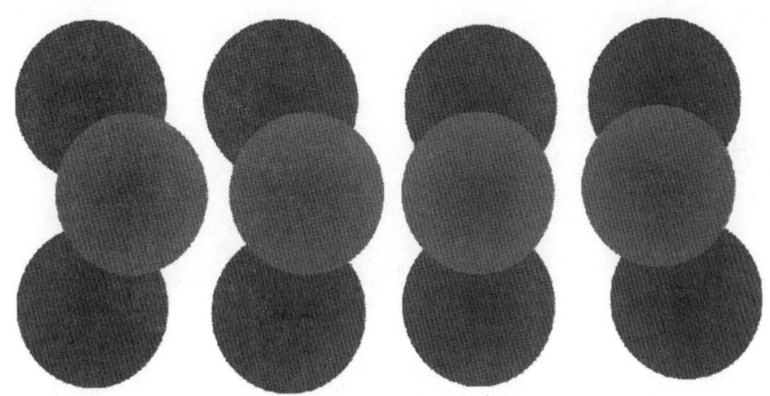

圖 11-19 可以產生立體影像幻覺的另一個圖案。

立體顯示做在顯示器上有幾種不同的做法。一種是讓螢幕交錯放映左右眼的影像，而眼睛戴上一眼鏡，眼鏡上有左右眼不斷交錯的明暗開關，此開關和螢幕交錯放映的時間完全同步，所以左眼永遠只看到左眼影像，右眼只看到右眼影像；第二種是用極化片，例如左眼是水平極化，右眼是垂直極化，而螢幕上也配合地放映水平極化影像和垂直極化影像，所以左眼永遠只看到左眼影像，而右眼也只看到右眼影像；也可以讓左眼看左旋光影像，而右眼看右旋光影像。第三種做法是，在螢幕上加上一層分光光柵，讓單數行的像素偏右邊傳播，而雙數行的像素偏左邊傳播，所以同樣地，左眼只看到左眼影像，而右眼也只看到右眼影像；也可以是單數行的像素偏左邊傳播，而雙數行的像素偏右邊傳播。這類的立體影像是虛擬的，其景深並不真實，因為影像的聚焦點都是在螢幕上，然而我們看到真實影像時，遠方物體的聚焦點比近物的聚焦點遠所以立體影像，讓我們的眼睛協調與實際的大腦經驗不符，看久之後，有些人會覺得頭暈。相較之下，全像片的立體效果和大腦經驗完全吻合，是最少引起不舒服之副作用的做法。

習題

1.人的眼睛靠那一部份來調整焦距？ 其如何根據物體的遠近來調整？

2.人的眼睛有那些類的視錐細胞？

3.在色座標中的某三角形，其頂點座標分別如下: A 點的色座標是（0.16，0.02）；B點的色座標是（0.075，0.83）；C點的色座標是（0.705，0.29），此三頂點座標是三個原色光。有一偏藍的白光，其色座標為（0.32，0.32），請問是透過前述 ABC 三色光的何種比例所合成？

4.同上，若三原色光的波長分別是 480nm，540nm，和 650nm，則該偏藍的白光，是透過此三原色光的何種比例合成而得到？

5.立體顯示有那些方式？

6.請討論液晶平面顯示器和有機發光二極體顯示器，何者的能源運用效率較佳？

第 12 章

光纖通訊

1 光通訊發展之歷史
2 光纖特性
3 光纖通訊系統
4 光纖通訊主動元件
5 光纖通訊被動元件

12.1 光通訊發展之歷史

廣義來看，使用光來傳遞訊號就是光通訊。人類在很早以前就開始使用光通訊技術，中國在殷周時代就使用烽火台，西周時，烽火台已經正式應用在軍事上做為傳遞消息的主要方式（西元前 771-1100 年）。京城有事，天子用烽火來通知諸侯。杜甫的詩：「烽火連三月，家書抵萬金」，杜甫用烽火來比喻戰爭，但烽火本身就是光通訊，和家書用來傳遞消息是同樣的功能。在歐洲，西元前八百年，光通訊也是已經正式用來傳遞訊息，他們還設立了八個譯站，以傳遞五百公里遠的距離，之後進一步將 24 個希臘字母編碼，所以可以傳遞文字訊息。這些早期的光通訊依靠眼睛來解讀光訊號，因此只運用了可見光，當時人類對光的認識有限，不知道光有很寬廣的頻譜。

前述的方式，其光通訊的速度都低於 1bit/秒，到近代科學較為進步之後，情況才有改善。西元 1791 年，光學電報才發展出來，後來法國建立了光通訊網路，並逐漸擴及全歐洲，到西元 1844 年，此網路長達 5000 公里，也應用到北美洲。但是後來電訊號成為通訊的主流，特別是貝爾建立了電報和電話系統之後（西元 1876 年之後），光通訊就不再受到重視，一直到 1970 年，光通訊還沒有受到重視。

讓光通訊再次露出曙光的是 1966 年，當時在英國的高錕（Charles K. Kao）和何可翰（George Hockham）發現玻璃之訊號衰減所以較大的原因是由雜質造成的。那時的玻璃訊號衰減量為 1000dB/km，而電報和電話系統使用的同軸電線，其訊號衰減量為 5-10dB/km（此單位在之後會解釋）。根據高錕和何可翰的概念，美國的康寧（Corning）公司於 1970 年開發出訊號衰減量為 20dB/km 的玻璃光纖。因為其訊號衰減量與同軸電線接近，於是開始引起重視。到了 1972 年，玻璃光纖的訊號衰減量更降至 8dB/km，而到 1979 年，降至理論預測的最低值，0.2dB/km（於 1.55μm 之波長），此訊號衰減量遠低於同軸電線，因此光纖通訊變成極為熱門的領域，而成為現在通訊系統的主要骨幹。

讓光纖通訊普及之另一個重要因素是雷射的發明，特別是半導體雷射的發明，半導體雷射的輕巧、高壽命、以及極高訊號調變速率之特性，對光纖通訊系統的鋪設極有幫助。1960 年，第一個雷射被發明；1962 年，半導體雷射被發明；1970 年，半導體雷射可以在室溫操作；1979 年，半導體雷射可以連續操作（continuous-wave operation）超過十萬小時。因此，使用半導體雷射的光纖通訊系統於 1983 年出現，當時是在 820nm 的波長傳遞訊號。接著通訊特性更好的 1310nm 波長光纖通訊系統於 1984 年在美國、歐洲、和日本開始運作。1987 年，英國的南安普敦大學開發出運作在 1550nm 波長的摻鉺光纖放大器，且光纖在 1550nm 波長的訊號衰減量最低（0.2dB/km），於是後來此波長的光纖通訊系統就成為主流。

對光纖貢獻極大的高錕院士（Charles K. Kao）和半導體雷射發明者（俄羅斯籍的 Zhores I. Alferov 與美國籍的 Herbert Kroemer）都獲得了諾貝爾物理獎。

12.2 光纖特性

12.2.1 光纖的剖面結構

在光纖通訊系統中，光訊號的傳輸媒介是光纖。光纖的剖面較多是圓形，其主要結構是中間為高折射率的玻璃材料，稱為核心（core），緊接著外面部份為折射率低一些的玻璃材料，稱為包覆層（cladding），再來透過緩衝鍍膜由外面的批覆層保護，大多使用塑膠材料，讓光纖不易受損，其剖面結構如圖 12-1 所示。

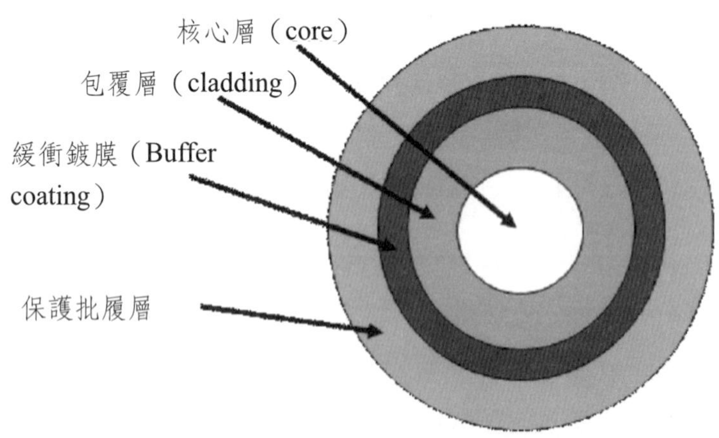

圖 12-1　光纖的剖面結構。

12.2.2 光線在光纖中的傳播原理

在圖 12-1 之剖面結構的這些層中，中間的核心（core）和包覆層（cladding）是傳導光的最主要部份，其傳導光的原理可以由幾何光學和波動光學來說明。幾何光學的觀點較為簡單，如圖 12-2(a)所示，光從左邊的邊緣射入光纖的核心層，不同光線有不同的入射角度和方向。因為核心層的折射率大於包覆層的折射率，當光從核心層射向包覆層時，如果入射角大於或等於臨界角（θ_{crit}），則光將會被全反射回到核心層，此類光線將會一直在核心層中傳播。另一方面，如果入射角小於臨界角（θ_{crit}），則沒有全反射，所以部份光線將穿透到包覆層，於是其強度在每一次的反射時會失去一部份，經過數次這樣的反射後，其強度將幾乎完全流失而無法在光纖中傳播。

再來我們把觀察的位置放在最左邊（圖 12-2(b)），在此處，光由外面射入光纖的核心。有些入射光線對應到前述的全反射特性，可以在光纖的核心層不斷傳播，而有些入射光線對應到前述的不具全反射特性，無法在光纖中傳播，從圖 12-2(b)的幾何圖中，我們可以看到，要吻合全反射的光線，其在最左邊的入射角有某個範圍，稱為接受角（θ_{NA}），此角度滿足以下的方程式

$$\sin\theta_{NA} = (n_1^2 - n_2^2)^{1/2} \qquad (12\text{-}1)$$

方程式（12-1）中，n_1 是核心層之折射率，n_2 是包覆層之折射率，$\sin\theta_{NA}$ 也稱為數值孔徑（Numerical Aperture, NA），NA＝sin

θ_{NA}，其代表將光收集到光纖且能傳播的能力，NA 越大，可以收集的光越多。

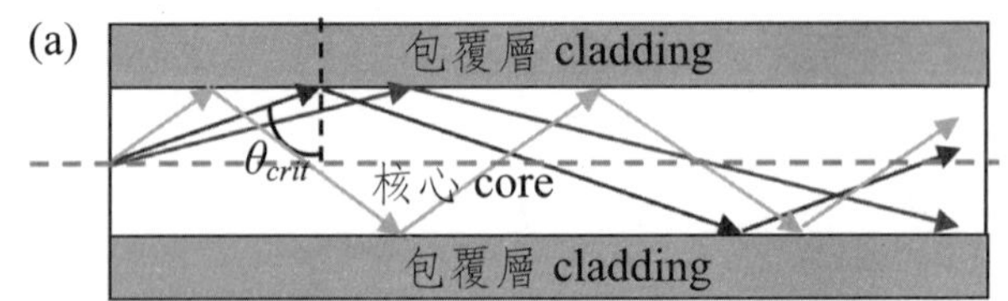

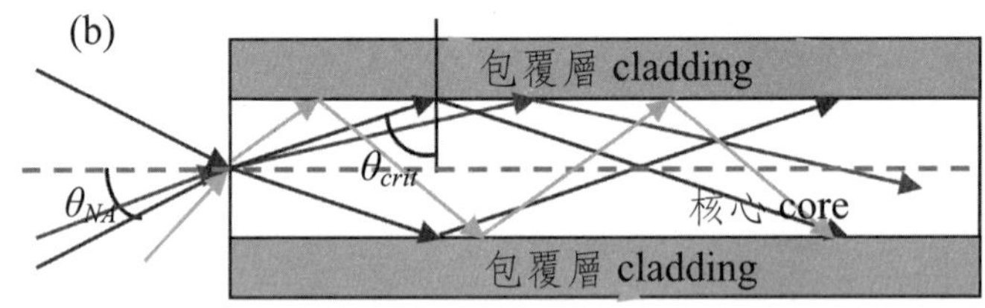

圖 12-2　幾何光學的觀點看光在光纖中之傳播：(a)如果入射角大於或等於臨界角（θ_{crit}），將會一直在核心層中傳播；如果入射角小於臨界角（θ_{crit}），則無法在光纖中傳播。(b)接受角（θ_{NA}）與臨界角（θ_{crit}）間的幾何對應關係。

12.2.3　在光纖中的光波模態

另一方面，從波動光學的觀點，透過馬克士威方程式和邊界條件，可以算出在光纖中傳播之光波的電場和磁場分佈。其數學推算過程相當複雜，在此略過，只討論幾個重要的推算結果。

(1)在光纖中傳播的光波，其場形有某些特別的分佈，稱為模態。在某些條件下，只有一個模態的光波可以在其中傳播，這類光纖稱為單模光纖；若是一個模態以上，稱為多模光纖。

(2)如果光纖的核心和包覆層之折射率分佈如圖 12-3 所示，則其單模的條件為 $V<2.35$，V的定義如下說明。在折射率為階梯式分佈之光纖，V是一個重要的參數，

$$V=\frac{2\pi a}{\lambda}(n_1^2-n_2^2)^{1/2} \tag{12-2}$$

其中 a 為核心層的半徑。當 V 小於 2.35 時，將會是單模態光纖。從方程式（12-2）可以知道，單模態光纖的光纖，其核心層的半徑較小。

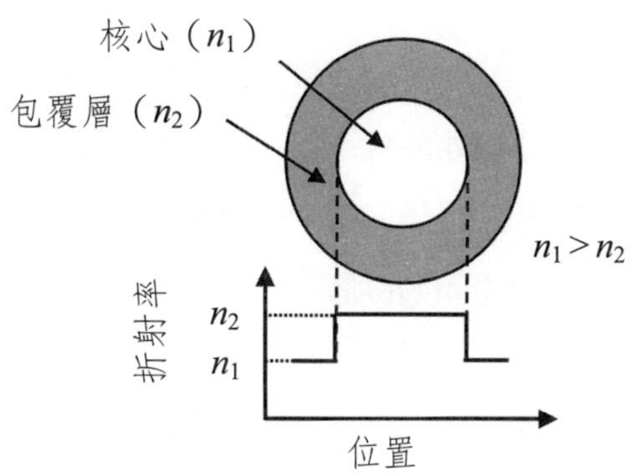

圖 12-3　折射率為階梯式分佈之光纖。

12.2.4　光纖之色散

光纖的一般規格如下，核心層和包覆層的總和直徑通常為 125±2μm，若是多模光纖，核心層的直徑為 50μm；若是單模光纖，核心層的直徑為 9μm，如圖 12-4 所示。

在多模光纖中，有多個模態在光纖中傳播，每一個模態各有其傳播速度（嚴格講是群速度），因此即使它們同時出發，到達終點的時間也會不同，這個現象稱為模態色散（modal dispersion），模態色散的情形如圖 12-5 所式，四個模態同時出發，但在不同時間到達終點。所以如果它們都是光脈衝的組成成份，一開始時，光脈衝很短，但到終點時，因為這些模態不同時到達，所以光脈衝將會散開，使得整體光脈衝變寬，這會影響到每秒可傳遞的光脈衝數。例如，在出發點之光脈衝寬度為 10ps，它們以 100ps 的間隔分離，所以每個光脈衝間可以很清楚的分開，這種情形的光訊號傳遞速率為 10Gb/sec；到達終點時，因為模態色散，所以光脈衝擴散到 150ps，但它們的時間間隔還是 100ps，所以這些光脈衝將會互相重疊而難以分辨。這使得在出發點之光脈衝必須以更大的時間間隔分離，這會使光訊號傳遞速率低於 10Gb/sec。由於模態色散的關係，多模光纖的光訊號傳遞速率低於 1Gb/sec，而單模光纖則可達 40Gb/sec。

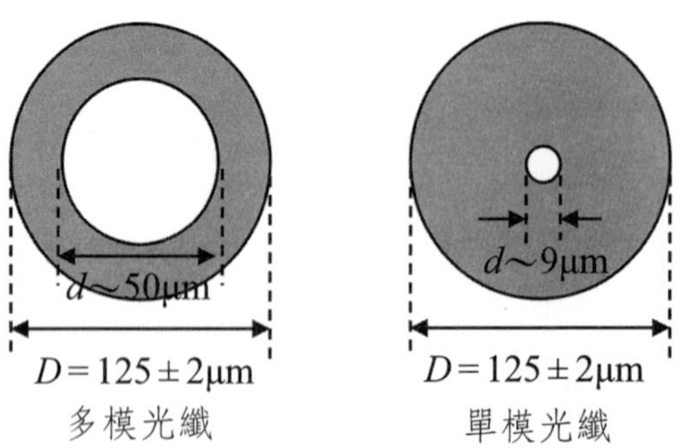

圖 12-4　單模光纖和多模光纖之核心層直徑的差異。

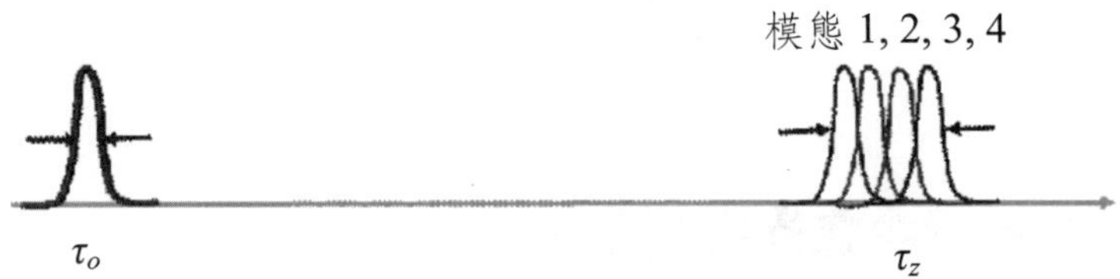

圖 12-5　模態色散對光波影響之示意圖，此橫軸為時間。

單模光纖雖然沒有模態色散，但還是有材料色散（material dispersion），此類色散就是第四章所討論的，折射率會隨波長改變。而短脈衝的光，如第八章所討論，其頻寬較寬，所以含有一定的波長範圍，這些波長看到不同的群速度（與折射率隨波長之二次微分有關），所以此光脈衝到達終點時，這些波長的光在不同時間到達，因而光脈衝也會變寬，這稱為材料色散，其情形遠比模態色散輕微。另外，光纖也是波導的一種，在波導中，光波所感受到的折射率和材料本身的折射率也不同，而是核心層和包覆層兩種材料之折射率的折衷，稱為等效折射率，此等效折射率也隨波長改變，稱為波導色散（waveguide dispersion），也是遠比模態色散輕微。材料色散和波導色散的綜合效果可用色散參數 D（dispersion parameter）來表示

$$D = -\frac{\lambda}{c}\frac{d^2n}{d\lambda^2}\,ps/nm \cdot km \qquad (12\text{-}3)$$

D 代表單位頻寬（單位為 nm）的光脈衝在傳播一公里以後，其脈衝寬度將擴散之程度。例如單模光纖的 D 參數通常是 10ps/nm．km，若光之頻寬為 0.1nm，則此光脈衝在傳播 10 公里後，脈衝寬度將擴散到至少為 10ps。對於一般光纖而言，其折射率隨波長變化的曲線中，反曲點落在波長 1310nm，所以折射率隨波長之二次微分為 0，根據方

程式（12-3），D 參數為零，稱為零色散點。

12.2.5 光纖中之光訊號衰減量

理想的通訊系統不會有訊號衰減，那麼訊號就可以傳遞到任何地方，而不會使訊號強度降低，但這是不可能的情形，任何通訊系統都會有訊號衰減。光纖通訊系統是目前已知的通訊系統中，訊號衰減量最小的。光纖的訊號衰減量通常用係數 α 來表示，稱為衰減常數，其定義和材料中的吸收係數一樣，由以下的方程式表示

$$P(L) = P(0)\, e^{-\alpha L} \tag{12-4}$$

其中 $P(0)$為光訊號在起始點的功率，$P(L)$為光訊號在終點的功率，L 為起始點和終點間的距離，亦即讓光訊號在其中傳播之光纖的長度。此衰減常數也稱為光纖損耗，通常表示如下式

$$\alpha = -\frac{10}{L}\log\left(\frac{P(L)}{P(0)}\right) \tag{12-5}$$

上式之 α 的單位是 dB/km。此光纖損耗隨波長變化之曲線如圖 12-6 所示，最低損耗小至 0.2dB/km，發生在波長 1550nm 附近。

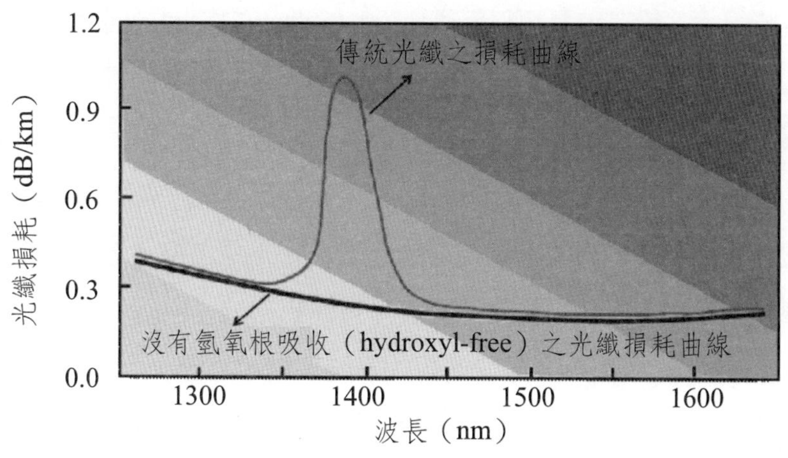

圖 12-6　光纖損耗隨波長變化之曲線。

如之前討論過的，零色散之波長為 1310nm，而損耗最小的波長在 1510nm，因此有人設法改變光纖之零色散波長位置。因為材料色散和波導色散是不同的原因造成，因此可以改變波導的剖面特性，設計某種折射率的變化，使得光纖在波長 1550nm 時，材料色散和波導色散兩者互相抵消而達到零色散，這能夠讓光纖既可以有非常低的損耗，也可以讓光訊號不會擴散，這類光纖稱為色散移動光纖（dispersion-shifted fiber）。

12.3　光纖通訊系統

如圖 12-6 所示，光纖除了在波長 1550nm 有最低的損耗之外，在其附近的損耗也非常小，特別是在沒有氫氧根吸收的光纖中，在波長 1300-1600nm 的範圍中，其損耗都非常小。假如光脈衝極短，其對應頻寬將很大，設其波長可以涵蓋 1300-1600nm 之範圍，則其色散將會很大，而且產生這麼短的光脈衝也相當難，因此通常是將此頻帶切割成很多小範圍的波段，每一波段對應不是非常短的光脈衝，例如數 ps 寬的光脈衝來傳遞 10-50Gb/sec 的光訊號，接著把這些不同波段的光訊號以波長多工的方式匯整起來，一起送入光纖之中，這是目前光纖通訊系統常用的方式，稱為 WDM 光纖通訊系統（wavelength division multiplexing），圖 12-7 是一簡單的系統架構示意圖。

圖 12-7 所示是點對點的 WDM 光纖通訊系統架構，其中每一波長用來傳遞 10-50Gb/sec 的光訊號，在這之前和之後是傳統的電訊號通訊系統，這些電訊號系統匯集了約 10-50Gb/sec 的電訊號，然後透過電光（XMT）轉換元件，將電訊號轉為光訊號送到光纖網路，之後在接收端，則透過光電（RCV）轉換元件，將光訊號轉為電訊號，然後送到電訊號通訊系統。圖中的波長多工器（multiplexor）可以將不同波長的光訊號匯集在一起，送入單一光纖，所以一條光纖就可以傳送數百個波段的光訊號，全部的訊號容量達 10Tb/sec 以上。（$1\text{Tb} = 1 \times 10^{12}$ bit）

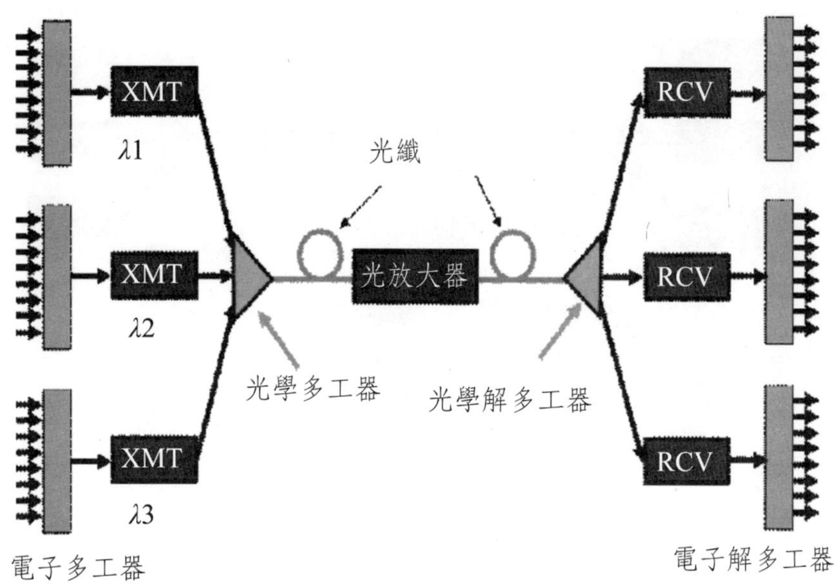

圖 12-7 WDM 光纖通訊系統架構示意圖。

圖 12-7 之架構是固定型的光纖通訊網路，缺乏擴充或改變的彈性，所以有更多類型的光纖通訊網路被開發出來，如以下各圖所示。圖 12-8(a)和(b)是在圖 12-7 之架構上加入光學多工增減器（OADM，Optical add-drop multiplexor），圖 12-8(a)增加了一個光學多工增減器，讓此架構可以增加一個波段，假如系統的通訊需求不是太大，也可以將此波段移走；圖 12-8(b)增加了兩個光學多工增減器，讓此架構可以增加兩個波段；依此類推，可以增加更多波段。透過光學多工增減器，光纖通訊網路的架構和通訊容量將具有更大的彈性。也可以用多個光學多工增減器（OADM）在一環狀網路上，讓光纖通訊系統可以根據通訊量的需求，隨時增加或減少任意波段，如圖 12-8(c)所示。

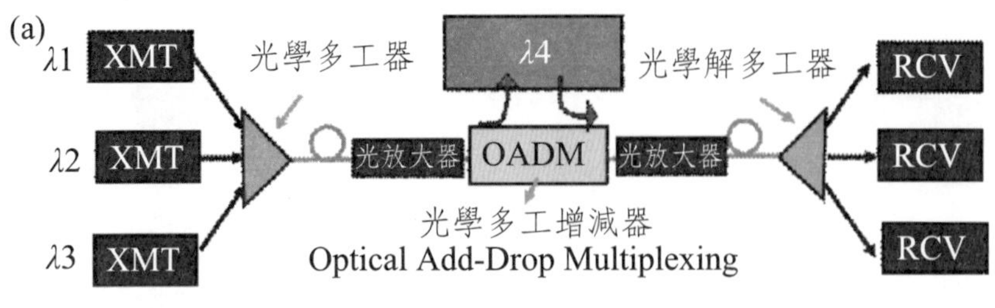

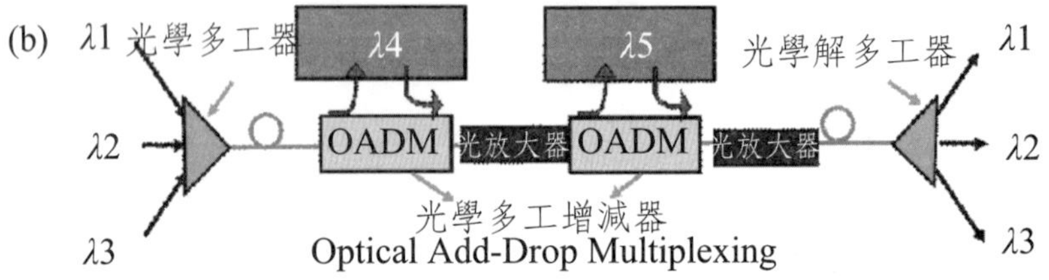

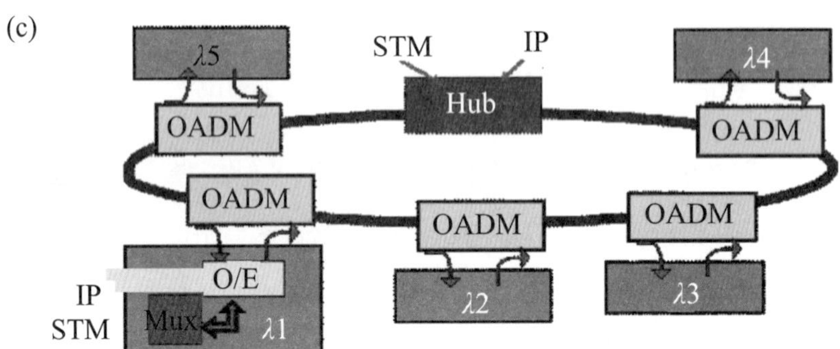

圖 12-8 (a)在圖 12-7 之架構上加入一個光學多工增減器，讓此架構可以增加一個波段；(b)增加了兩個光學多工增減器，讓此架構可以增加兩個波段；(c)具有多個光學多工增減器的環狀光纖通訊網路。

圖 12-8(a)-(c)中的光學多工增減器（OADM）是光纖通訊網路的一個重要元件，整個光通訊系統運用了非常多種的光學元件，可以說是將光學元件的原理和技術發揮的淋漓盡致，這些光學元件簡單分成兩大類，一類是主動元件，另一類是被動元件，其運作原理將在後面進行討論。

光纖通訊網路的傳輸訊號速率已經規格化，表 12-1 所示為各網路的光訊號規格和其對應的傳輸速率。

表 12-1 光訊號規格和其對應的傳輸速率

SONET	SDH	光通訊	傳輸速率
STS-1	STM-0	OC-1	51.84Mb/s
STS-3	STM-1	OC-3	155.52Mb/s
STS-12	STM-4	OC-12	622.08Mb/s
STS-48	STM-16	OC-48	2.48832Gb/s
STS-192	STM-64	OC-192	9.95328Gb/s
STS-768	STM-2541	OC-768	39.81312Gb/s

12.4 光纖通訊主動元件

光纖通訊主動元件主要包括有將電訊號轉為光訊號的光發射器（transmitter），將光訊號轉換回電訊號的光接收器（receiver）和光放大器（optical amplifier），我們將在這一節說明和討論。

12-4-1 光發射器（transmitter）

將電訊號轉為光訊號的發射器（transmitter）有幾種類型，第一種是直接調變半導體雷射。在第八章當中，我們討論過半導體雷射的工作原理，這類雷射的發光波長和半導體之能隙有關，用在光纖通訊的半導體主要是 InGaAsP。半導體雷射最大的特色是其激發方式是藉由電流注入，因此其輸出之光功率和注入的電流有關，其光功率與電流的變化關係如圖 12-9(a)所示。所以將電訊號轉為光訊號的方式可以直接將高低變化的電流訊號注入半導體雷射，就可以得到對應的光訊號，如圖 12-9(b)所示，直流偏壓和交流之電訊號透過 Bias T 匯集在一起輸入到半導體雷射，於是半導體雷射的輸出光將被調變，因而電訊號轉成光訊號，如圖 12-9(a)所示。此種方式之調變光，其調變速率可達 35GHz 左右。

(a)

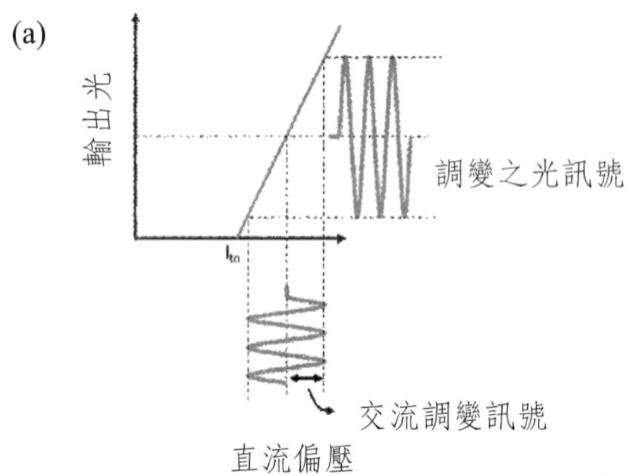

(b)

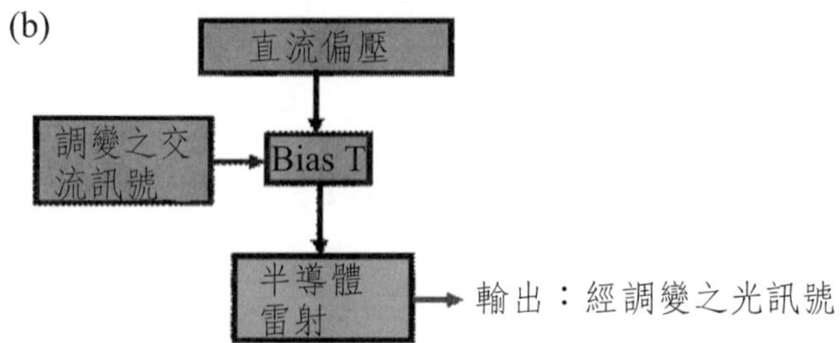

圖 12-9　(a)直接將高低變化的電流訊號注入半導體雷射，可以得到對應的光訊號；(b)直流偏壓和交流之電訊號透過 Bias T 匯集在一起輸入到半導體雷射，半導體雷射的輸出光帶有光訊號。

將電訊號轉為光訊號的發射器（transmitter）的第二種做法是間接調變雷射光，其概念如圖12-10所示。從雷射發出之光本身沒有訊號，其強度固定，此雷射光射入一調變器（modulator），而此調變器則被另一交流電所調變，使得輸出光的強度產生對應之強弱變化，因而帶有光訊號。

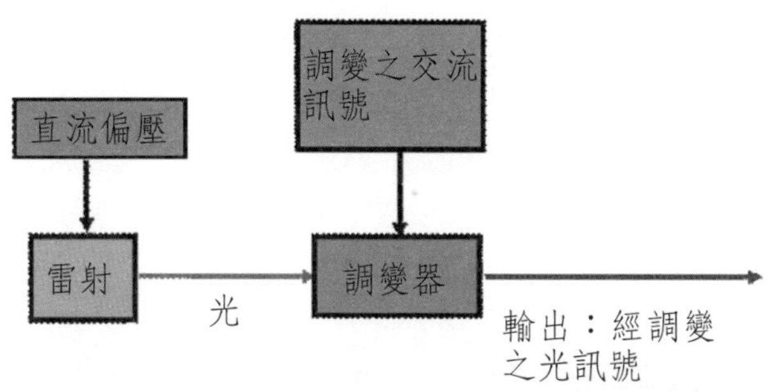

圖 12-10　間接調變雷射光的架構示意圖。

這種間接調變雷射光的調變器也有兩種，第一種是馬赫仁達（Mach-Zehnder）調變器，其做法是先將光分為兩個路徑，然後再將其合在一起；這兩個路徑中，至少有一個光路徑具有可以改變折射率的材料，稱為電光調變材料，可以由外加電壓改變折射率，所以光行經此路徑後，其總相位也跟著改變，因此當這兩道光合在一起時，其相對相位可以因外加電壓而改變，使得其相位可在同相和反相之間變化，而造成建設性或破壞性干涉，所以最後輸出的光強弱可以因調變器之外加電壓而改變。透過馬赫仁達（Mach-Zehnder）調變器之光訊號，其調變速率可達75GHz。

間接調變雷射光的第二種調變器為電吸收式，稱為電吸收調變器（Electro-Absorption，EA，modulator）。此類調變器之工作原和光偵測器類似，在半導體的 p-n 接面上加上逆向偏壓，其吸收係數將因之改變，於是穿透的光強度跟著變化，所以輸出之光強度可以透過外加之逆向偏壓改變，此種方式之調變光，其調變速率可達 40GHz 左右。

12.4.2 光接收器

用在光通訊系統的光接收器也就是光偵測器，可以將光訊號轉為電訊號，其工作原理在第九章已介紹過。用在光通訊波段（1.3-1.6μm）的光偵測器，使用的半導體大多為 $In_{0.53}Ga_{0.47}As$ 吸收，而且是 PIN 二極體。PIN 二極體的三層半導體中，i 層半導體是 $In_{0.53}Ga_{0.47}As$，n-型半導體和 p-型半導體是 InP。

而在光通訊系統中，終點的光訊號通常都相當微弱，所以容易受到雜訊之干擾。雜訊有幾類，一般而言，熱擾動雜訊（thermal noise）和散射雜訊（shot noise）是最主要的兩種，另外還有可能是光纖的非線性現象，使得不同波段之間也會互相干擾。熱擾動雜訊是因為導體或半導體中之電子和電洞，在溫度比絕對零度高時，具有熱擾動動能，因此電訊號跟著產生擾動，熱擾動雜訊可以透過降低光偵測器的溫度來減少。散射雜訊則是因為光訊號和電訊號之本質是由不連續的光子或電子所傳送，這些粒子型的訊號在到達終點時，其到達時間具有某種隨機的分佈，使得訊號跟著有些變化，在頻譜分析中，這些隨機分佈的特性會進入訊號中。散射雜訊無法透過任何方式來降低，只能經由精準的濾波器，將訊號頻寬外的雜訊濾除，但訊號頻寬內的雜訊則無法濾除。因為這些雜訊的影響，光通訊系統的訊號處理和調變方式也相形重要，目的在減少雜訊之干擾，提高訊雜比（Signal-to-noise ratio）。

12.4.3 光放大器

雖然光纖的損耗可以低至 0.2dB/km，但在傳輸 100 公里後，其訊號還是衰減了 20dB，也就是原來的一百分之一。如果要傳輸到跨洲的數千公里或上萬公里，訊號更將只剩原來的萬分之一，所以必須在行經某些距離之後，就得要要將訊號放大。早期的做法是將光訊號先轉為電訊號，然後用電子放大器將訊號放大，再將此電子訊號轉為光訊號，後來發明了光放大器，可以直接將光放大，不需再經過光電和電光之間的轉換。

在第七章我們討論過，當材料有居量反轉（population inversion）時，入射於該材料的光會被放大，也就是「藉由受激性放射之光放大」，這個原理被應用來形成雷射，也同樣可以應用來製作光放大器，而主要的差異是，雷射需要共振腔，但光放大器不需要共振腔。從原理上而言，許多材料都可以做為光放大器，但在光纖通訊系統中最常用的是摻鉺光纖放大器和半導體光放大器。

摻鉺光纖放大器的原理和第八章討論的固態雷射類似，這裡是將鉺離子摻雜到光纖玻璃之中。當光纖玻璃摻入鉺離子後，這個材料將有以下的能階，如圖 12-11 所示。往上躍遷的能階牽涉到幾個吸收波長：532nm，667nm，800nm，980nm 和 1480nm，最常使用的是 980nm 和 1480nm，剛好這兩個波長都有半導體雷射可以提供優質的幫浦光源。

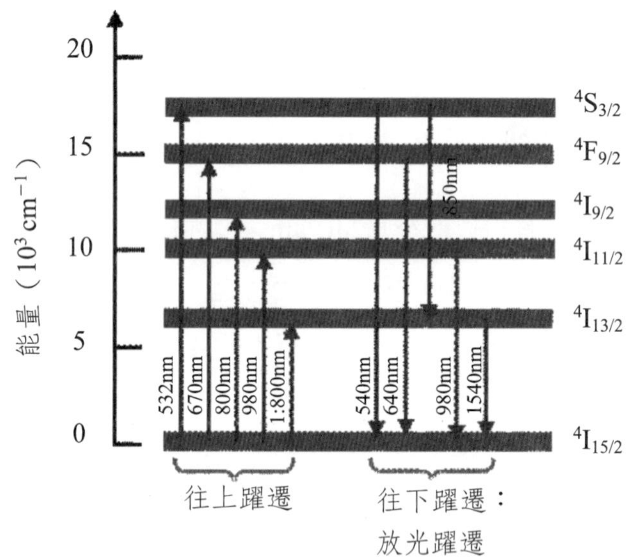

圖 12-11　摻鉺光纖重要能階和其對應的波長。

往下躍遷的放光過程也是牽涉到幾個能階，最主要的就是從 $^4I_{13/2}$ 到 $^4I_{15/2}$ 這兩個能階間的躍遷，對應的波長剛好在光纖通訊的波段。在由波長 980nm 之半導體雷射幫浦光源激發之下，摻鉺光纖放大器的增益頻譜如圖 12-12 所示，其波長涵蓋了從 1525nm 到 1565nm 的範圍。其中之單位 dBm 代表著以 dB 表示之 1mW 的光功率，-20dBm 表示比 1mW 還要弱 100 倍的光，亦即 0.01mW；而 20dBm 表示比 1mW 還要強 100 倍的光，亦即 100mW。

整體頻寬和光纖之低損耗波長範圍少了許多，因此不少地方還在研發其它類光放大器，如半導體光放大器（在後面會說明）。然而摻鉺光纖放大器的形狀就是光纖，其和通訊用光纖可以完美耦合，因此對光纖通訊系統的助益極大，而半導體雷射幫浦光源和摻鉺光纖放大器的耦合架構如圖 12-13 所示。

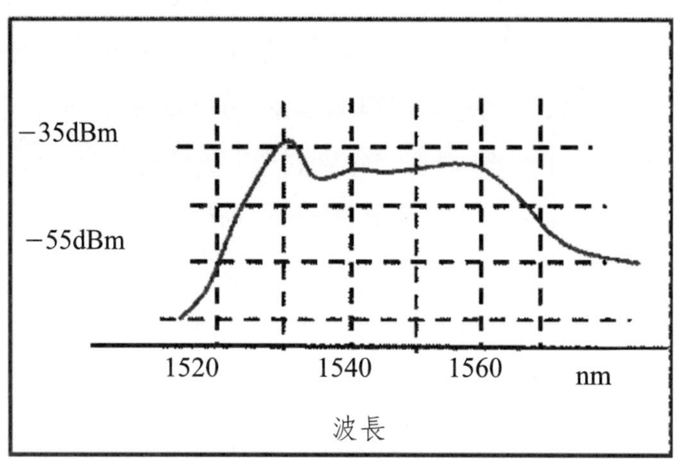

圖 12-12 **摻鉺光纖放大器的增益頻譜。**

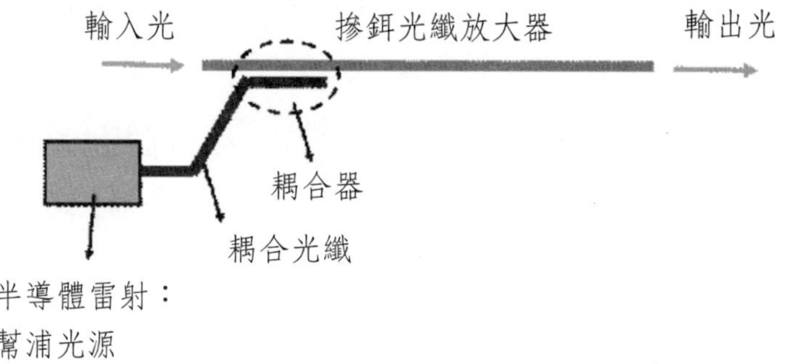

圖 12-13 **摻鉺光纖放大器和半導體雷射幫浦光源的耦合架構。**

半導體光放大器的工作原理也和第八章討論的半導體雷射類似，同樣是用半導體材料，透過電流注入達到居量反轉，因而可以將光放大。與摻鉺光纖放大器相比，半導體材料較為多樣，因此可以根據其能隙，選擇各個波段的增益頻譜，因此能夠涵蓋從 1300nm 到 1600nm 的波長範圍，和光纖之低損耗波長可以相當吻合，而且藉由堆疊不同類量子井在同一元件中，已經有研究單位研發出單一半導體光放大器就能涵蓋將近 300nm（1300nm-1600nm）的頻寬。

對半導體光放大器而言，不需要共振腔是一件必須額外進行的動作。因為半導體晶片切割後，其和空氣間的介面自然會有相當大的反射，而半導體材料的增益係數又特別的大，因此很容易就使得光在半導體材料中共振，所以得花額外的功夫來減少半導體和空氣間的反射。常用的做法有兩類，第一類是在半導體的表面鍍上抗反射鍍膜，第二類是讓光波導與半導體的切裂面夾成一個角度，使得反射光不會直接回到光波導而減少共振的可能，也有同時使用兩類，讓光的反射降到極低，通常此反射率必須低至 10^{-4} 左右。

和摻鉺光纖放大器相比，半導體光放大器的優點是價格便宜，反應速度快，量產製作容易，增益頻譜具有彈性等等，其提供的增益可使輸出光達到 20mW，但最大的缺點是和光纖的耦合困難。而摻鉺光纖放大器的優點是和光纖耦合容易，增益較大，其提供的增益可使輸出光達到 100mW，而缺點就是成本高，量產較不容易，增益頻譜較窄且無彈性等。

12.5 光纖通訊被動元件

光纖通訊被動元件種類非常多，目的是要讓光纖通訊系統具有將光訊號從一地傳到另一地的功能，而且出發點位置和終點位置各有千千萬萬，光纖通訊系統要確保訊號不會傳到錯誤的目的地。要達到這樣的自動傳輸功能，以下的多種被動元件常被用到光纖通訊系統。

(1)耦合器（coupler或combiner）：讓兩個或多個不同路徑的光訊號耦合到同一路徑。

(2)分離器（splitter）：將在同一路徑的光訊號依其定義的終點，分到兩個或多個不同路徑。

(3)隔離器（isolator）：在同一傳輸路徑，讓輸出端的光訊號不會回到輸入端。

(4)衰減器（attenuator）：將過強的光訊號減弱。

(5)光學開關（optical switch）：可以選擇某個路徑的光訊號可以通過，可以以單一路徑上選擇讓光訊號通過或不通過，或是在兩個或多個路徑上選擇讓其中之一通過，或是讓單一輸入的訊號選擇某個輸出路徑。

(6)循環器（circulator）：如下圖所示，輸入端 1 的光由 2 輸出，而輸入端 2 的光由 3 輸出，依此類推。

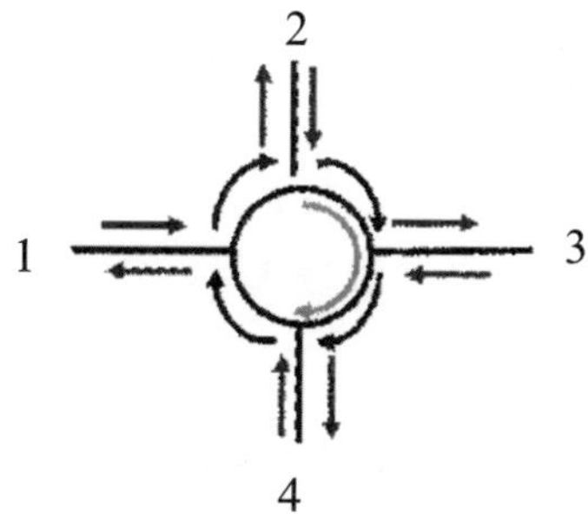

圖 12-14　循環器之示意圖。

(7)波長多工器（wavelength division multiplexer，WDM/MUX）和波長解多工器（wavelength division demultiplexer，WDM/DEMU-

X）：類似前面的耦合器和分離器，但是被分開到不同路徑的是不同波長的光訊號。

(8)光學多工增減器（Optical add-drop multiplexor，OADM）：透過前述之兩個 WDM 的組合，如圖 12-15 所示，可以讓其中之一波長由系統中抽離或加入。

光學多工增減器也可以是固定波長的設計或是波長可隨時調整的做法。圖 12-16 所示，是一個可隨意調整增減波長的光學多工增減器。輸入光有四個波長，透過光學鍍膜，讓其中之一波長（$\lambda 1$）傳播到另一個路徑，此波長的光再經過一 1×2 之光開關，可以選擇要不要進入最右邊的波長多工器（WDM），其它波長也類似，因此能夠達到彈性選擇增減波長的光學多工增減器。

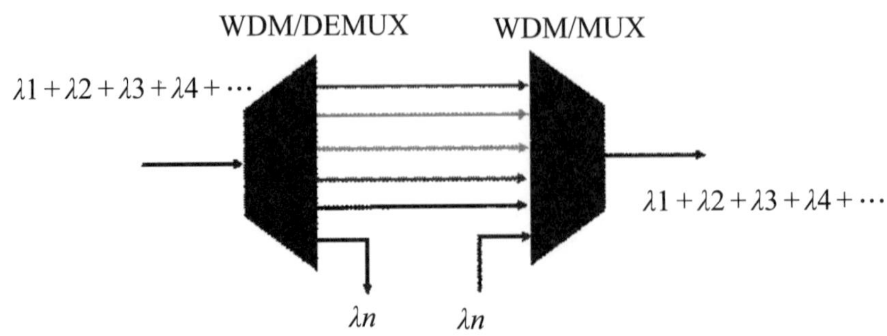

圖 12-15　光學多工增減器（OADM）的架構。

(9)光學交互連結器（Optical Crossconnect）：多個輸入和多個輸出之間，進行兩兩對應之彈性選擇，例如輸入端有 I1，I2，....，In 的路徑，輸出有 O1，O2，....，On，光學交互連結器可以進行輸入和輸出之兩兩配對，例如 I1→O1，I2→O2，I3→O3，....，In→On；也可以是 I1→On，I2→On-1，I3→On-2，....，In→O1，或是其他配對。

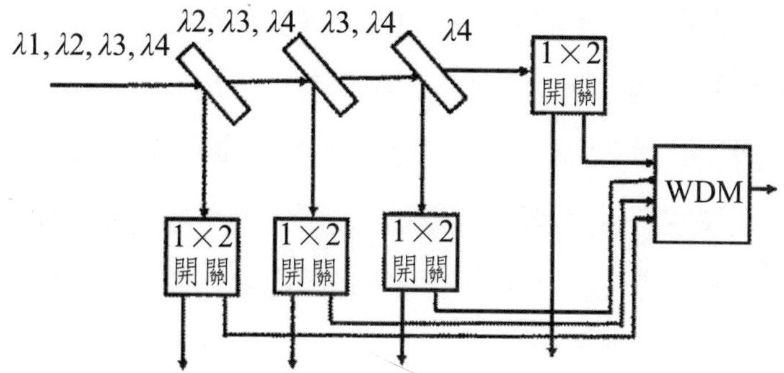

圖 12-16　可隨意調整增減波長的光學多工增減器。

(10)波長路由器（wavelength router）：將多個輸入端，各有數個波長，經過重組後，把另一個組合的波長從輸出端送出，一個可能的架構如圖 12-17 所示。

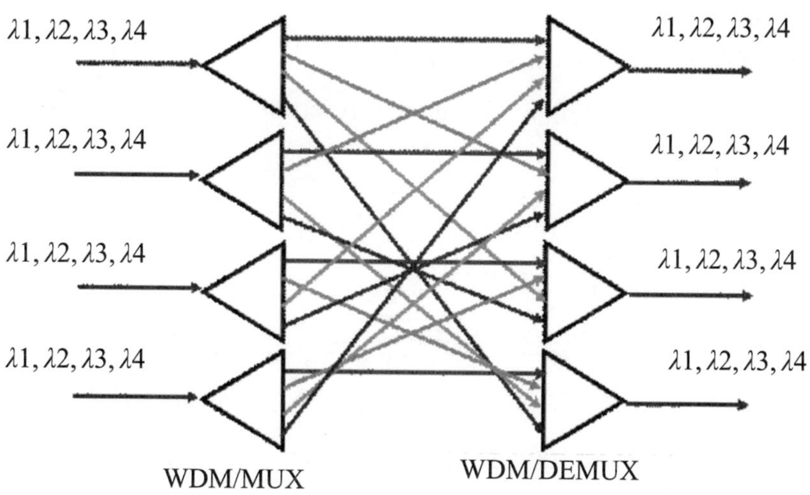

圖 12-17　波長路由器的架構。

(11)波長轉換器（wavelength converter）：前面的被動元件提供了空間路徑間可以彈性連結，能夠讓訊號從任一出發點傳送到另一個任意的終點，但無法讓不同波長之間的訊號互相轉換，波長轉換器就提供了這個功能，讓光纖通訊網路系統具有更多的彈性。所以在光通訊量之需求增加而需多出一個波長頻道的光訊號時，藉由光學多工增減器提供這個彈性，而透過波長轉換器，可以讓新增的波長頻道和既有的頻道間傳遞訊息。波長轉換器通常是經由非線性光學的作用，讓不同波長的光訊號間進行轉換。

前面所談的光通訊元件，其運作原理都可以透過本書第一章到第九章的光學和光電原理來解釋。

習題

1.對光纖通訊而言，最重要的是那些技術？

2.請證明光纖的數值孔徑（Numerical Aperture, NA），NA = sin θ_{NA}= $(n_1^2 - n_2^2)^{1/2}$。

3.有一光纖，其核心和包覆層之折射率分別為 1.55 和 1.54，若在波長為 1.3μm 時此光纖為單模，則其核心層的直徑需為多少？

4.請解釋為什麼單模光纖的光訊號傳遞速率比多模光纖大？

5.在光纖的入口端，耦合進光纖的光功率是 10dBm，若光纖損耗為 0.5dB/km，則傳播 100km 後，光功率剩多少（以 mW 為單位）？

6.將電訊號轉為光訊號的做法有幾種類型？

7.那一種光學元件可以使得光纖通訊網路的架構和通訊容量將具有更大的彈性，如可以隨時增加或減少任意波段？

8.請劃出一種可隨意調整增減波長的光學多工增減器的架構圖。

習題參考簡答

第一章

1. 光線、光粒子和光波
3. 雙狹縫干涉
5. 當金屬表面被光照射時，金屬會吸收光而發射出電子。光的波長必須小於某一臨界值時，才有電子釋出，臨界值取決於金屬材料，而釋出電子的能量取決於光的波長而非光的強度。只要光的波長小於某一臨界值時，無論光是強是弱，電子的產生幾乎都是瞬時的，不超過十的負九次方秒。

第二章

1. 光線傳播方程式：$\frac{d}{ds}(n\frac{d\vec{r}}{ds}) = \nabla n$

   因為是均勻介質，所以介質的折射率 n 是常數，於是其微分為零，$\nabla n = 0$。我們因此可以得到

   $\frac{d}{ds}(n\frac{d\vec{r}}{ds}) = 0$

   因為折射率 n 是常數可以提到微分之外，所以進一步簡化為

$$\frac{d^2\vec{r}}{ds^2}=0 \tag{2-2}$$

方程式（2-2）是簡單的二次微分方程式，其解為

$$\vec{r}=s\vec{a}+\vec{b} \tag{2-3}$$

其中$\vec{a}$代表光線傳播方向，$\vec{b}$代表光線會經過的位置。

3.在近軸表示方式中，與光學系統之各光線的平均路徑最接近的方向，定義為 z 軸，各光線與 z 軸的夾角不大。在近軸近似（paraxial approximation）之下，$\sin\theta \sim \theta$。

5.設玻璃球折射率=1.5，則根據方程式（2-11），可得入射時$\frac{1.5}{L'}-\frac{1}{-a}=\frac{1.5-1}{2.5}$，其中$a\rightarrow 0$。我們因此可得$\frac{1.5}{L'}-\frac{1}{-a}=\frac{0.51}{2.5}\rightarrow -\infty$，則 L' →0。所以成像在玻璃球內。再由此成像射出到玻璃球外，可得新的 O 點變成是玻璃球的右邊球面，所以 L 是前面計算之 L'減去玻璃球直徑，L = −5 cm；而此右邊球面的曲率是向左凹，因此 r = −2.5 cm。根據方程式（2-11），可得$\frac{1}{L'}-\frac{1.5}{-5}=\frac{1-1.5}{-2.5}$，$\frac{1}{L'}=\frac{1.5}{-5}+\frac{1-1.5}{-2.5}=-\frac{1}{10}$，所以 L' = −10，可以在玻璃球的右邊透視玻璃球看到。

7.根據矩陣方程式，展開可得$r_2=Ar_1+Br_1'$，可以成像的要求是，任何由物體的一點（即 r1）出發的光線，將匯聚在另一點 r2，不管其方向如何。所以要能有各方向的光線，其 r2 值相同，則必須要 B = 0。

9.

(1)球面像差（spherical aberration）

(2)像散（astigmatism）

(3)慧形像差（coma）

(4)場曲（field curvature）

(5)扭曲（distortion）

(6)色散像差（chromatic aberrations）

(7)側向顏色差（lateral color）

第三章

1.截面的面積設為A，光在時間Δt內經過的體積 $V = Ac\Delta t$，而電磁波或光波總能量密度u，$u = \varepsilon_0 E^2$，所以穿過此截面的電磁波能量等於其體積乘上總能量密度，等於（ΔtcA）u，因此功率$P = \dfrac{\Delta tcAu}{\Delta t} = cuA$，光的強度 $I = P/A$，$I = cu = c\varepsilon_0 E^2$。因為電場變化極快，因此量到的是其平均值，在數學上是弦波變化，所以其平均值只要取一個週期的平均即可，$I = \langle \varepsilon_0 c E^2 \rangle$，將 $E = E_0 \cos(ks - \omega t + \phi)$代入，可得 $\langle I \rangle = \langle \varepsilon_0 c E^2 \rangle = \langle \varepsilon_0 c E_0^2 \cos^2(ks - \omega t + \phi) \rangle = \left\langle \frac{1}{2} c\varepsilon_0 E_0^2 [1 + \cos(2ks - 2\omega t + 2\phi)] \right\rangle = \left\langle \frac{1}{2} c\varepsilon_0 E_0^2 \right\rangle + \left\langle \frac{1}{2} c\varepsilon_0 E_0^2 \cos(2ks - 2\omega t + 2\phi) \right\rangle = \frac{1}{2} c\varepsilon_0 E_0^2$。

3.此問題在找布魯斯特角（Brewster angle），由介質 1 入射到介質 2，其公式如下：$\theta_{Bi}=\tan^{-1}(\frac{n_2}{n_1})=\tan^{-1}(1.33)=53.1°$。

5.在螢幕上，光強度變化為 $I=2I_1[1+\cos(\frac{2\pi dy}{\lambda L})]$，則條紋週期為 $\frac{\lambda L}{d}=\frac{650\times10^{-6}\times1000}{0.5}=1.3$（mm），所以一公分內會看到 7-8 條干涉條紋。

7.適用，因為其運用菲涅耳繞射積分式推算，不需 $x_0^2+y_0^2\ll\frac{z}{k}$ 的條件。

第四章

1. 柱狀透鏡的效果只有單方向對光的行進方向有影響，例如光經過柱狀透鏡，在 y 方向不會被聚焦，在 x 方向會被聚集。

3. $R=\left(\frac{1-\frac{n_s}{n_0}(\frac{n_1}{n_h})^{2N}}{1+\frac{n_2}{n_0}(\frac{n_1}{n_h})^{2N}}\right)>0.95$；代入 $n_0=1$，$n_s=1.5$；$n_h=1.5$，$n_l=1.3$，可得 $R=\left(\frac{1-\frac{1.5}{1}(\frac{1.3}{1.5})^{2N}}{1+\frac{1.5}{1}(\frac{1.3}{1.5})^{2N}}\right)>0.95\rightarrow\left(\frac{1-\frac{1.5}{1}(\frac{1.3}{1.5})^{2N}}{1+\frac{1.5}{1}(\frac{1.3}{1.5})^{2N}}\right)>0.9748\rightarrow\left(\frac{1-1.5(0.7511)^N}{1+1.5(0.7511)^N}\right)>0.9748\rightarrow(0.7511)^N<8.507\times10^{-3}\rightarrow N>16.65$；所以至少要鍍上 17 對，反射率才能達到 95%。

5. $n_d=\sqrt{n_s}=\sqrt{3.6}=1.897$，厚度為 1.55/（$4n_d$）= 0.2042 μm。

7. $\sin\theta_r=\sin\theta_i+m\frac{\lambda}{\Lambda}$；光柵週期Λ=1/1200 mm = 1000/1200 μm = 0.833μm。綠色光的繞射角 $\theta_r=39.5°$，紅色光的繞射角 $\theta_r=51.3°$，所以綠色光（530nm）和紅色光（650nm）被分開的角度 = 11.8°。

第五章

1.在同一個系統中，不同的電子永遠無法佔據同一量子態。

3.光子能量 $E = h\nu = hc/\lambda = 1.24/0.52 = 2.38$（eV），光子數 $=1\mu J/$（$2.38 \times 1.6 \times 10^{-19}$）$= 2.6 \times 10^{12}$。

5.讓高能階的電子數比例高於熱平衡時的高能階電子數比例，$N(E_h) > f(E_h)\, n(E_h)\, dE$，其中 $n(E)$為能階密度，$f(E_h)$ 為費米—迪拉克之機率統計分佈，$N(E_h)$ 為高能階之電子數。

7.根據方程式（5-7）$\lambda_{peak} = \dfrac{2.898 \times 10^6\, nm \cdot K}{T}$，代入 3000K 可得$\lambda_{peak} = 0.966\mu m$。

第六章

1.不會。根據費米-迪拉克之機率統計分佈，若能階離費米能階較遠，有電子的機率較小。能隙為 3eV 的半導電，導電帶離費米能階較遠，所以電子數比較少。

3.當 p-型半導體與 n-型半導體接在一起時，接面附近的電子和電洞會擴散到另一邊。p-型半導體中，因為有很多電洞，所以電洞將擴散到接面的另一邊；同樣地，n-型半導體有很多電子，所以也會擴散到 p-型半導體。於是在接面附近將有無法移動的正負電荷離子，稱為空間電荷（space charge）。

5.(1)透過雜質能階、缺陷能階、表面能階等復合的過程，其復合機率或復合速率與電子或電洞的濃度成正比，$R_i = An$。

(2)輻射性復合速率和電子與電洞濃度的乘積成正比，$R_r = Bnp$，B 為比例常數。在 p-n 接面附近，$n \approx p$，所以輻射性復合速率可以寫成 $R_r = Bn^2$。

(3)歐傑復合是電子和電洞復合的能量轉移給另一個電子或電洞，所以此過程牽涉到三個粒子，因此歐傑復合速率和這些粒子濃度的乘積成正比，$R_a = Cn^2p$ 或 $R_a = Cnp^2$，C 為比例常數。在 p-n 接面附近，$n \approx p$，所以歐傑復合速率可以寫成 $R_a = Cn^3$。

7.第一類是使用三原色的發光二極體，將紅、綠、藍三種不同半導體的晶粒封裝在一起，並適當調整各自的發光強度，使三個顏色合起來成為白光。第二類做法為只使用一種發光二極體，使用短波長的藍光或紫外光發光二極體，激發螢光物質，將其電子激發到較高能量、不穩定的激發狀態能階，之後電子躍遷回較低能階，而發出黃、綠、紅等顏色的光，和藍光結合，因而發出白光。此類白光二極體又分為兩大類，一類以日亞化工（Nichia Corporation）開發的為代表，其採用藍光二極體作為激發光源，波長在 450 nm 至 470 nm 之間，螢光物質是摻雜了鈰的釔-鋁-鎵（Ce^{3+} : YAG）或稱為摻雜了鈰的鐿鋁石榴石晶體粉末。另一種是使用紫外光二極體作為激發光源，外面包著兩種螢光物質之混合物，一種是發紅光和藍光的銪，另一種是摻雜了銅和鋁的硫化鋅，可以發綠光。紫外光二極體發出的紫外光被螢光物質轉換成紅、藍、綠三色光，混合後就成了白光。

第七章

1.第一種稱為自發性放光，第二種稱為受激性放光。

3.在熱平衡時，依據熱力學，兩者的比例如以下式子所示

$$\frac{N_2}{N_1} = \exp\left[-(E_2 - E_1)/kT\right]$$

其中 N_2代表處於高能階 E_2的電子濃度（單位體積內的電子數），N_1代表處於低能階 E_1的電子濃度。此方程式表示著處於高能階 E2 的電子數比低能階 E_1的電子少，所以沒有居量反轉。

5.居量反轉。

7. $\frac{dN_2}{dt} = -\frac{N_2}{\tau_2}$，其中，$\frac{1}{\tau_2} = \frac{1}{\tau_{sp2}} + \frac{1}{\tau_c} + \frac{1}{\tau_p} + \cdots$，$\tau_{sp2}$可以看成是高能階 E_2的自發性放光生命期，τ_c和τ_p代表其他機制導致的相關生命期，這些機制包括有聲子散射、電子散射、分子或原子碰撞等等。

9.根據方程式（7-18）$\frac{dI}{dz} = (N2 - N1)\frac{c^2}{8\pi n^2 v^2 \tau_{sp}(2\to 1)} g(v)I = \gamma(v)I$，所以

$\gamma(v) = (N2 - N1)\frac{c^2}{8\pi n^2 v^2 \tau_{sp}(2\to 1)} g(v)$。因為$\gamma(v)$正比於（$N_2 - N_1$），居量反轉時，（$N_2 - N_1$）> 0，所以光的強度$I(z) = I_0 e^{\gamma(v)z}$隨距離而呈指數函數增加。

第八章

1.$\Theta = \frac{2\lambda}{\pi w_0}$，此公式為徑度，若以角度表示，則$\Theta = \frac{2\lambda}{\pi w_0} \times \frac{180°}{\pi}$，將 w_0 = 2.25 mm、2.25 cm、22.5 cm 分別代入，可得到Θ 分別為 0.0103°、0.00103°、0.000103°。

3.根據方程式（8-15） $D_2 = \frac{4}{\pi}\lambda\frac{f}{D_1}$，將 λ = 420 nm，$D_1$=30 cm，f = 15 cm 代入，則得 D_2 = 267 nm。

5.半導體雷射和其他類雷射最大的不同是其激發方式是藉由電流注入。

第九章

1.在 n-型半導體中，因為電洞是少數載子，因此將很快碰到多數載子，而與其復合而消失。

3.根據方程式（9-3） $I_{pc} = \eta_{qe} \cdot e \cdot \frac{P_{abs}}{hv}$，所以量子效率為$\eta_{qe} = I_{pc}/(e \cdot \frac{P_{abs}}{hv})$：hv = 1.24/0.65 eV = 1.91 eV，代入得量子效率 η_{qe} = 38.2%。

5.(1)兩端的 n-型半導體和 p-型半導體可以是能隙較大的材料，因此不會吸收光，讓 i 層半導體能夠吸收大部份的光。

(2)因為 n-型半導體和 p-型半導體不會吸收光，所以沒有電子或電洞擴散到空乏區的情形，這可以加速光偵測器的反應。

因為光從 n-型半導體或 p-型半導體的一邊射入，另一邊可以用金屬電極完全遮住，因此穿過 i 層半導體的入射光將再被反射回 i 層，這可以使光的吸收增加，讓量子效率和反應度更為提高。

7. 一是電荷耦合元件（CCD），另一是互補式金屬氧化物半導體感測元件（CMOS sensor）。

第十章

1.夏至時太陽直射北迴歸線，因此地表之 Air Mass 為 $\frac{1}{\cos\theta} = r$，其 $\theta = 0°$，所以 r = 1。

3.根據方程式（10-3），安裝在台北的電價成本是安裝在恆春的 5/3 = 1.67 倍。

5.根據方程式（10-4），當照光強度加倍，則 I_{pc} 加倍，則開路電壓將會變大。

7.波長在 550 nm 的綠光，其能量為 2.25 eV，被矽半導體吸收後，於數匹秒（pico-second）後，其產生的電子電洞所對應的能量差只剩 1.12eV，因此損失掉了 2.25 eV − 1.12 eV = 1.13 eV。

9.根據方程式（10-19），$L_{diffusion} = \sqrt{D\tau}$，將上述資料代入可得 $L_{diffusion} = \sqrt{D\tau} = \sqrt{1\times10^{-6}\times25} = 5\times10^{-3}$cm = 50μm。

第十一章

1.藉由纖維帶狀肌（Zonules）控制水晶體的伸縮，以調整其曲率和焦距。看遠方物體時，水晶體的曲率變小（相當於曲率半徑變大），焦距變大；看近距離的物體，水晶體的曲率變大（相當於曲率半徑變小），焦距變小。

3.(0.32，0.32) = a(0.16，0.02) + b(0.075，0.83) + c(0.705，0.29)，

可得 0. 32 = 0.16a + 0.075b + 0.705c

0. 32 = 0.02a + 0.83b + 0.29c

以及 0.36 = a(1−0.16−0.02) + b(1−0.075−0.83) + c(1−0.705−0.29) = 0.82a + 0.095b + 0.005c。

解此三個方程式可得 a:b:c=0.407:0.334:0.259

5. (1)全像片；(2)讓螢幕交錯放映左右眼的影像，而眼睛戴上一眼鏡，眼鏡上有左右眼不斷交錯的明暗開關，此開關和螢幕交錯放映的時間完全同步，所以左眼永遠只看到左眼影像，右眼只看到右眼影像；(3)用極化片，例如左眼是水平極化，右眼是垂直極化，而螢幕上也配合地放映水平極化影像和垂直極化影像，所以左眼永遠只看到左眼影像，而右眼也只看到右眼影像；也可以讓左眼看左旋光影像，而右眼看右旋光影像。(4)在螢幕上加上一層分光光柵，讓單數行的像素偏右邊傳播，而雙數行的像素偏左邊傳播，所以同樣地，左眼只看到左眼影像，而右眼也只看到右眼影像。

第十二章

1. (1)玻璃光纖的訊號衰減量可以降到很低；(2)半導體雷射的發明，半導體雷射的輕巧、高壽命、以及極高訊號調變速率之特性，對光纖通訊系統的鋪設極有幫助。

3.單模的條件：$V=\frac{2\pi\alpha}{\lambda}(n_1^2-n_2^2)<2.35\rightarrow a<2.766\mu m\rightarrow$直徑小於 5.532μm。

5.100 km 後，光功率損耗為 50dB，所以光光功率剩－40dBm；－40 dBm表示比 1mW 還要弱 10000 倍，因此光工率為 10^{-4} mW＝0.1μW。

7.光學多工增減器（OADM，Optical add-drop multiplexor）

索　引

S

T

W

X

二畫

三畫

四畫

五畫

六畫

七畫

八畫

波動光學　57, 75, 93, 313, 314

九畫

十畫

十一畫

十二畫

十三畫

十四畫

十五畫

國家圖書館出版品預行編目資料

光學與光電導論／林清富著. — 初版. —
臺北市：五南, 2012.09
面； 公分.--

ISBN 978-957-11-6830-2（平裝）

1.光電科學

448.68 101016866

5DF1

光學與光電導論

Optics and Photonics:
Fundamentals and Applications

作　　者— 林清富
發 行 人— 楊榮川
總 編 輯— 王翠華
主　　編— 王正華
責任編輯— 楊景涵
封面設計— 簡愷立
出 版 者— 五南圖書出版股份有限公司
地　　址：106台北市大安區和平東路二段339號4樓
電　　話：(02)2705-5066　　傳　　真：(02)2706-6100
網　　址：http://www.wunan.com.tw
電子郵件：wunan@wunan.com.tw
劃撥帳號：01068953
戶　　名：五南圖書出版股份有限公司
台中市駐區辦公室/台中市中區中山路6號
電　　話：(04)2223-0891　　傳　　真：(04)2223-3549
高雄市駐區辦公室/高雄市新興區中山一路290號
電　　話：(07)2358-702　　傳　　真：(07)2350-236
法律顧問　元貞聯合法律事務所　張澤平律師
出版日期　2012年9月初版一刷
定　　價　新臺幣480元

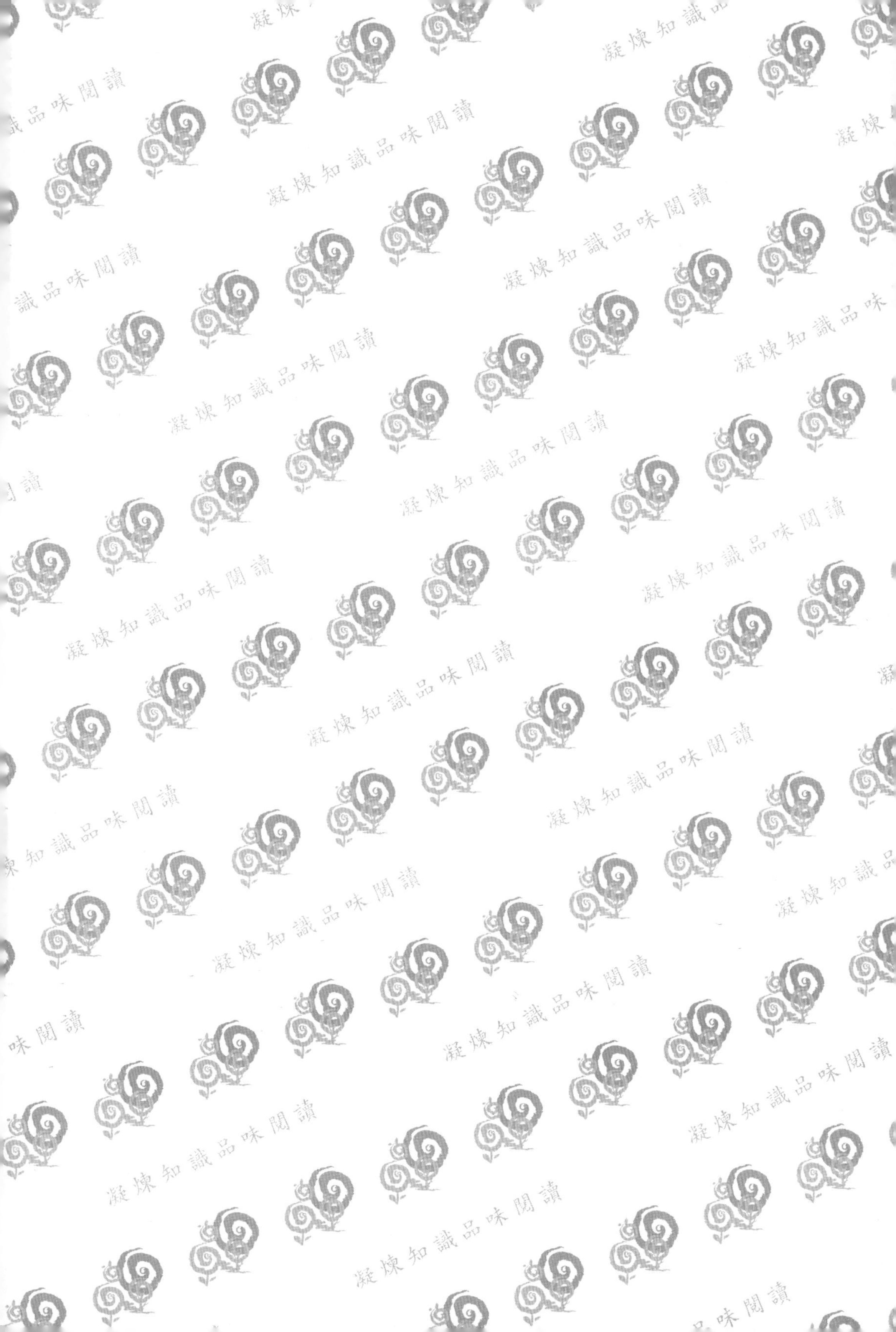